Die Evolution des Menschen

Bastian Suhr · Dierk Suhr

Die Evolution des Menschen

Ein aktueller Blick auf das Mosaik der Menschwerdung

2. Auflage

Bastian Suhr
Potsdam, Deutschland

Dierk Suhr
Husum, Deutschland

ISBN 978-3-662-70771-5   ISBN 978-3-662-70772-2 (eBook)
https://doi.org/10.1007/978-3-662-70772-2

Die Deutsche Nationalbibliothek verzeichnet diese Publikation in der Deutschen Nationalbibliografie; detaillierte bibliografische Daten sind im Internet über https://portal.dnb.de abrufbar.

© Der/die Herausgeber bzw. der/die Autor(en), exklusiv lizenziert durch Springer-Verlag GmbH, DE, ein Teil von Springer Nature 2018, 2025

Das Werk einschließlich aller seiner Teile ist urheberrechtlich geschützt. Jede Verwertung, die nicht ausdrücklich vom Urheberrechtsgesetz zugelassen ist, bedarf der vorherigen Zustimmung des Verlags. Das gilt insbesondere für Vervielfältigungen, Bearbeitungen, Übersetzungen, Mikroverfilmungen und die Einspeicherung und Verarbeitung in elektronischen Systemen.
Die Wiedergabe von allgemein beschreibenden Bezeichnungen, Marken, Unternehmensnamen etc. in diesem Werk bedeutet nicht, dass diese frei durch jede Person benutzt werden dürfen. Die Berechtigung zur Benutzung unterliegt, auch ohne gesonderten Hinweis hierzu, den Regeln des Markenrechts. Die Rechte des/der jeweiligen Zeicheninhaber*in sind zu beachten.
Der Verlag, die Autor*innen und die Herausgeber*innen gehen davon aus, dass die Angaben und Informationen in diesem Werk zum Zeitpunkt der Veröffentlichung vollständig und korrekt sind. Weder der Verlag noch die Autor*innen oder die Herausgeber*innen übernehmen, ausdrücklich oder implizit, Gewähr für den Inhalt des Werkes, etwaige Fehler oder Äußerungen. Der Verlag bleibt im Hinblick auf geografische Zuordnungen und Gebietsbezeichnungen in veröffentlichten Karten und Institutionsadressen neutral.

Planung/Lektorat: Stefanie Wolf
Springer ist ein Imprint der eingetragenen Gesellschaft Springer-Verlag GmbH, DE und ist ein Teil von Springer Nature.
Die Anschrift der Gesellschaft ist: Heidelberger Platz 3, 14197 Berlin, Germany

Wenn Sie dieses Produkt entsorgen, geben Sie das Papier bitte zum Recycling.

"Auf keinem Gebiete der Naturwissenschaften wird wohl das Bestreben, aus einer Summe von Tatsachen allgemeine Schlüsse zu ziehen, so von der subjektiven Eigenart des Forschers beeinflusst als in der Vorgeschichte des Menschen. Oft bilden sich hier auf Grund weniger Tatsachen Meinungen, welche durch die überzeugte Art, mit welcher sie vorgetragen werden, von denen, welche der Sache ferner stehen, leicht für gesicherte wissenschaftliche Errungenschaften gehalten werden. Umgekehrt ist es die Eigenart anderer Forscher, die lediglich in der exakten Feststellung von Tatsachen ihre volle Befriedigung finden, sich eines allgemeinen Urteils zu enthalten; sie gelangen zu dem entgegen gesetzten Extrem, überhaupt jeden Versuch, die Tatsachen zu einem übersichtlichen Bilde zu verknüpfen, zu unterlassen. Diese beiden extremen Behandlungsweisen gestalten sich leicht um so verhängnisvoller, je mehr die vorgeschichtliche Forschung zu der großen Frage nach der Herkunft, nach der Abstammung des Menschengeschlechts Stellung zu nehmen sucht.
Es hat sich also ein jeder, dem diese Aufgabe zufällt, das Material, welches uns für die Frage der Abstammung des Menschen zur Verfügung steht,

zusammenzufassen, davor zu hüten, in eines dieser Extreme zu verfallen. Sorgfältigste Prüfung der Tatsachen und gewissenhafteste Erwägung bei der Verknüpfung derselben, bei der Gestaltung eines allgemeinen Entwickelungsbildes, müssen hier ganz besonders als Richtschnur dienen."

Gustav Albert Schwalbe, Die Vorgeschichte des Menschen, 1904

Vorwort und Danksagung zur 2. Auflage

„Licht wird auf den Ursprung der Menschheit und ihre Geschichte fallen" (Darwin 1876/2008).

„Anthropologists rarely agree on anything, although some may take issue with this statement" (Sayers und Lovejoy 2014).

Schon immer rätselte der Mensch über seine Herkunft und Bestimmung: Wer sind wir? Wo kommen wir her? Wo gehen wir hin? Über Tausende, wenn nicht Zehn- oder Hunderttausende von Jahren lieferten Mythen, Sagen und Religionen die unterschiedlichsten Antworten auf diese Fragen, die wohl den Menschen als einziges Lebewesen der Erde umtreiben.

Im Jahr 1856 tauchten urtümliche Knochen im Abraum der Feldhofer Grotte des Neandertals auf – zwar gab es bereits in den Jahren zuvor Funde menschlicher Überreste in Belgien und Gibraltar, die aber als Kelten aus vorrömischer Zeit betrachtet oder nicht weiter beachtet wurden. Kaum jemand konnte sich vorstellen, dass die Geschichte des Menschen älter sei als ein paar Tausend Jahre. Doch der Elberfelder Lehrer Johann Carl Fuhlrott war sich sicher, die Überreste eines ausgestorbenen, archaischen Menschen in Händen zu halten. Im Jahr 1859 veröffentlichte Charles Darwin schließlich sein revolutionäres Werk von der „Entstehung der Arten" und nahm dabei auch den Menschen nicht von der biologischen Evolution aus. Es begann ein Jahrzehnte währender Meinungsstreit über Ursprung und Alter des Menschen. Der Mensch – nur ein Tier wie andere Tiere?

Aber doch offensichtlich ein besonderes Tier. Vor 3,6 Mio. Jahren hinterließen aufrecht gehende Vormenschen vermutlich der Gattung *Australopithecus* ihre Fußabdrücke in der Vulkanasche von Laetoli – Individuen einer neuen Gattung, die sich aus afrikanischen Primaten entwickelt hatte und deren Vertreter, vermutlich nicht mehr als einige Hundert oder Tausend, versuchten, im täglichen Daseinskampf zu bestehen. 3,6 Mio. Jahre später sollten die Nachfahren dieser „Südaffen", so die Übersetzung von *Australopithecus*, als erste Lebewesen aus eigener Kraft ihren Heimatplaneten verlassen und ihre Fußabdrücke in den Staub des Mondes setzen.

Vor rund 3 Mio. Jahren begannen die ersten Vertreter der neuen Gattung *Homo*, Steinwerkzeuge herzustellen – vielleicht hatten bereits ihre Vorfahren damit begonnen, vielleicht gab es sogar vorher erste Werkzeuge aus organischem Material, die nicht erhalten blieben. Jedenfalls hat sich aus diesen Anfängen einer Werkzeugindustrie letztendlich eine globale, technische Zivilisation entwickelt, die heute dabei ist, die gesamte Ökologie ihres Heimatplaneten zu beeinflussen, von der Artenvielfalt bis zum Klima – in einem Ausmaß, das den Ausruf eines neuen Zeitalters gerechtfertigt scheinen lässt: „Anthropozän", das Erdzeitalter des Menschen.

Was aber ist passiert in diesen wenigen Millionen Jahren? Wie konnte aus einer bis dahin unbedeutenden Primatenart in Afrika der alles beherrschende Mensch werden, der sich die Erde untertan machte? Viele Theorien und Hypothesen versuchen, das Rätsel der Menschwerdung zu erklären. Dieses Buch hat zum Ziel, ausgewählte Theorien nebeneinander zu stellen, dabei auch aktuelle Funde und neueste Hypothesen einzubeziehen und so aus den einzelnen Mosaiksteinen ein Gesamtbild der Humanevolution zusammenzusetzen – jetzt in einer aktualisierten und wesentlich erweiterten 2. Auflage. Die Autoren danken dem Springer-Verlag, Heidelberg, und hier besonders Stefanie Wolf, Programmplanung Biowissenschaften, und der Projektmanagerin Martina Mechler, in mehrfacher Hinsicht für diese Neuauflage des Titels „Das Mosaik der Menschwerdung. Vom aufrechten Gang zur Eroberung der Erde: Humanevolution im Überblick" aus dem Jahr 2018.

Erstens hat sich seit dem Erscheinen der 1. Auflage einiges getan in der paläoanthropologischen Forschung, nicht zuletzt durch die Erfolge der Paläogenetik – berechtigterweise erhielt Prof. Dr. Svante Pääbo, Direktor am Max-Planck-Institut für evolutionäre Anthropologie in Leipzig, im Jahr 2022 den Nobelpreis für Physiologie oder Medizin für seine Pionierleistungen auf diesem neuen Gebiet, gekrönt von der Entschlüsselung des Neandertalergenoms. Prof. Dr. Johannes Krause, Schüler von Pääbo und heute ebenfalls Direktor am Leipziger MPI-EVA, entdeckte durch eine paläogenetische Analyse eines Fingerknöchelchens aus der sibirischen Denisova-Höhle gar eine bisher unbekannte Menschenform, den „Denisova-Menschen". 2019 wurden Denisova-Menschen auch im Hochland von Tibet nachgewiesen – genetische Analysen erlauben es heute, Verbreitung und Wanderungsbewegungen von Denisova-Menschen, Neandertalern und *Homo sapiens* und ihre Begegnungen zu rekonstruieren. Diese und andere neue Funde wie beispielsweise der des offenbar aufrecht gehenden Primaten *Danuvius guggenmosi* 2019 im Allgäu durch Prof. Dr. Madelaine Böhme werden in dieser Auflage in das „Mosaik der Menschwerdung" eingearbeitet.

Zweitens erschien zwischenzeitlich eine niederländische Lizenzausgabe des Originaltitels (Evolutie van de mens. De tweebenige die de wereld veroverde. New Scientist, Amsterdam, 2020), die vom dortigen Verlag mit deutlich mehr Bildern ausgestattet wurde – eine schöne Idee, die wir dankenswerterweise für die 2. Auflage der deutschen Ausgabe aufgreifen dürfen. Ein zusätzlicher Dank an dieser Stelle an das Neanderthal Museum, Mettmann, und das Staatliche Museum für Naturkunde Stuttgart für die Erlaubnis, Bilder aus ihrem Haus verwenden zu dürfen.

Und drittens wurde die Erstausgabe von Dierk Suhr jetzt in Zusammenarbeit mit Bastian Suhr überarbeitet – Bastian studierte Geowissenschaften und Biologie in Tübingen und Wien und aktuell Evolution und Ökologie in Potsdam und reicherte die Kenntnisse seines Vaters mit aktuellem Wissen und ökologischen Zusammenhängen an. Auch für diese Möglichkeit danken wir dem Springer-Verlag!

Literatur

Darwin C (1876/2008) Die Entstehung der Arten. Reprint der Übersetzung „Über die Entstehung der Arten durch natürliche Zuchtwahl oder die Erhaltung der begünstigsten Rassen im Kampfe um's Dasein"; übersetzt von H. G. Bronn nach der 6. englischen Auflage, durchgesehen und berichtigt von J. Viktor Carus, Leipzig. Nikol, Hamburg

Sayers K, Lovejoy CO (2014) Blood, bulbs, and bunodonts: on evolutionary ecology and the diets of ardipithecus, australopithecus, and early Homo. Q Rev Biol 89:319–357

Husum/Potsdam, Deutschland Dierk Suhr
März 2025 Bastian Suhr

Inhaltsverzeichnis

1	**Einleitung**.	1
2	**Der Mensch und seine Stellung im Tierreich im Wandel der Zeit**	7
3	**Evolution des Lebens**	25
	Physikalisch-chemische Evolution	25
	Evolution der eukaryotischen Zelle	30
4	**Evolutionstheorie – „Nichts in der Biologie ergibt Sinn außer im Licht der Evolution"**	31
	Komplexität und Selbstorganisation	34
	Mutation und Selektion, Zufall und Notwendigkeit	35
	Kontingenz- und Konvergenztheorie	38
5	**Erdgeschichte, Paläogeografie und Evolution**	45
	Bildung von Sonnensystem und Erde: Das Präkambrium	46
	Das Kambrium und die „kambrische Explosion"	47
	Der Übergang vom Erdmittelalter zur Erdneuzeit: Kreide und Paläogen	48
	Erdneuzeit: Das Känozoikum	49
	Vom Miozän bis zum Holozän und Anthropozän	50
6	**Primatenevolution**	53
7	**Die Entwicklung des Menschen**	61
	Die Wiege der Menschheit	61
	Der menschliche Stammbaum aus heutiger Sicht	62
	Frühe Homininen	64
	Vormenschen der *Australopithecus*-Gruppe	70
	Urmenschen – die ersten Vertreter der Gattung *Homo*	85
	Der Weg zum modernen Menschen	105
8	**Theorien der Menschwerdung**	117
	Die Savannenhypothese	117
	Menschliche Kooperation oder das „egoistische Gen"?	120

	Die Großmutterhypothese	124
	Wat-, Wasseraffen- und verwandte Hypothesen	127
	„Man the Toolmaker" – der Mensch als Werkzeughersteller	129
	„Man the Hunter" – der Mensch als Jäger	131
	„Killer Ape" – der Mensch als Killeraffe	133
	„Woman the Gatherer" – die Frau als Sammlerin	134
	Das Nahrungsteilungsmodell	135
	Das Aasfressermodell	136
	Das Paarbindungsmodell	137
	Der Mensch als „Mängelwesen"	137
	„Der Wurm in unserem Herzen"	138
9	**Mosaiksteine der Menschwerdung**	**143**
	Unser aufrechter Gang	143
	Unsere Hände und Füße	149
	Hände	149
	Füße	153
	Unsere Ernährungsgewohnheiten und die Beherrschung des Feuers	154
	Unser großes Gehirn	157
	Unser „soziales Gehirn"	161
	… und unser kleiner Darm	163
	Geist, Bewusstsein und Intelligenz	164
	Unser Becken und die Auswirkungen auf die Geburt	170
	Der nackte Affe	175
	Der sprechende Mensch	176
10	**Kognitive Revolution und kulturelle Evolution**	**181**
11	**Humanevolution – Lassen die Mosaiksteine ein Gesamtbild erkennen?**	**185**
12	**Rassismus und Menschenrassen**	**191**
13	**Epilog**	**195**
Literatur		**199**

Einleitung

"Zu Lamarcks und Darwins Zeiten war die Evolution eine Hypothese, in unseren Tagen ist sie bewiesen. Eine andere bewiesene Hypothese ist, dass die Erde alle vierundzwanzig Stunden eine vollständige Umdrehung um ihre Achse vollführt (Dobzhansky 1965)."

Von den ersten Anfängen des Lebens bis zur Entwicklung der heutigen biologischen Vielfalt, von den ersten Einzellern bis zur Entstehung des Menschen sind 4 Mrd. Jahre vergangen – 4 Mrd. Jahre der biologischen Evolution.

"Im natürlichen phylogenetischen System der Organismen nimmt der Mensch im Gegensatz zu häufig anders lautenden Auffassungen keine Sonderstellung ein. Es bedarf also keiner speziellen Theorie zum Verständnis des Hominisationsprozesses, sondern nur der konsequenten Anwendung der in der Biologie bewährten evolutionsbiologischen Erklärungen" (Henke und Rothe 1999, S. 179). Und trotzdem scheint der Mensch etwas Besonderes zu sein. Wir haben uns aufgeschwungen, uns diesen Planeten und alles andere Leben darauf untertan zu machen – etwas, das keiner anderen Tierart "im natürlichen phylogenetischen System der Organismen" gelungen ist. Warum also waren wir so erfolgreich? Oder besser: Warum haben wir Menschen es als einzige Spezies geschafft, eine technische Zivilisation aufzubauen, Weltreiche zu gründen, zum Mond zu fliegen und Gravitationswellen zu messen? Ob wir damit tatsächlich langfristig erfolgreich sind oder ob wir nicht nur eine kurze Anekdote in der Geschichte des Lebens bleiben, wird die Zukunft zeigen – aber das ist eine andere Geschichte …

Machen wir uns also auf die Suche nach den einzelnen Mosaiksteinchen des mutmaßlichen Hominisationsprozesses, die dann offensichtlich „nur noch" konsequent zusammengesetzt werden müssen, um zu erklären, wie der Mensch zum Menschen wurde. Die Schwierigkeit bei dieser Aufgabe ist, dass sämtliche Hypothesen über die Stammesgeschichte des Menschen streng genommen nicht überprüfbar sind. Der Anspruch jeder Hypothese darüber, wie der Mensch zum Menschen wurde, kann also nur sein, die

Entwicklung des Menschen auf der Grundlage der beobachtbaren Fakten logisch und möglichst vollständig zu erklären – und das besser als eine oder jede andere Hypothese (Henke und Rothe 1999, S. V). Was also unterscheidet uns im Einzelnen von allen anderen Lebewesen? Für welche Details und Zwischenschritte müssen wir uns auf die Suche nach „bewährten evolutionsbiologischen Erklärungen" machen?

Wann und womit begann eigentlich genau „der Mensch"? Gerhard Heberer sprach als Erster von einem „Tier-Mensch-Übergangsfeld", in das „tierische Hominiden" am Ende ihrer „subhumanen Phase" im oberen Pliozän vor mehr als 3 Mio. Jahren eintraten (Heberer 1972, S. 9). Dabei werden

> "von den noch subhumanen Hominiden diejenigen Fähigkeiten, die uns als typisch menschlich erscheinen, soweit ausgebildet, dass wir am Ende des Feldes von *humanen* Hominiden sprechen können. ... Das TMÜ [Tier-Mensch-Übergangsfeld] wird im paläontologisch-historischen Fundmaterial durch den Nachweis der Schaffung von zweckmäßig hergestellten *Geräten* dokumentiert. Sie sind uns Indizien dafür, dass die humane Phase der Hominidenevolution begonnen hat (Heberer 1972, S. 10; Hervorhebungen im Original)."

„In der humanen Linie wird als der weitaus wesentlichste Fortschritt der aufrechte Gang, die Bipedie, erworben, als Vorbedingung für die Ausbildung einer Gehirnstruktur, die die psycho-physischen Möglichkeiten bot, die für die Hominiden typisch sind" (Heberer 1972, S. 22). „Die Hominiden als Geräteherstelller erwerben fortschreitend die Fähigkeit zur Abstraktion, zum Denken in Begriffen, bilden in sozialen Verbänden ein Kommunikationssystem aus, das zur Sprache wird, und kumulieren durch Tradition progressiv, erst langsam, dann in zunehmendem Tempo, ihre Erfahrungen. Es entsteht die Technik" (Heberer 1972, S. 22).

Eine bemerkenswerte, wenn auch zunächst unauffällige Eigenschaft des Menschen ist seine Unspezialisiertheit. „Wenn wir als allgemeine körperliche Leistungsprüfung einen ‚Dreikampf' ausschreiben, dessen Bedingungen in einem Tagesmarsch von 30 km, dem Erklettern eines 4 m langen, frei aufgehängten Seiles und in einer Tauchleistung von 20 m Länge und 4 m Tiefe, mit zielgerichtetem Heraufholen irgendeines versenkten Gegenstandes, bestehen, so findet sich kein einziges Säugetier, das die jedem durchschnittlichen Stadtmenschen möglichen Leistungen vollbringt" (Lorenz 1950/1965, S. 177 f.).

Erklärbar sind Lebewesen nur dann, wenn wir ihre heutigen Strukturen und Eigenschaften als gegeben hinnehmen. Wollen wir wissen, „warum ein bestimmter Organismus gerade so und nicht anders strukturiert" ist (Lorenz 1980, S. 53 f.), so finden wir die Antworten nur in dessen Vorgeschichte: „Die Frage, warum wir unsere Ohren gerade an dieser Stelle seitlich am Kopf haben", kann nicht damit beantwortet werden, weil uns diese Anordnung die räumliche Identifizierung einer Schallquelle erlaubt, sondern „als einzige kausale Antwort: weil wir von wasseratmenden Vorfahren abstammen, die an dieser Stelle eine Kiemenspalte, das sog. Spritzloch hatten, das beim Übergang zum Landleben als luftführender Kanal beibehalten und unter Funktionswechsel dem Gehörsinn dienstbar gemacht wurde" (Lorenz 1980, S. 54).

1 Einleitung

Als eines der auffälligsten Merkmale des Menschen ist sicher der aufrechte Gang zu nennen – auch wenn wir nicht die einzigen „Tiere auf zwei Beinen" sind. Die Theropoden, eine Gruppe der Echsenbeckendinosaurier, bewegten sich von der Obertrias bis zur Oberkreide (also vor 266–228 Mio. Jahren) ausschließlich auf zwei Beinen fort, darunter so bekannte Arten wie Tyrannosaurus oder Allosaurus – ohne dass diese Dinosaurier anfingen, Werkzeuge zu benutzen oder gar Kulturen und technische Zivilisationen zu gründen. Was also war beim Menschen anders? Ein wesentlicher Unterschied liegt in der unterschiedlichen Entwicklung der Vordergliedmaßen, die aus der jeweiligen Stammesgeschichte erklärt werden kann. Die mit Krallen besetzten Vorderbeine konnten zwar eingesetzt werden, um Beutetiere bei der Jagd zu ergreifen, sie verfügten aber nicht über die tastempfindlichen Fingerkuppen der Primaten. Zudem verkümmerten die Vordergliedmaßen bei vielen großen Theropoden (bekanntestes Beispiel ist sicher der *Tyrannosaurus rex*) und hatten keine oder zumindest keine bekannte Funktion mehr (bei *T. rex* werden Funktionen als Aufstehhilfe aus der Schlafposition oder das Festhalten des Partners bei der Paarung diskutiert – manchmal wirken die rückblickenden Erklärungsversuche der Adaptionist:innen unter den Evolutionsbiolog:innen, die für wirklich jedes Merkmal einen Anpassungsvorteil suchen, doch sehr bemüht…). Oder sie entwickelten sich zu Flügeln, die gar keine Greiffunktion mehr haben – unsere heutigen Vögel sind direkte Nachfahren der damaligen Theropoden und haben das große Aussterben der Dinosaurier als einzige überlebt.

Neben den tastempfindlichen, nur von Fingernägeln bedeckten Kuppen gibt es bei den Vorderextremitäten der Primaten noch einen weiteren, wesentlichen Unterschied. Da die Arme zum Schwinghangeln benutzt wurden, waren sie im Gehirn bereits stark repräsentiert, schließlich stellt die Steuerung der Arme und Hände bei einem Leben in den Baumwipfeln eine wichtige und anspruchsvolle Aufgabe dar. Als unsere Vorfahren begannen, ein Leben auf zwei Beinen zu führen, hatten sie nicht nur tastempfindliche Hände, sondern auch eine ausgefeilte, durch große Gehirnareale gesteuerte Feinmotorik. Evolutionsbiologisch ist diese Entwicklung sehr alt und reicht vermutlich 15 Mio. Jahre zurück, als die gemeinsamen Vorfahren von Menschen und Menschenaffen als Schwinghangler im tropischen Urwald unterwegs waren (Reichholf 2003b, S. 104): Die Fähigkeit zu festem Griff wie zu feiner Fingerfertigkeit gehört also zum alten Erbe unserer Entwicklungsgeschichte und hat sich nicht etwa erst mit der Fähigkeit entwickelt, Werkzeuge herzustellen und zu benutzen.

Gleichzeitig begann die Umbildung der Beine – bei den ganz ursprünglichen Primaten zum Klettern und Balancieren auf Ästen geeignet, wurden sie zu Laufbeinen und der Mensch damit zum Läufer (Reichholf 2003b, S. 105) (Abb. 1.1). Diesen Schritt haben unsere weiterhin in tropischen Regenwäldern lebenden Vettern wie Bonobo, Schimpanse und Gorilla nicht gemacht – ihre Füße ähneln weiterhin Händen und sind eher zum Greifen als zum Zurücklegen langer Strecken geeignet (Reichholf 2003b, S. 105).

Der „aufrechte Mensch", *Homo erectus,* beweist, dass die perfekte Aufrichtung des Menschen lange vor der Entwicklung unseres leistungsfähigen, großen Gehirns geschah

Abb. 1.1 Dreieinhalb Millionen Jahre liegen zwischen den abgebildeten Fußspuren. **a** Versteinerte Fußspuren in Vulkanasche, gefunden in Laetoli, Tansania; vermutlich verursacht von einer Gruppe Australopithecinen vor etwa 3,6 Mio. Jahren. **b** Apollo-Astronauten hinterlassen Spuren auf dem Mond. (Fotos: 1.1a © John Reader/Science Photo Library; 1.1b NASA/N. Armstrong. Nr.: AS11-40-5902)

(Reichholf 2003b, S. 105): Zwar hatte *H. erectus* bereits ein Hirnvolumen von rund 1000 cm^3 erreicht und war offensichtlich in der Lage, zu jagen und weite Strecken zu laufen, aber über den Zeitraum seiner Existenz von fast 2 Mio. Jahren kam er über die Produktion von Faustkeilen und die Beherrschung des Feuers nicht hinaus. Immerhin gelang es ihm aber, große Teile der Welt von Afrika über den Nahen Osten, Ost- und Südostasien bis nach Europa zu besiedeln.

Typisch und ungewöhnlich ist auch die weitgehende Nacktheit des Menschen – nicht umsonst heißt ein Bestseller von Desmond Morris über den Menschen *Der nackte Affe* (Morris 1970). Wann Menschen ihre Körperbehaarung verloren und welche Vorteile diese Nacktheit bot, ist unklar und Gegenstand verschiedener Theorien. Zumindest unterscheidet uns dieses Merkmal deutlich von unserer Primatenverwandtschaft.

Auch die Entwicklung der Sprachfähigkeit und damit der Sprache hat mit unserer Primatenvergangenheit zu tun. Die Gibbons Südostasiens als sogenannte kleine Menschenaffen geben hierfür heute noch ein gutes Modell ab. Um schwinghangelnd erfolgreich in den Bäumen der tropischen Wälder unterwegs sein zu können, sind – neben den langen Armen und dem festen Griff – weitere anatomische Besonderheiten hilfreich: zum Beispiel ein Brustkorb und ein fest schließender Kehlkopfdeckel, die so gestaltet sind, dass beim Hangeln die Luft nicht durch das eigene Körpergewicht aus den Lungen gedrückt wird (Reichholf 2003b, S. 106). Beides zusammen ermöglicht die Artikulation von lauten Tönen, die heute beim Gibbon als „Gesänge" berühmt sind.

1 Einleitung

Aufrechter Gang, Hände und Füße, Unspezialisiertheit und Werkzeuge, Nacktheit, große Gehirne und Sprachfähigkeit – wo ist nun die Erklärung für unsere vermeintlich besondere Stellung in der Natur? Über die Jahrtausende hinweg hat der Mensch darauf eine Antwort gesucht.

2 Der Mensch und seine Stellung im Tierreich im Wandel der Zeit

„In unserem wissenschaftlichen Säkulum erscheint es nahezu unfassbar, wie so viele Menschen meinen konnten, der Gedanke der tierischen Ahnenschaft des Menschen beleidige dessen Würde. Diese Haltung ist treffend in der wunderlichen Geschichte der englischen Dame wiedergegeben, die, als ihr von Darwins Theorien erzählt wurde, ausrief: ‚Von Affen abstammen! Mein Teurer, wir hoffen, dass es nicht wahr ist. Wenn es aber so ist, lass uns beten, dass es nicht allgemein bekannt wird.' (Dobzhansky 1965)"

Wie bereits kurz erwähnt, wurden bei Steinbrucharbeiten im Jahr 1856 in der kleinen Feldhofer Grotte im Neandertal – einem kleinen Tal östlich von Düsseldorf zwischen Mettmann und Erkrath, das kurz darauf dem Kalksteinabbau zum Opfer fiel und heute nicht mehr existiert – einige Knochen und ein Schädeldach (Abb. 2.1) gefunden, die von dem herbeigerufenen Elberfelder Schulmeister und Naturforscher Johann Carl Fuhlrott (Abb. 2.2) als die fossilen Reste eines archaischen Menschen erkannt wurden.

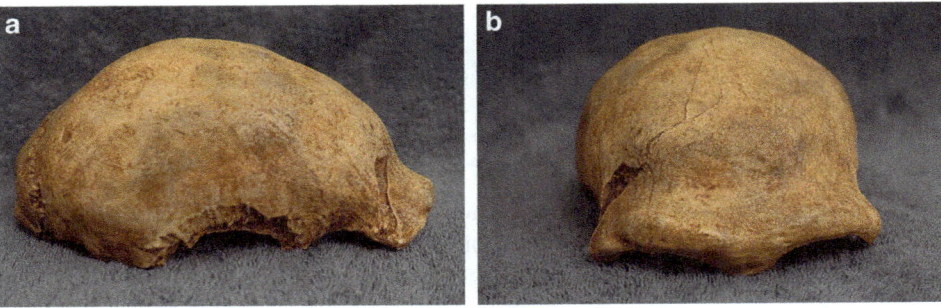

Abb. 2.1 a, b Nachbildung des Schädeldachs aus der Feldhofer Grotte, Neandertal 1856

Abb. 2.2 Johann Carl Fuhlrott, Lehrer an der Oberrealschule Elberfeld und Gründer des „Naturwissenschaftlichen Vereins für Elberfeld und Barmen", ordnete die Knochenfunde aus dem Neandertal wissenschaftlich korrekt ein und hielt die Existenz des fossilen Menschen damit für bewiesen. Sein Aufsatz über die fossilen menschlichen Überreste aus dem Neandertal und deren Einordnung erschien 1859 – im selben Jahr wie die Evolutionstheorie Charles Darwins

Damit begann eine jahrzehntelange Suche nach dem Wesen der menschlichen Natur – und ein ebenso langer erbitterter Streit. Doch letztendlich sollte dieser Fund „zum Beweis des Undenkbaren werden: Auch der Mensch ist ein Tier" (Trinkaus und Shipman 1993, S. 13).

Bis dahin glaubte im christlichen Abendland niemand, dass die Geschichte des Menschen älter sei als ein paar Tausend Jahre. Geologen wie Thomas Burnet und selbst Physiker wie Isaac Newton versuchten, biblische Schöpfungsgeschichte und naturwissenschaftliche Erklärungen zur Entstehung der Erde miteinander zu vereinbaren (Gould 1992, S. 62 f.). 6000 Jahre schienen plausibel als Alter der Erde wie des Menschen, 4000 Jahre vor Christi Geburt und 2000 Jahre danach, entsprechend den sechs Tagen der Schöpfung – ist dem Herrn doch ein Tag wie 1000 Jahre (2. Petrus 3,8). Der irische Bischof James Ussher berechnete aus den Daten der Bibel sogar das genaue Datum der Schöpfung: Sonntag, der 23. Oktober 4004 v. Chr. Die Vorstellung einer evolutionären Entwicklung und einer

Veränderung des Lebens, von Pflanzen oder Tieren, war noch nicht verbreitet – von der Evolution des Menschen ganz zu schweigen.

Biologie und Naturerkenntnis gehen auf alte Traditionen zurück, die vor Tausenden von Jahren im östlichen Mittelmeerraum entstanden: eine mindestens 4000 Jahre alte medizinische Tradition, die sich im alten Ägypten herausbildete und später von Hippokrates aufgegriffen wurde, und eine naturgeschichtliche Tradition, die vor 2500 Jahren mit der ionischen Naturphilosophie begann (Storch et al. 2013, S. 2). Die naturgeschichtliche Tradition beschäftigte sich auch mit der Herkunft des Menschen und brachte letztlich die Evolutionstheorie hervor.

Thales von Milet (um 624–546 v. Chr.) war Aristoteles zufolge der Urheber der naturphilosophischen Erklärungsweise. Er entmythologisierte natürliche Phänomene und vermutete, dass die Welt aus Wasser entstanden sei. Anaximander (um 611–546 v. Chr.), ein Schüler Thales', entwarf eine Anthropo- und Zoogonie, in der die ersten Lebewesen im Wasser entstanden, bevor sie das Land eroberten. Auch der Mensch sei aus einem Fisch entstanden (Storch et al. 2013, S. 2). Demokrit (ca. 470/460–390/370 v. Chr.), der vor allem wegen seiner Lehre von den Atomen als unteilbare Grundbausteine der Materie bekannt ist, erkannte, dass alles aus einem Grund und einem Zusammenspiel von Zufall und Notwendigkeit entsteht, und nahm damit Gedanken der modernen Evolutionstheorie vorweg.

Platon (ca. 428/427–348/347 v. Chr.), wohl eine:r der größten Philosoph:innen der abendländischen Geschichte, erkannte den Wandel der Lebewesen, wie er sich auch in der Zucht von Kulturpflanzen aus Wildpflanzen zeigt. Als Grundlage aller Lebewesen sah er allgemeine, immerwährende Ideen, die immateriell und unveränderlich existieren. Eine Pflanze, ein Elefant oder ein Mensch existieren also nur als Verkörperung der entsprechenden Idee (Storch et al. 2013, S. 4).

Aristoteles (384–322 v. Chr.), Schüler von Platon, hat ein einzigartig reiches naturwissenschaftliches und naturphilosophisches Werk hinterlassen. Auch Darwin sah in ihm eine:n der größten Naturbeobachter:innen aller Zeiten (Storch et al. 2013, S. 5). Er erkannte die ununterbrochene Kette des Lebens – Seiendes entspringt immer nur Seiendem, nie Nichtseiendem –, wobei Spontangenese, also Urzeugung, bei niederen Lebewesen für Aristoteles durchaus möglich schien. Die Materie selbst hat bei Aristoteles das Bestreben zur Vervollkommnung – dieses teleologische Denken (nach griech. τέλος, Genitiv τελέως: Zweck, Ziel) hat sich teilweise bis heute gehalten und findet sich auch in heutigen Vorstellungen vom Menschen als dem Ziel- und Endpunkt der Evolution. Die *Historia animalium* des Aristoteles sortierte den Menschen übrigens noch ganz selbstverständlich in das Tierreich ein: Neben die „blutlosen Tiere" wie Weichtiere, Krustentiere, Kerbtiere und Schalentiere stellte Aristoteles die „Bluttiere" mit Fischen, Amphibien und Reptilien, Vögeln sowie Säugetieren; die Säugetiere enthielten dabei die lebendgebärenden Vierfüßler – und den zweibeinigen Menschen (Cresswell 1862, S. 101).

Der römische Dichter und Philosoph Lucretius Carus (97–55 v. Chr.) entwarf in seiner Schrift *De rerum natura* ein umfassendes Bild der Natur, das für Jahrhunderte gültig sein sollte, allerdings kam er in seinen Ideen nicht über Aristoteles hinaus, wie die ganze römisch-hellenistische Zeit zwar Fortschritte zum Beispiel in der menschlichen Anatomie, aber keine weiterführenden allgemeinen Konzepte erbrachte (Storch et al. 2013, S. 6).

Im europäischen Mittelalter wurden die Werke Aristoteles' langsam wieder entdeckt und oft aus arabischen Übersetzungen, in denen sie überdauert hatten, ins Lateinische übersetzt und unter Gelehrten verbreitet. Mit dem Aufkommen der Universitäten im Spätmittelalter standen neben den sieben freien Künsten (Grammatik, Rhetorik, Dialektik, Arithmetik, Geometrie, Musik und Astronomie), die der Grundausbildung dienten, die höheren Fakultäten Theologie, Recht und Medizin im Mittelpunkt, die Biologie spielte keine besondere Rolle (Storch et al. 2013, S. 7). Doch zwei Philosophen sollten für die spätere Evolutionstheorie wichtige Gedanken entwickeln: Johannes Duns Scotus (1265/1266–1308) beschäftigte sich mit „transzendenten" Begriffen, die also die aristotelischen Qualitäten überschreiten, und entdeckte die „disjunktiven Transzendentalien", die entweder zutreffen oder nicht zutreffen, wie zum Beispiel notwendig – nicht notwendig, möglich – unmöglich oder verursacht – unverursacht (Storch et al. 2013, S. 7). Wilhelm von Ockham (1286–1349), der durch sein wissenschaftliches Ökonomieprinzip noch heute bekannt ist („Ockhams Rasiermesser": „Pluralitas non est ponenda sine necessitate"), ergründete das Prinzip der geschichtlichen Kontingenz, also des „Möglichen, aber nicht Notwendigen" (Storch et al. 2013, S. 7) – auch dieses ein wichtiges Prinzip vieler Evolutionshypothesen.

Ein erster Schritt zu einem umfassenderen Verständnis des Lebens auf der Erde wurde durch die Kategorisierung aller bekannten Arten durch den schwedischen Naturforscher Carl von Linné gemacht. Sein 1735 vorgelegtes Werk *Systema Naturae* stellte erstmals eine systematische biologische Ordnung der Natur – inklusive eines Vorschlags für eine Nomenklatur – vor, die bis heute gültig ist (Abb. 2.3).

In der obersten Hierarchieebene gliederte Linné die Natur in die drei Reiche „Mineralien", „Pflanzen" und „Tiere". Diese Naturreiche unterteilte er in Ordnungen, die sich wiederum aus Gattungen zusammensetzten, die jeweils einzelne Arten zusammenfassten. In der Ordnung Anthropomorpha (Menschenförmige oder -ähnliche) schloss Linné in seiner ersten Auflage *Homo*, *Simia* (Affen) und *Bradypus* (Faultiere), zusammen, ab der 10. Auflage seines Werkes (die im Jahr 1758 erschien) umfasste die neue Ordnung Primates die Gattungen der Fledermäuse, der Halbaffen *(Lemur)*, der Affen *(Simia)* und die Gattung *Homo*. Letztere enthielt bei Linné neben dem Menschen, den er als „Tagmenschen" *(Homo diurnus)* bezeichnete, auch den Orang Utan als „Nachtmenschen" *(Homo noctalis)*. Allerdings ging Linné noch von der Unveränderbarkeit der Arten aus und leitete aus der Ähnlichkeit von Organismen keine Abstammung von älteren gemeinsamen Vorfahren ab. Die Vorstellung, dass Gottes Geschöpfe sich veränderten, hätte schließlich bedeutet, dass die Schöpfung nicht vollkommen gewesen wäre. Die Eingliederung des Menschen in eine Säugetierordnung mit dem Affen sorgte allerdings unter Linnés Zeitgenossen für Unmut, galt der Affe doch als vom Teufel geschaffenes Zerrbild des Menschen, die Behauptung einer engen Verbindung zwischen Affe und dem „Ebenbild Gottes" war daher schon fast der Gotteslästerung verdächtig (Schrenk und Müller 2010, S. 9). Man bemühte gar – heute etwas lächerlich anmutende – Argumente wie das vom Zwischenkieferknochen, der bei allen Säugern und somit auch beim Affen, beim Menschen aber nicht zu finden sei. Im

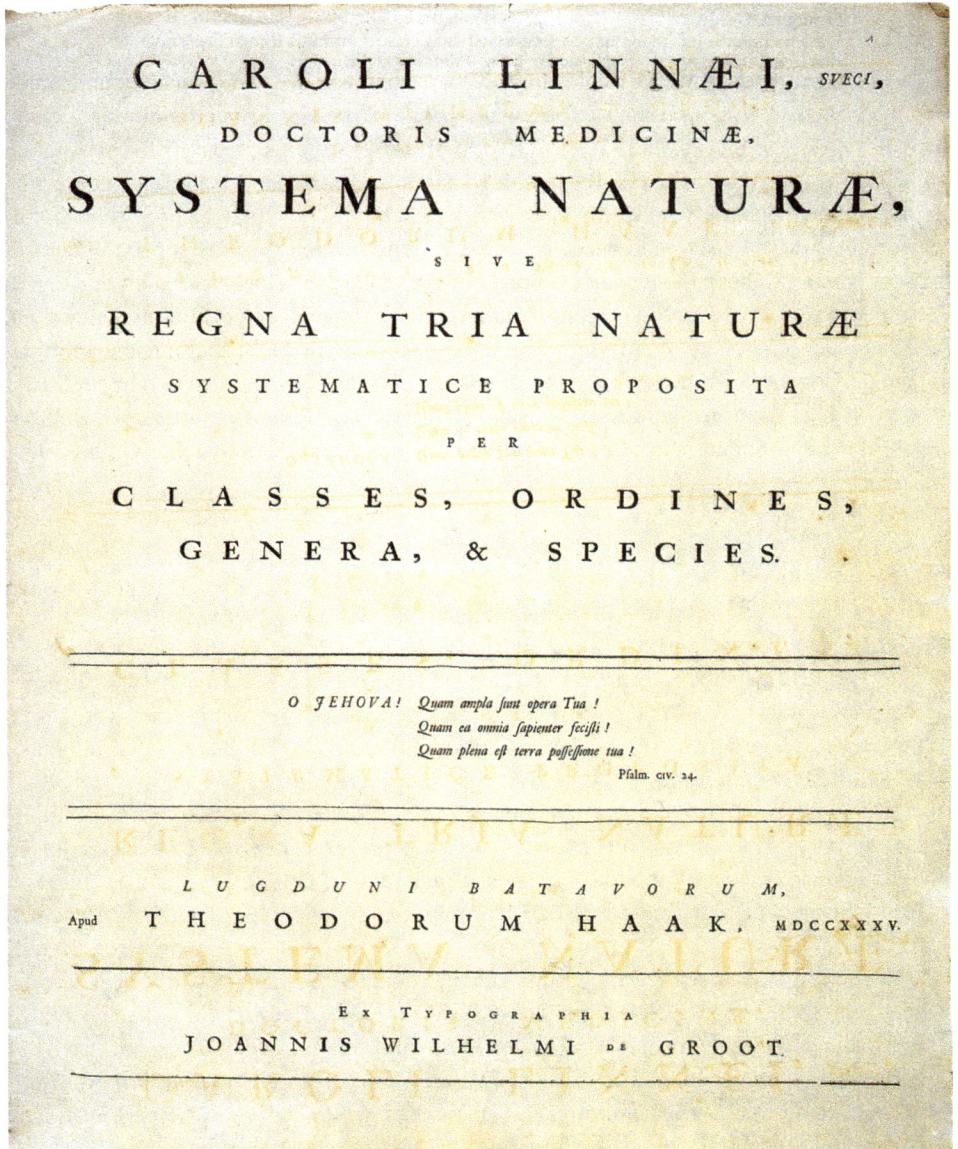

Abb. 2.3 Carl von Linné legte mit seinen Werken *Species Plantarum* und *Systema Naturae* die Basis für die heute noch gültige botanische und zoologische Namensgebung

Jahr 1784 entdeckte Johann Wolfgang von Goethe (kurz nach dem französischen Anatom Félix Vicq d'Azyr; Rieppel 2001, S. 159) das Zwischenkieferbein auch beim Menschen („Ich habe gefunden – weder Gold noch Silber, aber was mir eine unsägliche Freude macht – das *os intermaxillare* am Menschen!"; Engel 2016, S. 252) und widerlegte damit auch dieses Argument (Peyer 1950, S. 7 ff.). Noch 1862 stritten sich der britische Anatom Richard Owen und der britische Paläontologe Thomas Henry Huxley in der sogenannten „Hippocampus-Debatte" um kleine, aber vermeintlich entscheidende anatomische Unterschiede: Nur der Mensch, so Owen, besäße eine *Hippocampus minor* genannte Gehirnstruktur, während diese kleine Auswölbung bei Schimpansen, Gorillas und allen anderen Säugetieren fehle, was die Einordnung des Menschen in eine eigene Unterklasse innerhalb der Klasse der Säugetiere rechtfertige. Huxley dagegen zeigte durch anatomische Präparationen, dass alle Affen einen *Hippocampus minor* haben und der Unterschied in der Struktur der Primatengehirne stattdessen zwischen den Halbaffen wie Lemuren oder Koboldmakis und allen anderen Primaten einschließlich des Menschen besteht (Gould 1984, S. 38 f.).

Exkurs: Der Begriff der „Art"

Der Begriff der „Art" und andere kategorische Einteilungen wie Gattung, Familie oder Ordnung sind Begriffe, die durch Linnés damalige Sicht auf die Biosphäre geprägt sind. Dabei nutzte er in erster Linie morphologische Merkmale. Dass diese morphologischen Merkmale aber nicht mit genetischen Verwandtschaftsverhältnissen übereinstimmen, konnte Linné noch nicht wissen, es zeigte sich erst in den letzten Jahrzehnten immer häufiger durch genetische Analysen.

Da es für keine dieser menschengemachten, künstlichen Einteilungen eine klare Definition gibt, sie sich mehr oder weniger nur an für den Menschen passenden Schubladen orientieren, gibt die Zuordnung in eine Art, Gattung oder Familie keine Informationen über die genetischen Verwandtschaftsverhältnisse der inbegriffenen Organismen.

Der biologische Artbegriff beruht zudem auf dem Vorhandensein einer Fortpflanzungsbarriere zwischen Populationen. Wenn dieser Begriff streng angewandt wird, sind zwei Organismen, die in der Lage sind, miteinander fruchtbare Nachkommen zu zeugen, ein und dieselbe Art. Wenn wir nun versuchen, diese Artbegriffe auf die menschliche Abstammungslinie anzuwenden, stoßen wir auf eine Vielzahl von Schwierigkeiten. Durch paläogenetische Untersuchungen wissen wir heute, dass der moderne Mensch sowohl Neandertaler- als auch Denisovaner-DNA in sich trägt, was ein eindeutiger Beweis dafür ist, dass mindestens diese drei Menschen„arten" in der Lage waren, miteinander fruchtbare Nachkommen zu zeugen und somit nach dem biologischen Artbegriff ein und derselben Art angehören müssten.

Neben dem biologischen Artbegriff wird auch der morphologische Artbegriff angewandt, beispielsweise bei der Aaskrähe, die in zwei Unterarten unterteilt wird: Rabenkrähe und Nebelkrähe. Diese zwei Phänotypen derselben Art sind durchaus in der Lage, miteinander fruchtbare Nachkommen zu zeugen, und tun dieses auch in sogenannten Hybridisierungszonen. Beobachtungen zeigten allerdings, dass Nebelkrähen ihr teilweise graues Gefieder als attraktiver wahrnehmen, während Rabenkrähen das pechschwarze Gefieder präferieren, weshalb sich die Populationen nicht dauerhaft vermischen und die unterschiedlichen Phänotypen aufrecht erhalten bleiben (Randler 2007).

Wenn wir nun versuchen, anstatt des biologischen diesen morphologischen Artbegriff auf Vor- und Frühmenschen anzuwenden, stoßen wir wiederum auf Schwierigkeiten. So wissen wir beispielsweise nicht, ob und wie stark der Sexualdimorphismus, sprich der Unterschied im Erscheinungsbild zwischen den biologischen Geschlechtern, bei Vor- und Frühmenschen ausgeprägt und wie groß die innerartliche Varianz an Phänotypen war. Wenn wir uns den heutigen Menschen und die Vielfalt seiner Erscheinungen anschauen, scheint es fast schon naheliegend, zu vermuten, dass dies auch bei unseren Ahninnen und Ahnen der Fall war.

Durch diese verschiedenen Artdefinitionen (neben der biologischen und der morphologischen Definition der Art gibt es beispielsweise auch noch phylogenetische oder ökologische Artdefinitionen; Mallet 1995) und durch die Tatsache, dass die Vorfahren des modernen Menschen nachweislich mit Lebewesen im genetischen Austausch standen, die heute als separate Menschenarten definiert werden, ergibt sich eine neue Perspektive auf den Prozess der Menschwerdung: weg von den kategorischen Schubladen wie Art oder Familie und hin zu der Vermutung, dass unsere Vorfahren, die in kleinen, temporär isolierten Populationen immer wieder miteinander in genetischem Austausch standen, somit eine schon damals weitreichende Metapopulation einer Art bildeten.

Andererseits war natürlich seit Längerem die Existenz von Fossilien bekannt – der englische Geistliche John Ray zeigte sich Ende des 17. Jahrhunderts noch erstaunt darüber, dass durch geochemische Prozesse Formen hervorgebracht würden, die „eine verblüffende Ähnlichkeit mit Blättern und Muscheln aufwiesen" (Trinkaus und Shipman 1993, S. 22). 1796 bot der französische Anatomie-Professor Georges Cuvier in seiner Arbeit „Anmerkungen über die Arten lebender und fossiler Elefanten" eine Erklärung, indem er das Aussterben von Arten skizzierte (Trinkaus und Shipman 1993, S. 23 f.). Wie aber konnten unveränderliche, perfekt erschaffene Arten überhaupt aussterben? Vereinbar mit der biblischen Schöpfungsgeschichte war in den Vorstellungen des christlichen Europas nur ein Umkommen der Arten in der Sintflut.

„L'homme fossile n'existe pas!" – Das oft Georges Cuvier zugeschriebene Zitat stammt in dieser dogmatischen Absolutheit wohl eher von seinen Schülern, er selbst sah die Sache etwas entspannter: „Je n'en veux pas conclure que l'homme fossile n'existait point du tout avant cette époque. Il pouvait habiter quelques contrées peu étendues, d'où il a repeuplé la terre après ces événemens terrible" (Cuvier 1825, S. 138), was übersetzt so viel bedeutet wie: „Ich möchte daraus nicht schließen, dass der fossile Mensch vor dieser Zeit überhaupt nicht existierte. Er könnte einige wenig ausgedehnte Gebiete bewohnt haben, von denen aus er die Erde nach diesen schrecklichen Ereignissen wieder bevölkerte." Trotzdem beschreibt die Aussage „Der fossile Mensch existiert nicht!" gut die allgemeine Stimmung anfangs des 19. Jahrhunderts: Mochte eine Evolution der Tier- und Pflanzenwelt auch langsam in den Bereich des Möglichen rücken, so war der Mensch von diesen Überlegungen streng ausgeschlossen. Cuvier selbst hielt den Menschen für qualitativ unterschieden von allen Tieren, das Studium des Menschen für etwas völlig anderes als das Studium der Tiere (Mayr 1984, S. 295). Und was die Sache mit dem fossilen Menschen angeht, hatte er zu seiner Zeit schließlich auch völlig recht: Als er 1832 starb, war noch kein einziges Homininenfossil, noch nicht einmal ein Primatenfossil gefunden worden. Zwar hatte der Schweizer Arzt und Naturforscher Johann Jacob Scheuchzer schon 1726 ein am Bodensee gefundenes Fossil als „Homo diluvii testis" („Mensch, Zeuge der Sintflut"), als „Bein-Gerüst eines in der Sündflut ertrunkenen Menschen" vorgestellt, dieses wurde aber nach weiteren Funden als ausgestorbener Schwanzlurch erkannt (und im 19. Jahrhundert immerhin nach Scheuchzer benannt; Sandrock und Schrenk 2015, S. 30) (Abb. 2.4).

Der erste echte Hominiden-Fund, ein Primat aus der Gattung *Pliopithecus* („pliozäner Affe"), stammt dagegen erst aus dem Jahr 1837 (Mayr 1984, S. 295). Die fossile Gattung *Pliopithecus* lebte entgegen der ursprünglichen Namensgebung im Miozän vor 17–11 Mio. Jahren und war in Eurasien weit verbreitet, nicht aber in Afrika. *Pliopithecus* gilt heute als möglicher Vorfahr der Gibbons (Begun 2002).

Der erste wirkliche Evolutionist war der französische Botaniker und Zoologe Jean-Baptiste de Lamarck. Lamarck wird zu Unrecht oft auf die Vererbung erworbener Eigenschaften reduziert; dabei war er die erste Person, die das statische Weltbild durch ein dynamisches ersetzte, in dem das gesamte Gleichgewicht der Natur beständig im Fluss sei – und der den Menschen dabei ausdrücklich einschloss (Mayr 1984, S. 280).

Lamarck sah den Menschen als Endprodukt der Evolution an – und formulierte dies wesentlich mutiger, als Darwin das später tun sollte:

> „Wenn irgend eine Affenrasse, hauptsächlich die vollkommenste derselben, durch die Verhältnisse oder durch irgend eine andere Ursache gezwungen wurde, die Gewohnheit, auf den Bäumen zu klettern und die Zweige sowohl mit den Füßen als mit den Händen zu erfassen, um sich daran aufzuhängen, aufzugeben und wenn die Individuen dieser Rasse während einer langen Reihe von Generationen gezwungen waren, ihre Füße nur zum Gehen zu gebrauchen und aufhörten, die Füße ebenso zu brauchen wie die Hände, so ist es […] nicht zweifelhaft, dass die Vierhänder schließlich zu Zweihändern umgebildet wurden, und dass die Daumen ihrer Füße, da diese Füße nur noch zum Gehen dienten, den Fingern nicht mehr opponiert werden konnten (Lamarck, *Philosophie zoologique,* 1809; zitiert nach Mayr 1984, S. 280 f.)."

Und dann kamen Charles Darwin und Alfred Russel Wallace, die praktisch zeitgleich nach der Lektüre von Lyells *Principles of Geology* und der Malthus'schen Bevölkerungstheorie *Essay on the principle of population as it affects the future improvement of society* die Selektion in variierenden Populationen als Triebfeder der Evolution erkannten (Mayr 1984,

Abb. 2.4 Die Publikation von Johann Jacob Scheuchzer über das „Bein-Gerüst eines in der Sündflut ertrunkenen Menschen" von 1726 und die Rekonstruktion des Riesensalamanders *Andrias scheuchzeri* im Staatlichen Museum für Naturkunde Stuttgart. (Mit freundlicher Genehmigung des Museums)

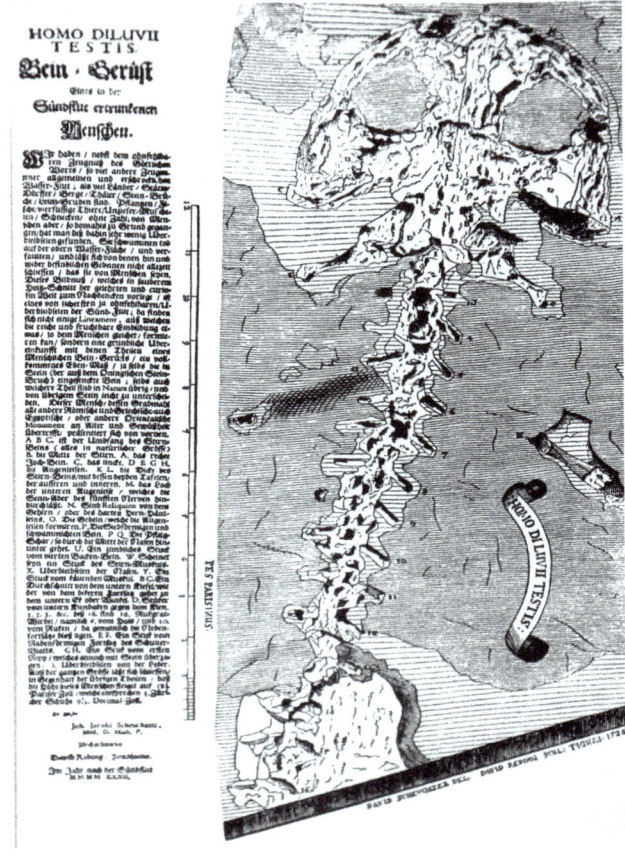

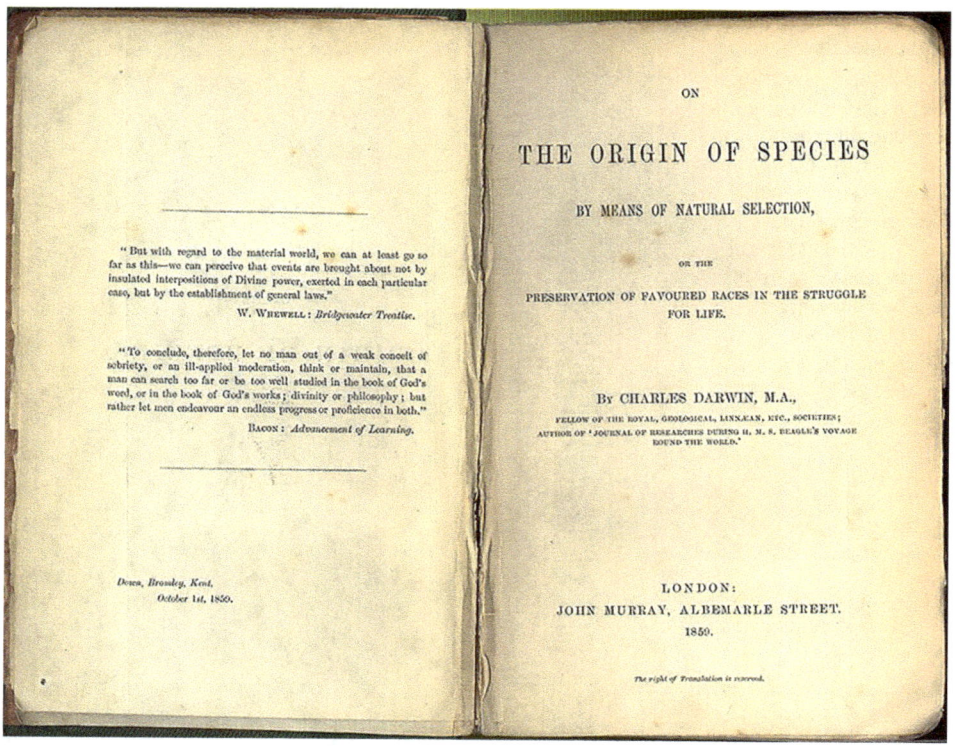

Abb. 2.5 Im Jahr 1859 publizierte Charles Darwin sein Werk „The Origin of Species by Means of Natural Selection", worin er nicht ausschließt, dass auch die Entwicklung des Menschen auf natürlichen Selektionsprozessen beruhe – eine in der damaligen Zeit skandalöse Annahme!

S. 319 ff.), wobei Darwin als Urheber der Evolutionstheorie weltberühmt wurde, während Wallace außerhalb der Fachwelt heute weitgehend unbekannt ist – und womöglich Opfer eines Plagiatfalls wurde (Glaubrecht 2013).

Darwin war klar, dass sein Prinzip der natürlichen Selektion nur funktionieren konnte, wenn das Leben dafür ausreichend Zeit zur Verfügung gehabt hatte (Abb. 2.5). Wie viel Zeit dazu nötig war, konnte natürlich niemand sagen – aber es war klar, dass ein paar Tausend oder Zehntausend Jahre niemals ausgereicht hätten – die letzte konkrete Berechnung des Erdalters stammte von Buffon aus dem Jahr 1775, beruhte auf Abkühlungsexperimenten in einer Gießerei und ergab ein Alter für die ursprünglich als schmelzflüssig angenommene Erde von 74.047 Jahren bis zur heutigen Oberflächentemperatur (Hofbauer 2015, S. 74). Den für die Evolution nötigen Zeitraum bot Darwin nun das Werk des englischen Geologen Charles Lyell: Dieser publizierte zwischen 1830 und 1832 drei Bände seiner *Principles of Geology*. Zwar nannte er darin keine konkreten Zahlen, aber Darwin selbst extrapolierte aus Lyells Daten die Dauer für die Erosion eines englischen Kreidekliffs – und kam auf 300 Mio. Jahre (Hofbauer 2015, S. 76). Dabei hatte er sich aus heutiger Sicht zwar um mehrere Größenordnungen verrechnet, da er falsche Annahmen zur

Abtragung von Schreibkreide machte – aber zumindest wurden nun Zeiträume in den Dimensionen diskutiert, die er für seine Hypothese der natürlichen Selektion brauchte.

1828 wurden menschliche Fossilien in Belgien entdeckt und 1833 auch als urmenschliche Reste beschrieben, aber zunächst ignoriert. Erst 1936 wurden die Funde schließlich als Neandertaler identifiziert; nach heutiger Lesart ist allerdings nur einer der Schädel von einem Neandertaler, einem Kind, und der andere stammt von einem *Homo sapiens*. 1848 wird auf Gibraltar ein Schädel entdeckt – der zweite Neandertalerfund. 1856 wird das namensgebende Neandertalerskelett in der Feldhofer Grotte des Neandertals bei Mettmann entdeckt. Mit der Beschreibung dieses Fundes durch den Elberfelder Lehrer und Naturforscher Johann Carl Fuhlrott als eine frühe Menschenform im Jahr 1859 und der Veröffentlichung von Charles Darwins *Entstehung der Arten* im gleichen Jahr beginnt die Diskussion über eine Abstammung des Menschen von Primaten (Sandrock und Schrenk 2015, S. 91).

Diese Diskussion wurde allerdings von Beginn an hitzig geführt. Der berühmte Berliner Anatom, Pathologe und Evolutionsgegner Rudolf Virchow beurteilte den Fund aus dem Neandertal per Ferndiagnose als „merkwürdige Einzelerscheinung" mit einer „durchaus individuellen Bildung", sein Bonner Kollege und Anhänger der christlichen Schöpfungslehre Franz Josef Carl Mayer erkannte in der Form der Ober- und Unterschenkelknochen einen Reiter und schloss auf einen berittenen russischen Kosaken, der an Rachitis litt und um 1813/1814 in den Wirren der Befreiungskriege gegen Napoleon in der Gegend gelagert hätte (Schrenk und Müller 2010, S. 16). In England nahm die Diskussion dann eine andere Wendung: Charles Lyell, der Begründer der modernen Geologie, brachte einen Abguss der Schädelkalotte des Neandertalfunds von einer Europareise mit nach England – und veröffentlichte im Jahr 1863 sein Werk *The geological evidence of the antiquity of man*, in dem der Fund aus dem Neandertal ausführlich dargestellt wurde. Ebenfalls 1863 verglich Thomas Henry Huxley, der berühmte Mitstreiter Darwins um die Anerkennung der Evolutionstheorie, den Neandertalerfund mit den früheren Schädelfunden aus Belgien. Nachdem 1863 ein Schädelfund aus Gibraltar aus dem Jahr 1848 ebenfalls als „Neandertaler" erkannt wurde, dämmerte langsam die Einsicht, dass der Neandertaler wohl doch keine „merkwürdige Einzelerscheinung" war – selbst „Professor Mayer werde kaum vermuten, dass sich ein rachitischer Kosak des Feldzuges von 1814 in die Spalten des Felsens von Gibraltar verkrochen habe" (Schrenk und Müller 2010, S. 19). Im Jahr 1868 wurden schließlich die fossilen Überreste von fünf offenbar modernen Menschen (Abb. 2.2), zusammen mit Tierknochen und Steinwerkzeugen, in Frankreich entdeckt und nach ihrem Fundort Cro-Magnon-Menschen getauft (Schrenk und Müller 2010, S. 21) (Abb. 2.6).

Nachdem ein junger, unbekannter Forscher anschließend in Asien noch das „missing link", das fehlende Bindeglied, entdecken sollte, nahm die evolutionäre Entstehung des Menschen langsam Gestalt an.

Der Entdeckung eben dieses heute als *Homo erectus* bekannten Fossils ging eine wahrhaft abenteuerliche Geschichte voraus. Während Charles Darwin überzeugt war, dass Afrika aufgrund der dort noch lebenden Menschenaffen die Wiege der Menschheit sein müsse, vermutete der deutsche Zoologe Ernst Haeckel entweder das südliche Asien oder

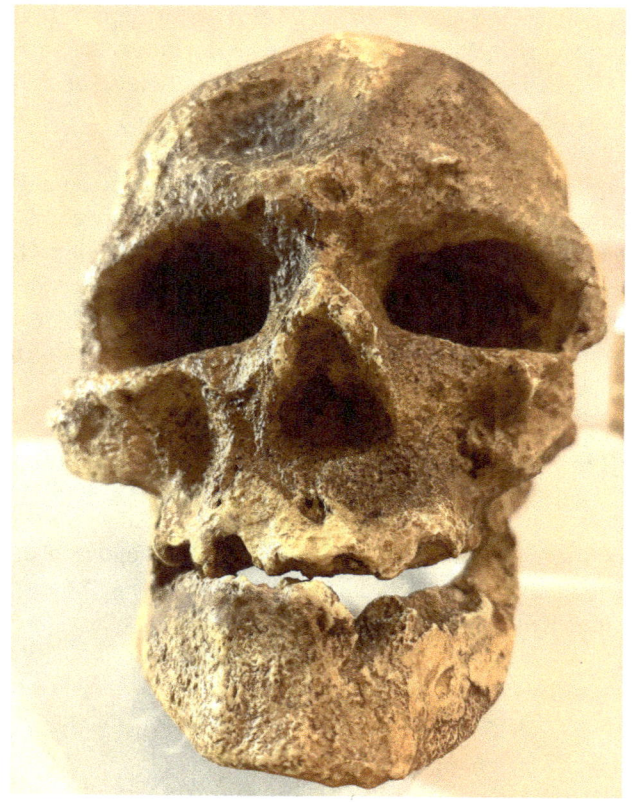

Abb. 2.6 Schädelnachbildung des Cro-Magnon-Menschen, einem fossilen modernen Menschen

einen untergegangenen asiatischen Kontinent namens „Lemurien" als die Geburtsstätte des Menschen. In Asien, immerhin Heimat des Orang Utans und des Gibbons, so Haeckel, sei der „stumme Affenmensch" *Pithecanthropus alalus* als Zwischenform zwischen Affe und Mensch zu suchen (Haeckel 1868/2017b, S. 508, 515). Eugène Dubois, ein junger holländischer Arzt, war von den Haeckel'schen Thesen so beeindruckt, dass er sich 1887 als Militärarzt nach Indonesien, dem damaligen Niederländisch-Ostindien, versetzen ließ, um die Reste des hypothetischen Affenmenschen zu suchen (Schrenk 2008, S. 81):

> „Besessen von seiner Idee, begann er an einer Stelle in Java zu graben [bzw. gruben die Strafgefangenen, die ihm das Militär zur Verfügung stellte; Tattersall 1997, S. 52], die nach heutigen Vorstellungen als völlig aussichtslos gelten würde. Er grub in einem Gebiet, wo im Umkreis von Tausenden von Kilometern noch nie zuvor auch nur die kleinste Andeutung von Resten eines Urmenschen gefunden wurde – und er grub auf den Zentimeter genau an der richtigen Stelle: Am Ufer des Solo-Flusses bei Trinil fand er 1891 einen Teil eines Schädeldaches und einen Zahn!"

Später stießen die Arbeiter noch auf einen Oberschenkelknochen, der auf einen aufrechten Gang hinwies – Dubois nannte den Fund zu Ehren Haeckels daher *Pithecanthropus*

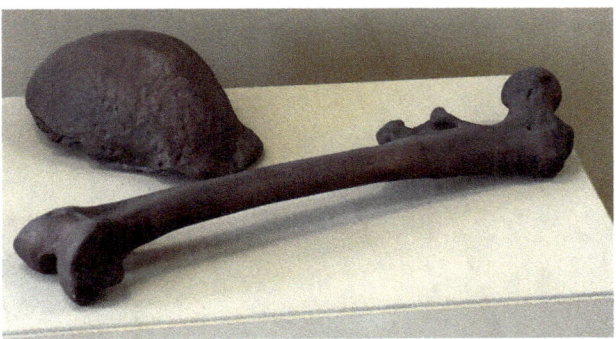

Abb. 2.7 Nachbildungen des Schädeldaches und des Oberschenkelknochens des von Eugene Dubois auf Java entdeckten *Pithecanthropus erectus*, heute als *Homo erectus* klassifiziert. (Mit freundlicher Genehmigung des Staatlichen Museums für Naturkunde Stuttgart)

erectus, den „aufrecht gehenden Affenmenschen" (Abb. 2.7), Haeckel revanchierte sich mit „Gratulationen von dem Erfinder des *Pithecanthropus* an dessen Entdecker" (Tattersall 1997, S. 53). Das Alter des *Pithecanthropus*-Fundes wird heute auf 1 Mio. Jahre geschätzt und er wurde als *Homo erectus* klassifiziert (Schrenk 2008, S. 82) (Abb. 2.8).

Wenig später (in den Jahren 1921 und 1926) wurden in China einzelne fossile Zähne gefunden, die einer nicht näher bestimmten Art der Gattung *Homo* zugeschrieben wurden. Nach dem Fund eines dritten Zahnes wurden die Funde als „Pekingmensch" mit einer eigenen Gattung, *Sinanthropus pekinensis*, beschrieben. Eine ausgedehnte Grabung erbrachte in den folgenden zehn Jahren Fragmente von 14 (teils vollständigen) Schädeln, ein Dutzend Unterkiefer, mehr als 150 weitere Zähne und auch Reste des Körperskeletts. Das Alter der Funde lag zwischen 400.000 und 800.000 Jahren, alle Funde gingen allerdings im 2. Weltkrieg bei der Besetzung Chinas durch Japan verloren und existieren heute nur noch als Abgüsse und auf Zeichnungen. Nach den Funden von Java und aus China wurde der Ursprung der Menschen allgemein in Asien angenommen.

Im Jahre 1912 kam es zu einer bizarren Fälschung, die den außerwissenschaftlichen Einfluss auf die Erforschung der Menschheitsgeschichte besonders deutlich macht. Noch immer konnten und wollten viele Wissenschaftler den grobschlächtigen Neandertaler nicht als Vorfahren des Menschen akzeptieren. Bei Piltdown im englischen Sussex wurde endlich ein fast vollständiger Schädel gefunden, dessen Gehirnschädel menschlich-modern wirkte, während der Unterkiefer ausgesprochen affenartig war. Benannt nach seinem Finder Charles Dawson, wurde *Eoanthropus dawsoni* („Dawsons Mensch der Morgenröte") zum Beleg, dass die Vorfahren des modernen Menschen aus Europa stammten und vom Piltdown-Menschen abstammten, während die abzweigende Linie der Neandertaler schließlich ausgestorben war. Der Neandertaler war endlich aus dem menschlichen Stammbaum gestrichen! (Trinkaus und Shipman 1993, S. 259 ff.). Schnell kamen allerdings Zweifel auf – Kiefer und Hirnschädel passten nicht ganz zusammen und wirkten nicht, als seien sie von ein und demselben Geschöpf. Bis 1918 wurden die Piltdown-Funde in rund 120 Publikationen von mehr als 50 Wissenschaftler:innen diskutiert, und

Abb. 2.8 *Pithecanthropus* in der Darstellung des populärwissenschaftlichen Buches „The Outline of History" von H. G. Wells aus dem Jahr 1920 (deutsche Ausgabe: „Die Weltgeschichte", 1928). Es wird darauf hingewiesen, dass „die Kreatur noch viel weniger menschlich" gewesen sein könnte als auf dieser Zeichnung

zunehmend kamen mehr Zweifel auf an dem – wie sich schließlich herausstellen sollte – aus einem Menschenschädel und dem Unterkiefer eines Orang-Utans zusammengesetzten „Fossil", doch die wissenschaftliche und politische Stimmung wollte den Ursprung des Menschen in Europa sehen (Schrenk 2008, S. 80). Erst im Jahr 1959 wurde durch eine Kohlenstoffisotopenmessung endlich nachgewiesen, dass Schädel und Unterkiefer nur wenige Hundert Jahre alt waren – wer diese Fälschung anfertigte, ist bis heute ein Rätsel der wissenschaftsgeschichtlichen Forschung.

Im Jahr 1924 wurden dem südafrikanischen Anatomen Raymond Dart einige Knochenfunde aus örtlichen Steinbrüchen vorgelegt – es war bekannt, dass er sich für Derartiges interessierte. Dart erkannte sofort, was er vor sich hatte: „Darwin's largely discredited theory that man's early progenitors probably lived in Africa came back to me. Was I to be the instrument by which his ‚missing link' was found?", erinnert sich Dart an seine Gedanken beim ersten Anblick des „Taung Child" (Dart und Craig 1959, S. 6). Besondere Bedeutung kam dem Fund (Abb. 2.9), der lange als Schädel eines juvenilen Schimpansens abgetan wurde, eben für diese Vorhersage Charles Darwins zu, der den Ursprung des Men-

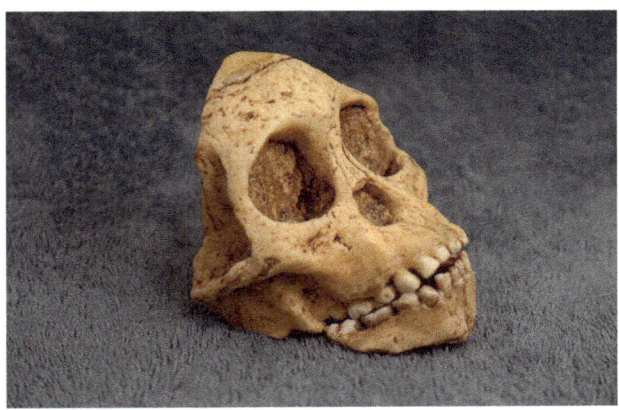

Abb. 2.9 Das „Kind von Taung" – *Australopithecus africanus*, der erste afrikanische Vormenschenfund

schen in Afrika vermutet hatte – alle vorherigen Funde vormenschlicher Vorfahren stammten aus Asien. Die Anerkennung als menschlicher Vorfahr wurde wiederum durch außerwissenschaftliche Einflüsse behindert – kaum wollten zeitgenössische Wissenschaftler:innen den Ursprung des Menschen in Afrika sehen. Erst nach weiteren Funden in gleichaltrigen südafrikanischen Schichten, die einerseits dem inzwischen so benannten *Australopithecus africanus,* andererseits sogenannten „robusten Australopithecinen", einer neuen Gattung *Paranthropus* sowie *Homo erectus* zugerechnet wurden, war nicht nur klar, dass vor Millionen Jahren mehrere Vor- und Urmenschen gleichzeitig gelebt hatten, sondern auch, dass die „Wiege der Menschheit" tatsächlich in Afrika stand (Schrenk 2008, S. 33 ff.).

Mit der amerikanisch-französischen Afar-Research-Expedition von 1973 bis 1978, der Entdeckung von *Australopithecus afarensis* („Lucy") (Abb. 2.10) und weiteren, 3,8–2,9 Mio. Jahre alten Fossilien in Äthiopien und Tansania wurde Afrika endgültig als Wiege der Menschheit etabliert (Henke und Rothe 2003, S. 28).

Neuere Entdeckungen und Theorien über fossile Fußspuren auf Kreta, die Deutung des in Griechenland und Bulgarien fossil nachgewiesenen Hominiden *Graecopithecus freybergi* mit einem Alter von rund 7,2 Mio. Jahren, der 10–9 Mio. Jahre alten Funde der Gattung *Ouranopithecus* in Griechenland und der 8,7 Mio. Jahre alten Funde von *Anadoluvius turkae* in Zentralanatolien, die alle auch als mögliche Vorfahren der Gattung *Australopithecus* diskutiert wurden oder werden, lassen aber die Vermutung zu, dass die frühen Wurzeln unseres eigenen „Stammbusches" zumindest teilweise auch in Eurasien liegen könnten.

Die heutige Paläogenetik gibt völlig neue Einblicke in die Systematik der Verwandtschaftsverhältnisse und damit auch der Evolution und ergänzt die oftmals sehr lückenhafte Dokumentation der Fossilienfunde. Der Denisova-Mensch wurde entdeckt durch eine DNA-Probe aus dem 70.000 Jahre alten, winzigen Knochen eines Fingergliedes eines etwa 12-jährigen Mädchens (Krause und Trappe 2019, S. 14 f.) – wie der zugehörige Mensch ausgesehen hat, ist dagegen noch völlig unbekannt. Allerdings ist es schwierig,

Abb. 2.10 Rekonstruktion von „Lucy", dem berühmten Fund eines *Australopithecus afarensis*, im Staatlichen Museum für Naturkunde Stuttgart. (Mit freundlicher Genehmigung des Museums)

die Alleinstellungsmerkmale des Menschen nur aus genetischen Daten abzuleiten: „Wir teilen zwar 98 % unserer DNA mit Schimpansen, aber deshalb sind wir nicht zu 98 % Affen. Vielleicht darf an dieser Stelle an die Tatsache erinnert werden, dass wir auch 40 % unserer DNA mit Bananen gemeinsam haben" (Jones 2003, S. 88 f.).

Heute wird der Mensch systematisch zur Überfamilie der Menschenartigen, Hominoidea, gezählt – diese „artenarme Gruppe" (Storch und Welsch 2004, S. 747) fasst Menschenaffen und Mensch zusammen (Tab. 2.1). Die Überfamilie umfasst neben der Familie der Gibbons (Hylobatidae) die Familie der Menschenaffen (Hominidae), die in die Unterfamilien Ponginae und Homininae unterteilt wird. Die Ponginae umfassen fossile Formen wie *Sivapithecus* oder *Gigantopithecus* und die rezente, heute noch lebende Gattung der Orang-Utans *(Pongo)*. Die Homininae umfassen Schimpansen *(Pan)*, Gorillas *(Gorilla)* und Menschen, letzteren mit den beiden Gattungen *Australopithecus* (nur fossil, nur Afrika) und *Homo* (weltweit, fossil und rezent; heute nur noch eine Art, *Homo sapiens*) (Storch und Welsch 2004, S. 748).

Tab. 2.1 Stellung des Menschen in der Natur: die Ordnung Primates. (Quelle: eigene Darstellung nach Grupe et al. 2012, S. 5 und Storch et al. 2013, S. 421 ff.)

Ordnung	Unterordnung	Zwischenordnung	Überfamilie	Familie	Unterfamilie
Primates (Herrentiere)	Strepsirrhini (Feuchtnasenaffen)	Lorisiformes (Loriartige)	Lorisoidea (Loris)	Galagidae (Galagos)	
				Lorisidae (Loris)	
		Chiromyiformes		Daubentoniidae (Fingertiere)	
		Lemuriformes (Lemurenartige)	Lemuroidea (Lemuren)	Cheirogaleidae (Maus- und Katzenmakis)	
				Indriidae (Indris)	
				Lemuridae (Lemuren)	
				Lepilemuridae (Wieselmakis)	
	Haplorrhini (Trockennasenaffen)	Tarsiiformes (Koboldmakis)	Tarsioidea (Koboldmakis)	Tarsiidae (Koboldmakis)	
		Platyrrhini (Breitnasenaffen)	Ceboidea (Neuweltaffen)	Cebida (Kapuzinerartige)	Cebinae (Kapuzineraffen)
					Callitrichinae (Krallenaffen)
				Callitrichidae (Krallenaffen)	
				Aotidae (Nachtaffen)	Aotinae (Nachtaffen)
				Atelidae (Greifschwanzaffen)	Atelinae (Klammeraffen)
				Pithecidae (Sakiaffen)	Pitheciinae (Sakiaffen)
				Callicebidae (Springaffen)	Callicebinae (Springaffen)
		Catarrhini (Schmalnasenaffen)	Cercopithecoidea (Hundsaffen)	Cercopithecidae (Hundsaffen)	Cercopithecinae (Backentaschenaffen)
					Colobinae (Stummelaffen)
			Hominoidea (Menschenaffen und Menschen)	Hylobatidae (Gibbons, „kleine Menschenaffen")	
				Hominidae (große Menschenaffen und Menschen)	Ponginae (Orang-Utans)
					Homininae (Gorillas, Schimpansen und Menschen)

Evolution des Lebens 3

„The unity of life is no less remarkable than its diversity. (Dobzhansky 1973)"

„Über Leben außerhalb der Erde, irgendwo im Weltall, wissen wir nichts. Wir kennen daher nur die Eigenschaften solchen Lebens, das sich auf der Erde entwickelt hat. Von einer vorausgesetzten möglichen Menge von Phänomenen, die 'Leben' genannt wird, ist uns nur ein Fall zugänglich. Daher kann es eine allgemeingültige Definition für Leben nicht geben (Kull 1977, S. 42)."

Physikalisch-chemische Evolution

„What is life?" – „Was ist Leben?" (Abb. 3.1) lautet der Titel einer berühmten Schrift des Physikers und Nobelpreisträgers Erwin Schrödinger aus dem Jahr 1944, welche die erstaunliche Tatsache beschreibt, dass Lebewesen während der Reproduktion Ordnung aus Ordnung erschaffen können, was auf den ersten Blick dem 2. Hauptsatz der Thermodynamik zu widersprechen schien, und dass diese Ordnung während der Evolution komplexer Systeme offenbar sogar noch zunehmen kann – Lebewesen sind in den Augen des Physikers Systeme hoher Ordnung und niedriger Entropie (ein Maß für die „Unordnung") und benötigen einen Stoffwechsel, um ihren Zustand niedriger Entropie beibehalten zu können (Schrödinger 1989, S. 120 ff.).

Der russisch-belgische Physikochemiker, Biophysiker und Nobelpreisträger Ilya Prigogine erkannte, dass Leben nur weit entfernt vom thermodynamischen Gleichgewicht möglich ist – nur, wenn ständig Energie aufgewendet wird, lassen sich die Bedingungen aufrecht erhalten, die Ordnung und stabile Strukturen ermöglichen; Prigogine nannte sie „dissipative Strukturen" (Prigogine und Stengers 1983). Damit war die Frage beantwortet, wie Leben möglich ist, die von Schrödinger gestellte Frage, was „Leben" denn eigentlich sei, aber nicht.

Abb. 3.1 Erwin Schrödinger (1887–1961) war einer der Väter der Quantenphysik, seine „Schrödinger-Gleichung" und das Gedankenexperiment um „Schrödingers Katze" kennt jeder Physikstudierende oder interessierte Laie. 1944 erschien sein Buch „What is Life?" über physikalische Aspekte der lebenden Zelle

Wie konnte das Leben überhaupt entstehen? Alle Lebewesen, ob Bakterium, Pflanze, Insekt oder Mensch, verbindet eine gemeinsame Abstammung mit den ersten lebenden Zellen: Das Leben ist nicht mehrfach, sondern nur einziges Mal entstanden und setzt sich seitdem in einer ununterbrochenen Folge fort. Möglicherweise gab es ganz am Anfang, am Übergang von der chemischen zur biologischen Evolution, verschiedene, mehrfache Anläufe, aber nur einer davon hat sich dauerhaft durchgesetzt, von den möglichen anderen Versuchen sind keinerlei Spuren übrig geblieben.

Die Entstehungsgeschichte dieser ersten Zelle, wann, wo, aus welchen Bestandteilen und unter welchen Umständen das erste Leben entstand, kann heute nicht mehr vollständig geklärt werden – allerdings gibt es ausreichend plausible Ansätze, die das Entstehen von Leben und Zellvorläufern, sogenannten Protozellen, in einem chemisch-physikalischen Szenario erklären, ohne dass es einer geheimnisvollen „Lebenskraft" oder eines göttlichen Schöpfers bedarf.

Darwin vermutete einen „kleinen warmen Teich", in dessen seichtem Wasser die benötigten Ausgangsstoffe während des Eintrocknens zu einer „Ursuppe" konzentriert wurden. Auch der britische Genetiker J. B. S. Haldane, eine:r der Begründer:innen der Populationsgenetik, nahm im Jahr 1929 einen ähnlichen Mechanismus an:

> „Wenn nun ultraviolettes Licht auf eine Mischung aus Wasser, Kohlendioxid und Ammoniak einwirkt, entsteht ein breites Spektrum organischer Substanzen, darunter Zucker und offenbar auch einige Materialien, aus denen Proteine aufgebaut sind. [...] Wenn in unserer heutigen Welt solche Substanzen übrigbleiben, zerfallen sie – das heißt, sie werden von Mikroorganismen zerstört. Aber vor der Entstehung des Lebens müssen sie sich angereichert haben, bis die Urozeane die Konsistenz einer heißen dünnen Suppe erreichten (Dawkins 2008, S. 789)."

Die Probe aufs Exempel machte schließlich der Student Stanley Miller im Jahr 1953 im Labor des Chemikers Harold Clayton Urey an der Universität Chicago: Im heute berühmten sogenannten „Miller-Urey-Experiment" mischte er eine hypothetische Atmosphäre der frühen Erde aus Wasserdampf, Methan, Ammoniak und Wasserstoff und schickte elektrische Ladungen durch diese Mischung, um die Gewitter auf der Urerde zu simulieren. Das System wurde in einem Kreislauf von Verdampfung und Kondensation betrieben, was einem Urozean mit Regengüssen entsprach (Abb. 3.2).

Nach nur einer Woche – erfahrene Forscher:innen hätten es vermutlich nicht gewagt, den Prozess so früh abzubrechen – fand Miller eine Suppe aus verschiedensten organischen Verbindungen, darunter sieben Aminosäuren (Dawkins 2008, S. 789 f.). Auch wenn man heute davon ausgeht, dass die frühe Atmosphäre der jungen Erde anders zusammengesetzt war als Millers „Uratmosphäre" und beispielsweise Kohlenstoffdioxid statt Methan (Sossi et al. 2020) und weitere oxidierte, also reaktionsträge, Gase wie Stickstoffoxide enthielt (Kowallik 2019), so war es offenbar doch tatsächlich möglich, dass Aminosäuren, Zucker und die Basenbausteine von DNA und RNA spontan entstehen konnten. „Das Problem der Lebensentstehung bestand nun aber sicherlich nicht in einer unkontrollierten Erzeugung organischer Verbindungen, sondern vielmehr darin, derartig entstandene Substanzen zu individualisierten Gebilden, zu Zellen, zu organisieren", wie der

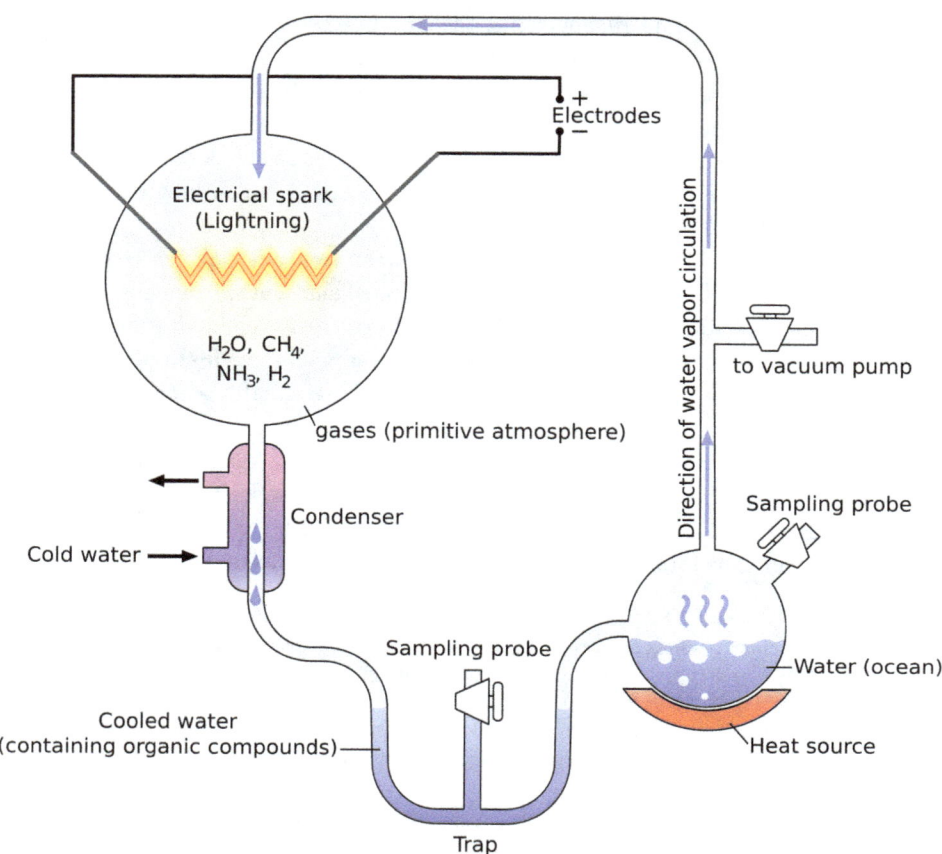

Abb. 3.2 Das berühmt gewordene Miller-Urey-Experiment von 1953 – organische Verbindungen wie Aminosäuren entstanden unter Bedingungen, die man für die Uratmosphäre der Urerde annahm. (Bildquelle: Yassine Mrabet, Wikimedia CC BY-SA 3.0)

Stuttgarter Zoologe Hinrich Rahman schrieb (Rahmann 1980, S. 97), während Richard Dawkins nicht die Bildung von membranumhüllten, abgeschlossenen Reaktionsräumen, sondern die Entstehung der ersten „Gene" als informationstragende Replikatoren für den entscheidenden Schritt zum Leben hält (Dawkins 2008, S. 791). Nicht zuletzt zeigen mathematische und spieltheoretische Modelle, dass die Verknüpfung eines Protein synthetisierenden Reaktionszyklus und eines RNA bzw. DNA replizierenden Zyklus zu einem „Hyperzyklus" ohne äußere Einwirkung möglich ist (Eigen und Winkler 1996, S. 259 ff.), sodass sich – zumindest theoretisch – alle Schritte der Entstehung von Leben, wie wir es kennen, aus abiotischen Substanzen erklären ließe.

Ende der 1970er-Jahre wurden hydrothermale Quellen an mittelozeanischen Rücken am Grund der Ozeane entdeckt. Hier dringt kaltes Ozeanwasser in Gesteinsspalten ein, wird in der Nähe von Magmakammern erhitzt und tritt bei den dort herrschenden Druckbedingungen mit einer Temperatur von einigen Hundert Grad Celsius wieder aus dem Boden aus. Die in diesem überhitzten Wasser gelösten Mineralien bilden meterhohe Förderschlote, sogenannte „Schwarze Raucher", die das dunkel gefärbte Wasser ausstoßen (Rauchfuß 2013, S. 224). Überraschenderweise findet sich an diesen heißen Tiefseequellen vielfältiges Leben, das sich in Abwesenheit von Sonnenlicht als primärer Energiequelle von der Energie ernährt, die durch Redoxreaktionen von Wasserstoff, Sulfiden, Schwefelwasserstoff und dem Kohlenstoffdioxid der hydrothermalen Lösung gewonnen wird (Rauchfuß 2013, S. 224). Seit der Entdeckung dieser „Schwarzen Raucher" in der Tiefsee lautet die vorherrschende Theorie, dass hier die ersten Schritte zur Entstehung von Leben abliefen. Allerdings ist fraglich, ob sie aufgrund der hier herrschenden hohen Temperaturen tatsächlich als Ort für erste biochemische Synthesereaktionen infrage kommen (Kowallik 2019).

Eine aktuelle Theorie des britischen Evolutionsgenetikers Nick Lane geht dagegen von alkalischen hydrothermalen Schloten („Weißen Rauchern") als Ort der Lebensentstehung aus. Alle bekannten Organismen nutzen einen Protonengradienten über eine Membran, um eines der grundlegenden Enzyme des Energiestoffwechsels, die ATPase, anzutreiben, auch das wieder ein überzeugender Hinweis, dass das Leben nur einmal entstanden ist. Wo können solche Protonengradienten natürlicherweise in einer abiotischen Welt auftreten? Der Ausstoß alkalischer Kalkschlote ist reich an Wasserstoff (H_2) und Kohlenstoffdioxid (CO_2), und die Olivinminerale des Schlots bilden dünne, poröse Schichten, die den Aufbau von Gradienten ermöglichen. Das Leben war aber an den stetigen Energiefluss dieser Schlote gebunden, bis die Evolution moderne Phospholipidmembranen und aktive Ionenpumpen hervorgebracht hatte. Ab da konnten die frühen Zellen den Schlot verlassen, Ozeane und Felsen der frühen Erde besiedeln – und dank der Flexibilität ihres chemiosmotischen Metabolismus praktisch alles „essen" und „veratmen" (Lane 2017, S. 325 f.).

Vielleicht lag Darwins kleiner warmer Tümpel aber auch in den heißen Quellen vulkanisch aktiver Landschaften – die ständigen Wechsel zwischen Nässe und Trockenheit könnten die Bildung und Auslese von Biomolekülen beschleunigt haben, zudem entfiele hier das Problem der Verdünnung der „Ursuppe" in den Unmengen von Wasser des Ozeans (Van Kranendonk et al. 2017, S. 14 ff.). Oder das Leben begann in wassergefüllten Spalten kontinentaler Bruchzonen – der Geologe Ulrich C. Schreiber legte für diesen Mechanismus ein plausibles Szenario, auch ohne „Verdünnungsproblem" und inklusive experimenteller Ergebnisse, vor (Schreiber 2019). Nach anderen Theorien lag der Ursprung des Lebens gar nicht auf unserem Planeten, sondern im Weltraum, dort könnten sich die ersten Biomoleküle gebildet haben und zur Erde gerieselt sein (Hoyle und Wickramasinghe 1979, S. 8), was die grundsätzliche Frage nach der Entstehung des Lebens aber nur an einen anderen Ort verlagern würde. Wo die Prozesse, die zur Bildung der ersten Biomoleküle und des ersten Lebens führten, tatsächlich stattfanden, wird sich vermutlich nie endgültig klären lassen. Klar ist aber, dass alle einzelnen Schritte auf dem Weg zur Entstehung des Lebens theoretisch erklärt und in Einzelreaktionen auch experimentell nachvollzogen werden können.

Evolution der eukaryotischen Zelle

„Die Entstehung der eukaryotischen Zelle war ein singuläres Ereignis, das sich hier auf der Erde in vier Milliarden Jahren Evolution nur einmal vollzogen hat ... Es gibt keinen universellen Entwicklungsverlauf, in dem der Keim für komplexes Leben von Anbeginn angelegt ist. Das Universum trägt nicht die Idee unseres Menschseins in sich (Lane 2017)."

„Es ist möglich, dass komplexes Leben auch anderswo entsteht, doch dass es verbreitet vorkommt, ist unwahrscheinlich – aus denselben Gründen, aus denen es sich auch auf der Erde nicht mehrmals entwickelt hat (Lane 2017)."

„Vor vielleicht zwei Milliarden Jahren ging ein urtümlicher Einzeller, eine Art Proto-Protozoon, eine seltsame Beziehung mit einem Bakterium ein", schrieb der Evolutionsbiologe Richard Dawkins unter der Überschrift „Die große historische Begegnung" (Dawkins 2008, S. 747): Die Evolution der Eukaryotenzelle, einer Zelle mit einem echten Zellkern und Chromosomen, mit spezialisierten Organellen wie den Mitochondrien oder den pflanzlichen Chloroplasten, nahm ihren Lauf. So war die Fotosynthese der Pflanzen möglich, die dadurch ihre heutige Größe und Formenvielfalt erreichen konnten, sowie der oxidative Stoffwechsel, der Tieren mittels des von den Pflanzen erzeugten Sauerstoffs wiederum deren Größe und Formenreichtum ermöglichte. Zwei Milliarden Jahre nach der Entstehung des Lebens – zwei Milliarden Jahre, in denen allein Archaeen und Bakterien die Welt beherrschten – standen Energie- und Stoffwechselwege zur Verfügung, mit denen Variation, Mutation und Selektion „spielen" und die die Vielfalt des Lebens erzeugen konnten.

Evolutionstheorie – „Nichts in der Biologie ergibt Sinn außer im Licht der Evolution" 4

> „Es ist oft mit größter Entschiedenheit behauptet worden, der Ursprung des Menschen werde immer in Dunkel gehüllt bleiben. Allein, Entschiedenheit wurzelt häufiger in Unwissenheit als im Wissen. Es sind immer diejenigen, die wenig wissen, und nicht diejenigen, die viel wissen, welche positiv behaupten, dass dieses oder jenes Problem von der Wissenschaft niemals gelöst werden könne (Darwin 1908/2009)."

> „Der Alte Bund ist zerbrochen; der Mensch weiß endlich, dass er in der teilnahmslosen Unermesslichkeit des Universums allein ist, aus dem er zufällig hervortrat. Nicht nur sein Los, auch seine Pflicht steht nirgendwo geschrieben. Es ist an ihm, zwischen dem Reich und der Finsternis zu wählen (Monod 1975)."

Oftmals wird argumentiert, der Mensch könne nicht „zufällig", aus einer Ansammlung willkürlicher Mutationen, entstanden sein. Daher wollen wir kurz die Rolle des Zufalls in der Evolution betrachten. Letztlich ist die Entstehung jeder einzelnen Lebensform auf der Erde (ob es Leben auch auf anderen Planeten gibt, wissen wir nicht) ein einmaliges historisches Ereignis, nur im Nachhinein rekonstruierbar und „weder reproduzierbar noch vorhersagbar" (Henke und Rothe 1999, S. V). Der Mensch ist dabei im evolutionsbiologischen Sinne nichts Besonderes und auch nicht die „Krone" der Evolution: Jede einzelne Tier- und Pflanzenart, die heute noch lebt, hat eine Entwicklungsgeschichte hinter sich, die genauso lange währt wie die des Menschen und die sicher eine ähnliche Anzahl von Zufallsschritten beinhaltet. Jede andere Art, bei der einer dieser zahlreichen Zufälle in der Entwicklungsgeschichte dazu führte, dass die Individuen sich nicht mehr ausreichend erfolgreich fortpflanzen und vermehren konnten, ist einfach ausgestorben. Auch Lebewesen, die uns heute primitiv vorkommen (seien es Regenwürmer, Amöben oder Bakterien), existieren in einer ununterbrochenen Reihe seit der Entwicklung der ersten Lebewesen auf der Erde vor kaum vorstellbaren 4 Mrd. Jahren und sind in ihrer Spezialisierung so gut angepasst, dass sie und ihresgleichen bis heute überlebt haben – wie der Mensch. Sie sind also keineswegs weniger (im Sinne von minderwertiger) entwickelt, tiefer oder niedriger stehend als der Mensch, haben aber offenbar andere Wege beschritten als unsere Vorfahren und waren auf diesen Wegen mindestens ebenso erfolgreich wie wir, was das Überleben angeht (Abb. 4.1).

Dass die Entwicklung des Lebens einen Trend zu komplexeren, „höheren" Lebewesen zeigt und die Entwicklung einer Intelligenz, gar einer technischen Zivilisation, daher früher oder später „zwingend" war, ist mehr als fraglich. Immerhin gibt es Bakterien und Archaeen seit mindestens 3,5 Mrd. Jahren. Gäbe es notwendigerweise eine „Höherentwicklung" des Lebens, so dürften heute keine Bakterien und anderen Einzeller mehr existieren, doch diese „primitiven" Organismen dominieren in der Biosphäre sowohl nach Arten- wie nach Individuenzahl (Kutschera 2009, S. 64).

Tatsächlich zeigt der Stamm der Gliederfüßer, der immerhin 80 % aller derzeit lebenden Tierarten umfasst, über die Äonen „keinen Trend zu höherer Nervenkomplexität" (Gould 2002, S. 32). Ist unsere eigene „raffinierte Nervenausstattung" tatsächlich eine „höhere" Errungenschaft als der Evolutionserfolg von Gliederfüßern wie Insekten, Krebsen oder Spinnen – auch wenn unsere hochgeschätzte Nervenausstattung schon jetzt zur Beschädigung, mittelfristig womöglich gar zur Zerstörung unserer derzeitigen Biosphäre führt?

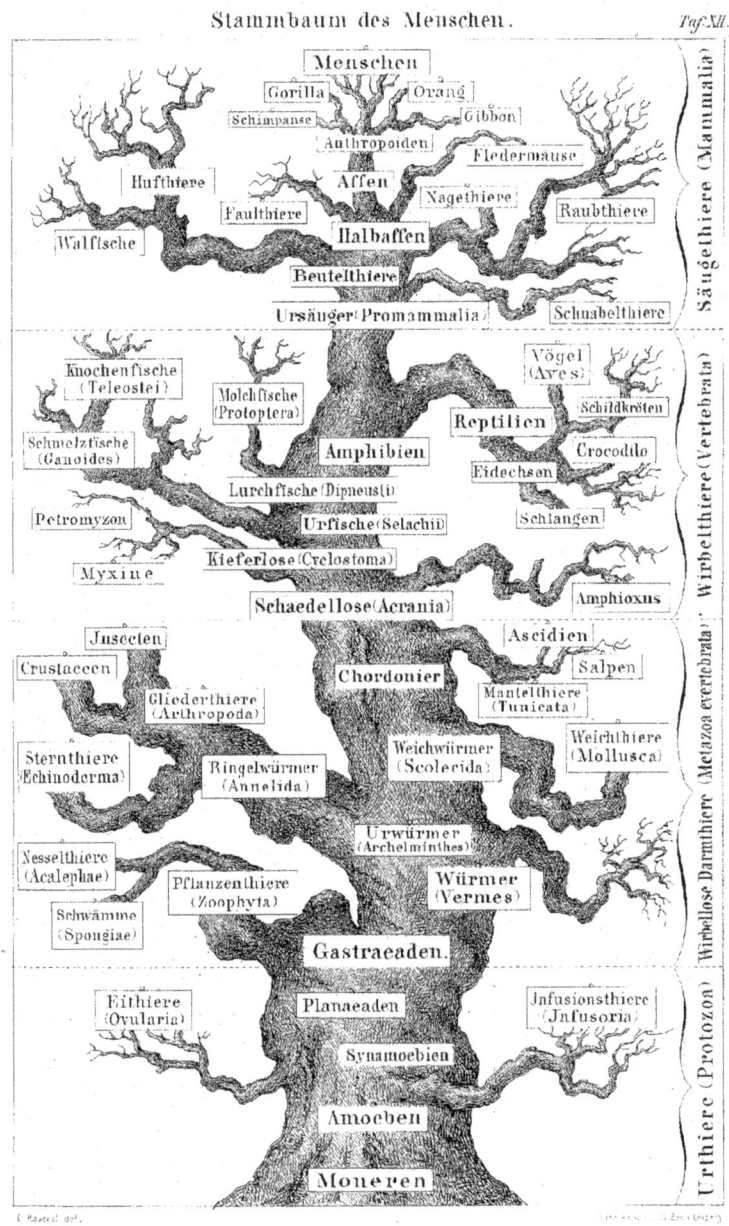

Abb. 4.1 Der Jenaer Zoologe Ernst Haeckel stellte in seiner *Anthropogenie* aus dem Jahr 1874 einen „Stammbaum des Menschen" vor. (Quelle: Wikimedia, gemeinfrei, https://commons.wikimedia.org/wiki/File:Pedigree_of_man_(Haeckel_1874).jpg)

Komplexität und Selbstorganisation

„Was immer unsere Existenz betrifft, ist komplex. Dieser Komplexität können wir uns nicht entziehen (Riedl 2000)."

„Sollten wir je eine endgültige biologische Theorie aufstellen, dann müsste diese auf jeden Fall das Zusammenwirken von Selbstorganisation und Selektion erklären. Wir werden verstehen müssen, dass wir die natürliche Manifestation einer grundlegenden Ordnung sind. Unser neuer Schöpfungsmythos wird uns letztlich vor Augen führen, dass unsere Existenz vorhersehbar war (Kauffman 1998)."

Auch heute noch hadern selbst ausgewiesene Naturwissenschaftler damit, dass uns „die Naturwissenschaft … zu Wesen reduziert [hat], die ihre Existenz unerklärlichen, unwahrscheinlichen Zufallsereignissen in der unermesslichen, kalten Weite von Raum und Zeit verdanken" (Kauffman 1998, S. 9): Stuart Kauffman beispielsweise ist Mediziner und Biologe, ehemaliger Professor für Biochemie und Biophysik an der University of Pennsylvania und jetzt eine:r der bekanntesten Vertreter:innen der Komplexitätstheorie, nach der wir die Ordnung in der biologischen Welt der Selbstorganisation komplexer Systeme verdanken und nach der auch unsere eigene, menschliche Entwicklung „vorhersehbar und nicht unvorstellbar unwahrscheinlich" (Kauffman 1998, S. 10) war. Schon die genomischen Regulationsnetzwerke allein würden bereits einen Großteil der Ordnung in der biologischen Welt voraussagen – so wie chemisch einfachere Systeme kristallisierende Schneeflocken bilden, Lipidmoleküle zu zellenförmigen, hohlen Lipidvesikeln aggregieren lassen oder die „Kristallisation des Lebens in Schwärmen miteinander reagierender Moleküle" antreiben (Kauffman 1998, S. 172).

Was ihn aber eigentlich antreibt, ist vermutlich eher ein gefühlter Verlust von „Nestwärme":

„Bis zu Kopernikus glaubten wir, die Erde bilde den Mittelpunkt des Universums. Heute blicken wir, getragen vom Selbstgefühl vermeintlich überlegenen Wissens, skeptisch auf eine Kirche, die das heliozentrische Weltbild bekämpfte. Erkenntnis um der Erkenntnis willen. Gewiss. Doch war die Besorgnis der Kirche wegen der Zerstörung einer sittlichen Ordnung wirklich nichts als engstirnige Eitelkeit? Die präkopernikanische christliche Zivilisation, die auf dem geozentrischen Weltbild fußte, war keine bloß wissenschaftliche Angelegenheit. Vielmehr beruhte sie auf der tiefverwurzelten Überzeugung, dass sich das gesamte Universum um die Erde drehe. Gott, die Engel, der Mensch, die Tiere und fruchtbaren Pflanzen, die zu unserem Nutzen erschaffen worden waren, die Sonne und die Sterne, die über unseren Köpfen kreisen, bildeten eine wohlgefügte Ordnung, und wir wussten, dass wir im Zentrum der göttlichen Schöpfung standen. Die Kirche befürchtete zu Recht, dass das kopernikanische Modell letztlich die Einheit einer tausendjährigen Tradition von Bindungen und Rechten, von Pflichten und Rollen sowie eines Kodex sittlicher Normen zerstören würde (Kauffman 1998, S. 16 f.)."

Kann man den Fortschritt der Wissenschaft aufhalten, weil einem die Ergebnisse nicht gefallen? „Doch ich weiß, dass ich immer gehofft habe, die in Organismen zum Vorschein kommende Ordnung werde sich als zwangsläufig und vorhersehbar erweisen. [...] Daher fasste ich als Student der Medizin die Hoffnung, dass große genetische Netzwerke spontan die für die Ontogenese erforderliche Ordnung zustande brachten, dass es ein Gesetz gäbe, das unserer Existenz ein Moment der Notwendigkeit und Unvermeidlichkeit verliehe" (Kauffman 1998, S. 153).

Wer daraus nun den Schluss zieht, die Selektion sei überholt oder bestenfalls trivial (ein Schluss, den Kauffman übrigens nicht zieht!), dem entgegnet der Evolutionspsychologe Steven Pinker:

„Materie hat schlicht und einfach keine angeborene Neigung, sich selbst zu Brokkoli, Wombats oder Marienkäfern zu organisieren. Nach wie vor kann die Theorie der natürlichen Selektion als einzige erklären, wie nicht nur irgendeine Komplexität, sondern *anpassungsorientierte* Komplexität entstehen kann, denn sie ist die einzige Theorie, die ohne Wunder auskommt, vorwärts gerichtet ist und in der *Funktionieren* eines Organismus eine kausale Rolle in seiner *Entstehung* bzw. *Entwicklung* spielt (Pinker 2011, S. 205)."

Mutation und Selektion, Zufall und Notwendigkeit

„Zunächst also erweist sich in der Evolution der Zufall als notwendig und die Notwendigkeit als zufällig (Riedl 1982)."

„Evolution ist eine Folge der Anfangsbedingungen unseres Universums und der Eigenschaften der Materie. [...] Auch die (scheinbare) Zielgerichtetheit evolutionärer Vorgänge, die Richtungskomponente, lässt sich kausal erklären, ohne Rest. Programmgesteuerte teleonomische Vorgänge sind auf Ontogenien, auf die Entwicklung von Individuen, beschränkt. Ein entsprechendes Programm für Phylogenien, die Stammesentwicklung, ist nicht zu erkennen (Mohr 1981)."

„Zufall und Notwendigkeit" lautet der Titel eines berühmten Büchleins des französischen Nobelpreisträgers Jacques Monod zu „Philosophischen Fragen der modernen Biologie". Dort schreibt er: „Wir möchten, dass wir notwendig sind, dass unsere Existenz unvermeidbar und seit allen Zeiten beschlossen ist. Alle Religionen, fast alle Philosophien und zum Teil sogar die Wissenschaft zeugen von der unermüdlichen, heroischen Anstrengung der Menschheit, verzweifelt ihre eigene Zufälligkeit zu verleugnen." (Monod 1975, S. 54).

Sollten wir tatsächlich zufällig entstanden sein? Kann die Evolutionstheorie diesen Prozess tatsächlich erklären? Oder findet sie nur im Rückblick für jedwede Entwicklung eine scheinbar plausible Begründung, erklärt damit alles – und eigentlich nichts? Die Evolutionstheorie ist mitnichten die simple Tautologie, als die sie manchmal missdeutet wurde. Die zwar zufällig hervorgebrachten Mutationen werden anschließend einem strengen Ausleseprozess unterworfen, der eben nicht zufällig oder willkürlich ist, sondern physikalisch klar formulierbaren Bewertungskriterien unterliegt, wie der deutsche Biophysiker, Physikochemiker und Nobelpreisträger Manfred Eigen erklärte: „Wäre die Selektion reine Willkür, wäre das einzige Kriterium der Auswahl die *Tatsache* des Überlebens selbst, so würde Darwins Selektionsprinzip – von ihm selbst formuliert als ‚survival of the fittest' – nur eine triviale Tautologie, nämlich ‚survival of the survivors' zum Ausdruck bringen" (Eigen 1975, S. 13). Nur die Entstehung der individuellen Form ist aber dem Zufall unterworfen, ihre „Selektion – in Konkurrenz zu anderen Formen – jedoch bedeutet eine Einschränkung bzw. Reduzierung des Zufalls; denn sie erfolgt nach streng formulierbaren Kriterien, die im Einzelfall zwar – wie in der Thermodynamik – Schwankungen zulassen, in der großen Zahl aber Gesetz, also *Notwendigkeit* bedeuten" (Eigen 1975, S. 14). Auch der amerikanische Paläontologe und Evolutionsbiologe Stephen Jay Gould verteidigte Darwins Auswahlmechanismus als „Reaktion auf eine Veränderung der Umwelt": „Bestimmte morphologische, physiologische oder Verhaltens-Charakteristika sollten a priori für das Leben in der neuen Umwelt als Konstruktion überlegen sein. Diese Charakteristika zeigen Tauglichkeit, nach den Kriterien eines Ingenieurs für gute Konstruktion, nicht nach dem empirischen Faktum ihres Überlebens und ihrer Verbreitung" (Gould 1984, S. 33).

Um nochmals mit Manfred Eigen zu sprechen: „Allein aufgrund der durch Optimalprinzipien gekennzeichneten Selektionsgesetze konnten in der relativ kurzen Zeitspanne der Existenz unseres Planeten und unter den herrschenden physikalischen Bedingungen Systeme entstehen, die sich reproduzieren, einen dem Energie- bzw. Nahrungsangebot angepassten Stoffwechsel entwickelten, Umweltreize aufnahmen und verarbeiteten und schließlich zu ‚denken' begannen. So sehr die individuelle Form ihren Ursprung dem Zufall verdankt, so sehr ist der Prozess der Auslese und Evolution unabwendbare Notwendigkeit. Nicht mehr! Also keine geheimnisvolle inhärente ‚Vitaleigenschaft' der Materie, die schließlich auch noch den Gang der Geschichte bestimmen soll! Aber auch nicht weniger – nicht *nur* Zufall!" (Eigen 1975, S. 14 f.).

Und noch einmal zur Verdeutlichung mit den Worten des französischen Molekularbiologen Jacques Monod:

> „Der Weg der Evolution wird den Lebewesen […] durch elementare Ereignisse mikroskopischer Art eröffnet, die zufällig und ohne jede Beziehung zu den Auswirkungen sind, die sie […] auslösen können. Ist der einzelne und als solcher wesentlich unvorhersehbare Vorfall aber einmal in die DNS-Struktur eingetragen, dann wird er mechanisch treu verdoppelt und übersetzt; er wird zugleich vervielfältigt und auf Millionen oder Milliarden Exemplare übertragen. Der Herrschaft des bloßen Zufalls entzogen, tritt er unter die Herrschaft der Notwendigkeit, der unerschütterlichen Gewissheit. Denn die Selektion arbeitet auf der makroskopischen Ebene der Organismen.
>
> So mancher ausgezeichnete Geist scheint auch heute noch nicht akzeptieren oder auch nur begreifen zu können, dass allein die Selektion aus störenden Geräuschen das ganze Konzert der belebten Natur hervorgebracht haben könnte. Die Selektion arbeitet nämlich *an* den Produkten des Zufalls, da sie sich aus keiner anderen Quelle speisen kann. Ihr Wirkungsfeld ist ein Bereich strenger Erfordernisse, aus dem jeglicher Zufall verbannt ist. Ihre meist aufsteigende Richtung, ihre sukzessiven Eroberungen und die geordnete Entfaltung, die sie widerzuspiegeln scheint, hat die Selektion jenen Erfordernissen und nicht dem Zufall abgewonnen (Monod 1975, S. 110)."

Die Bedeutung der Evolutionstheorie, die also weit über das tautologische „Überleben der Überlebenden" hinausgeht, hat der englische Evolutionsbiologe Richard Dawkins trefflich zusammengefasst: „Die Theorie der Evolution durch kumulative natürliche Auslese ist die einzige Theorie, die wir kennen, die im Prinzip die Existenz organisierter Komplexität erklären *kann*. Selbst wenn das Beweismaterial nicht zu ihrem Vorteil sprechen würde, wäre sie *immer noch* die beste zur Verfügung stehende Theorie! In Wirklichkeit spricht das Beweismaterial zu ihren Gunsten" (Dawkins 1987, S. 373).

Die einzige wirkliche Kritik, die an der Theorie von Mutation, sexueller Rekombination und natürlicher Selektion geäußert werden kann, ist die, dass die darwinistische Theorie mit diesen Mechanismen nicht alle Fragen der Evolution beantworten kann – wohlgemerkt, ohne dass dabei auch nur ein einziger dieser Mechanismen grundsätzlich infrage gestellt würde und diese sämtlich noch heute vollumfänglich gelten (Glaubrecht 1995): Bei der ursprünglichen Entstehung des Lebens in der chemischen Evolution haben sicherlich auch Mechanismen der Selbstorganisation (Kauffman 1998), bei der Organisation der ersten Mehrzeller aus Einzelzellen auch rein physikalische Mechanismen (Müller und Newman 2003; Newman 2010) eine Rolle gespielt; bei der Entstehung der diversen Baupläne des Lebens mussten Lebewesen vermutlich auch hydraulisch-mechanische Grenzen einhalten (Gutmann 1995). Nach neuesten Erkenntnissen sind daher Ergänzungen zur klassischen Darwin'schen Evolutionstheorie bzw. zur synthetischen Evolutionstheorie nötig, die Darwins Theorie bereits in den 1930er- und 1940er-Jahren unter Einbeziehung genetischer Grundlagen und mathematischer, populationsgenetischer Modelle erweiterte (Huxley 2010; Mayr und Provine 1980).

Das Entstehen von Innovation – neuer Organe, neuer Baupläne, neuer Formen, neuer Arten – kann aber auch durch Selektion und Adaptation in Populationen nicht hinreichend erklärt werden. Ernst Mayr, eine:r der Mitbegründer:innen der synthetischen Evolutionstheorie, meint zwar, dass diejenigen, die darauf bestehen, dass Auslese nichts Neues schaffen könne, Darwin nicht verstanden hätten (Mayr 1984, S. 475); da Selektion aber offensichtlich nicht erklären kann, wie beispielsweise ein Gebilde wie der Kopf entstanden ist, sondern eben „nur" Nichtpassendes in den Folgegenerationen eliminiert, fordern einige Evolutionsbiologen eine „erweiterte Synthese", die neben den obigen Ergänzungen auch Embryonalentwicklung und epigenetische Vererbung einbeziehen muss (Pigliucci und Müller 2010; Lange 2012). Vor allem die Einbeziehung der evolutionären Entwicklungsbiologie (englisch „evolutionary developmental biology", abgekürzt als „Evo-Devo") erweiterte das Verständnis von Evolution: Selbst die komplexesten vielzelligen Lebewesen entwickeln sich in aller Regel aus einer einzigen Zelle. Die Entwicklung dieser ersten Zelle über die Zeit und die dabei ablaufende räumliche Strukturierung des Embryos wird durch eine geringe Zahl von „Entwicklungskontrollgenen" gesteuert – Mutationen in diesen Genen können daher dazu führen, dass sich ganze Organe an anderer Stelle als gewöhnlich entwickeln; so können sich bei Taufliegen anstelle von Antennen Beine bilden oder statt Schwingkölbchen ein zweites Paar Flügel (Theißen 2019). Inzwischen lässt sich eine ganze Reihe evolutionärer Veränderungen im Bauplan von Pflanzen und Tieren allein darauf zurückführen, dass Entwicklungskontrollgene in ihrer räumlichen oder zeitlichen

Aktivität verändert wurden. „Genetische Regulationsnetzwerke", die die Entwicklung des Organismus' steuern, könnten so auch die Grundbaupläne von Organismen hervorgebracht und in der „kambrischen Explosion" vor rund 540 Mio. Jahren die Baupläne aller heutigen Tierstämme erzeugt haben (Glaubrecht 2019a).

Alle diese Erweiterungsmodelle klingen einleuchtend und erweitern unsere Vorstellung von Evolution – eine Rolle spielten diese Mechanismen aber eher bei der Entstehung der ersten Zellen, der ersten Mehrzeller oder der heutigen Tierstämme in der „kambrischen Explosion" und weniger bei der Menschwerdung, die hier im Mittelpunkt stehen soll.

Kontingenz- und Konvergenztheorie

> „Aber Evolution besteht kaum einmal einfach aus Ursache und Wirkung. Es gibt in der unsicheren Mischung viele Unbekannte: das Klima, die örtlichen geographischen Verhältnisse, das entwicklungsgeschichtliche Erbe einer Spezies, die Eigenschaften anderer Arten in der Lebensgemeinschaft und ein gewisses Maß an reinem Zufall (Leakey und Lewin 1998)."

> „Die Evolution hat kein Langzeitziel. Es gibt kein Langzeitziel, keine letzte Perfektion, die als Kriterium für die Auslese dient, auch wenn unsere menschliche Eitelkeit die absurde Vorstellung hegt, dass unsere Spezies das Endziel der Evolution darstellt (Dawkins 1987)."

Ist der Mensch tatsächlich ein zufälliges Ergebnis oder ein „unvermeidliches Ereignis" der Evolution? Die Vertreter der Kontingenz- wie der Konvergenztheorie stehen sich hier ziemlich unversöhnlich gegenüber.

Die Kontingenztheorie besagt, dass die Entwicklung des Lebens von einer Reihe von Zufällen beeinflusst wurde. Diese zufälligen Entscheidungen spielen an Scheidewegen der Entwicklung eine große Rolle: Evolutionäre Entwicklungen können jeweils nur auf dem aufbauen, was zu jeder gegebenen Zeit vorhanden ist. Weder können dabei zukünftige Entwicklungen der Umwelt vorweggenommen werden, noch kann die Entwicklung große Sprünge, gar zurück, machen. Entwickelt sich das Leben an einer Gabelung also in Richtung A, stehen als Nächstes die Entwicklungsmöglichkeiten A1, A2 und A3 offen; alle Möglichkeiten, die auf B aufbauen und dort in weiteren Verzweigungen folgen könnten, sind dann allerdings (vermutlich für immer) verschlossen – jeder Weg führt immer an eine neue Kreuzung mit neuen Wegen, der alternative Weg an der Gabelung wird wahrscheinlich nie mehr erreicht werden können.

> „Ein […] wesentlicher Gegensatz zwischen den physikalischen und den biologischen Wissenschaften ist die Tatsache, dass Physik und Chemie im Großen und Ganzen ahistorisch sind. Es gibt zwar gewisse Ausnahmen […], aber fast alles, was Physik und Chemie ausmacht, weist kein historisches Element auf. Es werden diejenigen Merkmale von Gegenständen und Kräften untersucht, die man als dem Universum immanent ansieht, das heißt die im Universum verankert sind und sich nicht ändern. So existiert beispielsweise die Schwerkraft unabhängig von Vergangenheit, Gegenwart und Zukunft; sie hat eben keine Geschichte. Ähnlich fehlt einer chemischen Reaktion, auch wenn sie in der Zeit abläuft, jeglicher geschichtlicher Hintergrund; sie verlief unter denselben Bedingungen schon immer auf dieselbe Weise und wird das in Zukunft tun.

Gerade wegen dieses Mangels an historischen Faktoren können Beobachtungen in Physik und Chemie unbegrenzt wiederholt werden, sind exakte Voraussagen möglich, und aus eben diesem Grund werden Voraussage und Erklärung lediglich zu verschiedenen Betrachtungsweisen der gleichen Schlussfolgerungen. Wissenschaftsphilosophen haben wiederholt darauf hingewiesen, dass diese Grundsätze für die Wissenschaft ganz allgemein, also auch für die Biologie, gelten, soweit diese ‚wirklich' eine Naturwissenschaft ist. Diese Prinzipien lassen sich auf die Biochemie und sogar auch auf die Molekularbiologie anwenden, wenn jene Fachgebiete ihre Forschungsarbeit nicht auch auf Zellen, Organismen oder Populationen ausdehnen, aber wenn Biochemie und Molekularbiologie auf so engstirnige Art und Weise betrieben werden, haben sie ja auch überhaupt nichts mehr mit Biologie zu tun. Biologie im wahrsten Sinne des Wortes, das heißt: die Erforschung der Lebewesen, birgt immer und unvermeidlich einen historischen Faktor in sich, und die exakt-naturwissenschaftlichen Prinzipien der Wiederholbarkeit, Voraussagbarkeit und der Gleichheit von Voraussage und Erklärung lassen sich auf die historischen Aspekte der Biologie nicht anwenden (Simpson 1972)."

Hauptvertreter der Kontingenztheorie war der 2002 verstorbene amerikanische Evolutionsbiologe und Paläontologe Stephen J. Gould. In seinem Buch *Wonderful Life. The Burgess Shale and the Nature of History,* dem der deutsche Verlag den hierher passenden Titel *Zufall Mensch. Das Wunder des Lebens als Spiel der Natur* gegeben hat (Gould 1994), erläutert er seine Überzeugung, dass das „Band des Lebens", würden wir es 500 Mio. Jahre zurückspulen und noch einmal ablaufen lassen, sicherlich zu völlig anderen Ergebnissen und zu einer Welt ohne Menschen führen würde. Auch der stete Fortschritt, den wir in der Evolution so gern sehen (und uns gleichzeitig selbst ob unserer Stellung an der Spitze dieser Entwicklung schmeicheln), sei letztlich eine Illusion (Gould 2002): Richtig sei, dass durch zufällige Entwicklung neuer Arten die Variationsbreite der Komplexität des Lebens zugenommen habe. Wir Menschen befänden uns – als die zugegebenermaßen komplexeste Art – ganz am rechten Rand, dem „Schwanz" dieser rechtsschiefen Verteilung. Eigentlich sei diese Welt aber immer noch – heute wie vor 3 Mrd. Jahren – ein Zeitalter der Bakterien und nicht des Menschen, wenn wir die Zeitgeschichte des Lebens, Lebensorte und Allgegenwärtigkeit, Artenzahl oder Biomasse bewerten (Gould 2002, S. 215 ff.) – und der Mensch ein zufälliges Randprodukt.

Demgegenüber steht die Konvergenztheorie des britischen Paläontologen und Evolutionsbiologen Simon Conway Morris – überraschenderweise eine:r der Erforscher:innen des kambrischen Burgess-Schiefers und seiner fossilen Fauna, auf dessen Geschichte Gould in *Wonderful Life* seine Überlegungen zur Kontingenz aufbaut, was Conway Morris mit denselben Fakten offenbar ganz anders sieht (Conway Morris 1998). Die Konvergenztheorie geht davon aus, dass die Entwicklung des Lebens immer den gleichen Pfaden folgen würde, wenn man das „Band des Lebens" zurückspulen und noch einmal ablaufen lassen könnte. So sieht Conway Morris auch die Entstehung des Menschen als nahezu „unvermeidlich" an (Conway Morris 2003, S. 127): Die biologischen Eigenschaften des Menschen sind einzeln alle auch bei anderen Lebewesen entstanden, und das sogar mehrfach und voneinander unabhängig. So gibt es Sozialstaaten und sogar Landwirtschaft auch bei Ameisen (Blattschneiderameisen züchten auf eigens ins Nest getragenem Blattmaterial Pilze, die von ihnen gedüngt, versorgt und mit Herbiziden vor

Unkraut geschützt werden), Werkzeuggebrauch kommt außer bei nichtmenschlichen Primaten auch bei Krähen vor, und ein großes Gehirn mit einem ausgeprägten, intelligenten Bewusstsein haben auch Delfine entwickelt – offenbar bis hin zum Gebrauch abstrakter Gedankenkonzepte (Conway Morris 2003, S. 145). Der Kern der Konvergenztheorie: Wenn konvergente Eigenschaften, ausgehend von verschiedenen Ausgangspunkten, mehrfach das gleiche Endziel erreichen, so sei das Auftauchen dieser Eigenschaften – und damit letztlich auch ihre gleichzeitige Kombination beim Menschen – kein unwahrscheinlicher Zufall, sondern nur eine Frage der Zeit: „Konvergenz ist allgegenwärtig, und die beschränkten Möglichkeiten des Lebens lassen das Aufkommen gewisser biologischer Eigenschaften und Typen sehr wahrscheinlich, wenn nicht unvermeidlich erscheinen. […] Es geht nicht um den genauen Wegverlauf unserer Evolution, sondern um die Wahrscheinlichkeit, mit der sich jeder einzelne der sukzessiven Entwicklungsschritte vollziehen musste, die in uns Menschen kulminierten" (Conway Morris 2008, S. 218).

Ein aktuelles Beispiel konvergenter Entwicklungen bei heute lebenden Tieren zeigen Losos und Koautoren am Beispiel der Entwicklung von Anolis-Eidechsen auf verschiedenen Inseln der Großen Antillen (Losos et al. 1998): Auf jeder der vier untersuchten Inseln gibt es mehrere Anolis-Arten, die jeweils unterschiedliche ökologische Nischen besetzen, beispielsweise im Buschwerk, in den Kronen großer Bäume oder an Baumstämmen. Genetische Untersuchungen der auf jeweils verschiedene Lebensräume spezialisierten Arten („Ökomorphen") zeigten, dass nicht etwa die jeweiligen Baum- oder Bodenbewohner nah miteinander verwandt sind, sondern die Eidechsen jeder Insel – und sich dort also unabhängig voneinander in die verschiedenen Ökomorphe aufgespalten haben; Evolutionsgeschichte hat sich hier also unabhängig voneinander gleichartig wiederholt.

Und selbst so eine grundsätzliche „Erfindung" wie das Gehirn ist offenbar im Verlaufe der Evolution mehrfach entstanden, wie aktuelle molekulargenetische Untersuchungen zeigen (Martín-Durán et al. 2017): Skandinavische Forscher:innen fanden auf einer sehr grundsätzlichen, molekularen Ebene bei verschiedenen Tierstämmen keine „konservierte", also einheitliche Organisation des zentralen Nervensystems – die Ähnlichkeiten, die man bisher als Beleg für eine gemeinsame Abstammung aller hirnähnlichen Gebilde betrachtet hat, sind offenbar nur strukturelle Ähnlichkeiten. Damit sei es, so die Forscher:innen, wahrscheinlich, dass sich ein Gehirn mit einem zentralen Nervensystem in der Evolution mehrfach unabhängig voneinander entwickelt hat. Musste also doch zwingend irgendwann auch ein Lebewesen mit einem großen Gehirn, mit Intelligenz und Selbstbewusstsein auftauchen?

Da der aufrechte Gang in der Entwicklung der Primaten offenbar ebenfalls mehrfach in verschiedenen Linien aufgetreten ist, sind gewisse „Trends" in der Evolution (auch des Menschen) vielleicht tatsächlich „unvermeidlich", ihr Auftreten nur eine Frage der Zeit. Allerdings können konvergente Entwicklungen natürlich nur dort auftreten, wo die Kontingenz der Entwicklungsgeschichte dieses auch zulässt – fernab von dem „Wahrscheinlichkeitsquadranten", in dem beispielsweise überhaupt landlebende Wirbeltiere entstanden, hätte der aufrechte Gang niemals entstehen können. Auch Conway Morris gibt zu, dass auf anderen Planeten anderer Sonnensysteme das Leben möglicherweise nie über die

Kontingenz- und Konvergenztheorie

Abb. 4.2 **a** Opabinia und **b** *Hallucigenia* sind nur zwei Vertreterinnen der reichhaltigen und auffällig geformten Fauna des Burgess-Schiefers, an denen sich die Kontroverse zwischen Gould und Conway Morris entzündete. (Mit freundlicher Genehmigung des Staatlichen Museums für Naturkunde Stuttgart)

Komplexität von Mikroben hinausgekommen sein könnte, so wie auch das Leben auf der Erde sich „durch äußere Zwänge" für „Äonen der geologischen Zeit [...] in einem mikroskopischen Stillstand befunden hat", und „so kann es sein, dass die Menschen unvermeidlich sind, aber nur, wenn das planetarische System dies zulässt" (Conway Morris 2003, S. 139). Damit wären wir schließlich doch wieder bei den Zufällen der Kontingenz ... (Abb. 4.2)

Vielleicht könnte ein pluralistischerer Blick auf das Evolutionsgeschehen, ohne die Verengung der Blickwinkel durch ideologische Scheuklappen, viele der hitzigen Diskussionen unter Evolutionsbiologe:innen verschiedenster Richtungen überflüssig machen und schließlich zu ganzheitlichen Erklärungsmechanismen führen.

Warum aber gerade wir? „Warum besetzte irgendein Affe des Miozäns als erster die kognitive Nische? Warum nicht ein Murmeltier, ein Wels oder ein Bandwurm?" Nach Ansicht des Evolutionspsychologen Steven Pinker (2011, S. 241) waren es vier kontingente Weichenstellungen, die den besonderen Weg des Menschen kennzeichnen.

Alle Primaten sind visuell orientierte Tiere, das heißt, ihr Sehsinn ist besonders ausgeprägt: Die Hälfte des gesamten Gehirns dient dem Sehen (Pinker 2011, S. 241). Das dreidimensionale Sehen entwickelte sich schon früh in der Stammeslinie der Primaten und erlaubte es diesen, als nachtaktive Tiere auf schwankenden, dünnen Ästen in Baumkronen auf Insektenjagd zu gehen. Als die Vorfahren der Menschenaffen vom nacht- zum tagaktiven Leben übergingen, entwickelte sich bald als Neuerung das Farbensehen – offensichtlich ist es von Vorteil, den Reifegrad einer Frucht schon von Ferne an ihrer Farbe zu erkennen und beurteilen zu können, ob sich der gefährliche Weg lohnt. Dieses stereoskopische, farbige Sehen definiert die Welt in unserem Kopf als einen dreidimensionalen, mit Körpern unterschiedlicher Farbe (und damit unterschiedlicher Beschaffenheit) angefüllten Raum. Unsere Fähigkeit zum abstrakten Denken nutzt dieses innere Koordinatensystem, das unser Sehsystem zur Verfügung stellt: Wenn Mathematiker abstrakte Zusammenhänge „begreifbar" machen wollen, zeichnen sie Diagramme in zwei- oder dreidimensionale Koordinatensysteme (Pinker 2011, S. 241).

Die zweite besondere Gegebenheit bei Menschenaffen und Menschen und vermutlich auch ihren gemeinsamen Vorfahren ist das Leben in der Gruppe – mit einer erhöhten Effizienz bei der Nahrungssuche und der Verteidigung gegen Feinde, aber auch einer besseren Nutzung von Informationen und Innovationen, denn „Information ist das einzige Gut, das man weggeben und gleichzeitig behalten kann" (Pinker 2011, S. 243). Allerdings hat das Zusammenleben in der Gruppe auch einen Preis: „Sozial lebende Tiere riskieren Diebstahl, Kannibalismus, Ehebruch, Kindsmord, Erpressung und andere Heimtücke" (Pinker 2011, S. 243), was zu einem „kognitiven Rüstungswettlauf" innerhalb der Gruppe führen kann (Pinker 2011, S. 244). Warum ist dieses aber nur in der Stammeslinie des Menschen geschehen und nicht bei anderen sozial lebenden Tieren? In der Humanevolution kamen als Besonderheiten ein großes Gehirn mit entsprechenden kognitiven Fähigkeiten dazu, welches sich die Prähominiden wiederum nur aufgrund der Umstellung auf Fleisch als Nahrung energetisch leisten konnten, und besondere mechanische Fertigkeiten durch die fortschreitende Entwicklung einer zur Feinmotorik geeigneten Hand.

Diese Hand, so Pinker (2011, S. 245), bildet den dritten Baustein auf dem Weg zu unserer Intelligenz. Die gut entwickelten Hände dienen schon Menschenaffen zur Handhabung von Gegenständen. „Hände sind ein Mittel zur Beeinflussung der Welt, das Intelligenz lohnend macht" (Pinker 2011, S. 245). Wirklich wertvoll wurden die Hände aber erst, als sie durch die Entwicklung des aufrechten Gangs von der Last der Fortbewegung befreit waren. Pinker leitet den aufrechten Gang von einer hangelnden Fortbewegung ab, die biomechanisch leicht in eine zweibeinige Fortbewegung umgewandelt werden kann, wenn man sich in der neu zu besiedelnden Savanne auf dem Boden fortbewegen will oder muss. Zwar bieten auch das Spähen über das hohe Präriegras und die Reduzierung der mittäglichen Sonneneinstrahlung Vorteile („genau das Gegenteil des Sonnenbades im Liegen"; Pinker 2011, S. 245), „aber die entscheidenden Auslöser müssen das Tragen und die Handhabung von Gegenständen gewesen sein" (Pinker 2011, S. 245).

Der vierte Intelligenzförderer war die Jagd. Zwar kann auch pflanzliche Nahrung ausreichend Kalorien und Nährstoffe liefern, aber Fleisch liefert praktischerweise Proteine mit allen 20 Aminosäuren, Fett mit hohem Energiegehalt, unentbehrliche Fettsäuren, und kann aufgrund des ähnlichen Kohlenstoff-zu-Stickstoff-Verhältnisses zwischen Beute und Räuber deutlich effizienter verwertet werden. Fleischfressende Säugetiere haben im Vergleich zu Pflanzenfressern im Verhältnis zur Körpergröße ein größeres Gehirn – „unter anderem, weil der Sieg über ein Kaninchen mehr Fähigkeiten erfordert als der Sieg über Gras" (Pinker 2011, S. 246), aber auch, weil Fleisch den Energie- und Nährstoffbedarf des ernährungsphysiologisch kostspieligen Gehirns leichter deckt. Und jagdbares Wild nahm durch den zurückgehenden Tropenwald und die sich ausbreitenden Savannen massiv zu: Im Tropenwald gibt es nur wenige große Tiere, weil die Sonnenenergie, die in die Bildung von Holz fließt, für die meisten Tiere nicht mehr als Nahrungsgrundlage zur Verfügung steht. In Graslandschaften hingegen konnten sich große Herden von Pflanzenfressern bilden, denn abgefressenes Gras wächst nach, sobald es abgeweidet wird. Fleisch, so Pinker, sei auch ein wichtiges Bindemittel unseres Soziallebens (Pinker 2011, S. 248). Da Fleisch schnell verdirbt, kann es unter den Jägern verteilt werden, welche sich bei anderer Gelegenheit revanchieren; es kann die Ernährung der Kinder leichter sicherstellen („Das Rotkehlchen, das seinen Jungen einen Wurm bringt, erinnert uns daran: Wenn Tiere ihre Jungen füttern, dienen meist andere Tiere als Nahrung, denn sie sind als einziges Futter die Mühen wert, sie zu beschaffen und zu transportieren"; Pinker 2011, S. 248); und auch für Sexualbeziehungen war Fleisch sicher ein wertvolles Tauschgut. Zwar ist der „Mann als Jäger" inzwischen keine populäre Theorie der Humanevolution mehr, aber der Tausch von Fleisch gegen Sex ist beispielsweise unter Schimpansen durchaus üblich und auch in unserer modernen Gesellschaft spielt der Austausch von begehrten Gütern eine wichtige Rolle in Beziehungen.

Erdgeschichte, Paläogeografie und Evolution

Die Entwicklung unseres Planeten Erde ebenso wie die des Klimas hängt eng mit der Entwicklung des Lebens und damit auch der Evolution des Menschen zusammen. Geo-, Atmo- und Biosphäre beeinflussen sich wechselseitig – Wissenschaftler:innen wie zum Beispiel der britische Mediziner und Biophysiker James Lovelock gehen sogar so weit, von einer „Geophysiologie" zu sprechen und den Planeten Erde mitsamt seiner Biosphäre als Gesamtorganismus zu betrachten. In der „Gaia-Hypothese", die er zusammen mit der amerikanischen Mikrobiologin Lynn Margulis ausgearbeitet hat, werden zahlreiche Regelkreise und Rückkopplungen aufgezeigt; für sie ist die Erde mehr als die riesige, größtenteils von Wasser bedeckte Steinkugel, als die Geologe:innen sie normalerweise sehen: „Die Vorstellung, dass ein einziges, neues Bakterium, das sich mit seiner Umwelt entwickelt, ein System schafft, das die Erde verändern kann, ist keineswegs weit hergeholt. Das genau war ja die Leistung des ersten Cyanobakteriums, als es ein Ökosystem in Gang setzte, das die Lichtenergie in organische Materie und Sauerstoff umwandelte" (Lovelock 1993, S. 143). Zudem ist unsere Erde ein geologisch unruhiger Planet. Die Kontinentalplatten der Erdkruste wandern, getrieben von Magmaströmen des Erdmantels, im Laufe von Jahrmillionen auf diesem herum, bilden neue Kontinente, stoßen zusammen oder brechen auseinander. Daraus resultieren Vulkanismus und Gebirgsbildungen, Meeresströmungen werden unterbrochen oder neu geschaffen, und solche Prozesse können enorme klimatische Veränderungen verursachen. Diese permanente Veränderung und Neuerschaffung von Lebensräumen ist mit Sicherheit eine der Triebkräfte für die Vielfalt des Lebens auf der Erde: Wenn sich die Umstände ändern, kommen einige Lebewesen – ob Bakterien, Pilze, Pflanzen oder Tiere – damit besser zurecht, andere schlechter. Die besser Angepassten vermehren sich häufiger als die weniger gut Angepassten – die daraus resultierende Selektion verändert im Laufe langer Zeiträume die Zusammensetzung des Artenspektrums. Neue ökologische Nischen können von Teilpopulationen besetzt werden,

Tab. 5.1 Übersicht über die Erdzeitalter. (Nach Elicki und Breitkreuz 2016, U2 f., verändert[a])

Äon	Ära	System	Serie	Numerisches Alter (Mio. Jahre)
Phanerozoikum	Känozoikum (Erdneuzeit)	Quartär	„Anthropozän"	Heute (Vorschlag)
			Holozän	0,0117–heute
			Pleistozän	2,58–0,0117
		Neogen	Pliozän	5,333–2,58
			Miozän	23,03–5,333
		Paläogen	Oligozän	33,9–23,03
			Eozän	56,0–33,9
			Paläozän	66,0–56,0
	Mesozoikum (Erdmittelalter)	Kreide		145,0–66,0
		Jura		201,3–145,0
		Trias		252,2–201,3
	Paläozoikum (Erdaltertum)	Perm		298,9–252,2
		Karbon		358,9–298,9
		Devon		419,2–358,9
		Silur		443,8–419,2
		Ordovizium		485,4–443,8
		Kambrium		541,0–485,4
Präkambrium	Proterozoikum	Neoproterozoikum	Ediacarium	635–541,0
			Cryogenium	720–635

[a]Die Feineinteilung nach Serien wird hier ab dem Mesozoikum unterschlagen, das Neoproterozoikum macht wegen der Bedeutung des Ediacariums eine Ausnahme

aus denen sich im Laufe der Zeit neue Arten entwickeln können. Arten, die mit den neuen Gegebenheiten schlechter zurechtkommen, sterben aus.

Konsequenterweise muss eine Gesamtschau der Humanevolution also auch die Mosaiksteinchen der Erdgeschichte zumindest kurz betrachten. Eine Auseinandersetzung mit den vielfältigen geologischen Bezeichnungen und der verwirrenden Vielfalt der Erdzeitalter (Tab. 5.1) ist für das Verständnis der Menschwerdung auch insofern bedeutsam, als sich diese Begrifflichkeiten beim Studium entsprechender Literatur kaum vermeiden lassen.

Bildung von Sonnensystem und Erde: Das Präkambrium

Vor 4,8–4,6 Mrd. Jahren entstand unser Sonnensystem mitsamt der Ursonne aus einer interstellaren Wolke (Boenigk und Wodniok 2014, S. 31). Vor rund 4,6 Mrd. Jahren bildete sich unser Planet Erde, vor 4,5 Mrd. Jahren unser Mond. 100 Mio. Jahre später, also vor 4,4 Mrd. Jahren, verfestigte sich die Erdkruste erstmals und die Plattentektonik, das Wandern der Kontinentalplatten, setzte ein: Die einzelnen Platten der Erdkruste stoßen aneinander und falten Gebirge auf oder tauchen untereinander ab und werden aufgeschmolzen; wo die Kontinentalplatten auseinanderdriften, steigt Material des Erdmantels auf und bildet neue Erdkruste (Boenigk und Wodniok 2014, S. 18). Zwischen 4,4 und 4,0 Mrd. Jahren vor heute kühlte die Erdoberfläche auf 100 °C ab, die Ozeane bildeten sich (Boenigk und Wodniok 2014, S. 31).

Die geologische Nomenklatur beginnt mit dem Äon des Präkambriums. Hierin werden die drei ersten Erdzeitalter oder Ären vor dem Kambrium zusammengefasst: die Ära des Hadaikums, des Archaikums und des Proterozoikums. Während des Hadaikums, also vor 4,6–4,0 Mrd. Jahren, wurde unser Planet Erde geformt; die Umstrukturierungsprozesse waren so gewaltig, dass sich für diesen Zeitraum heute keine geologischen Zeugnisse mehr finden lassen.

Es folgte die Ära des Archaikums. Bereits in dessen ältestem Abschnitt, dem Eoarchaikum (nach griech. Ἡώς, Ēōs: Morgendämmerung), lassen sich die vermutlich frühesten Formen von Leben nachweisen: versteinerte Strukturen, die einfachsten Bakterien ähneln, sowie Anreicherungen von Kohlenstoffisotopen, die vielleicht organischen Ursprungs sein könnten. Auch die Stromatolithen, heute noch sichtbare, ehemals bakteriell gebildete Steinformationen, stammen aus dieser Zeit (Boenigk und Wodniok 2014, S. 31).

Vor 2,7–2,5 Mrd. Jahren entwickelte sich erstmals der Prozess der Fotosynthese bei Cyanobakterien. Der dadurch gebildete Sauerstoff wurde zunächst geochemisch gebunden, erst nach mehreren Hundert Millionen Jahren kam es zu einem starken Anstieg der Sauerstoffkonzentration in der Atmosphäre – und „gleich danach", vor 2,45 Mrd. Jahren, vermutlich schon zur Bildung der ersten Sauerstoff atmenden Eukaryoten, also Zellen mit echtem Zellkern und Organellen wie Mitochondrien. Infolge des Sauerstoffanstiegs veränderte sich die Atmosphäre, der Treibhauseffekt nahm ab und das Klima kühlte sich ab – bis hin zu globalen Eiszeiten. Somit beeinflusste das Leben von Beginn an das Klima und dieses wieder die weitere Entwicklung des Lebens. „Die klimatische Entwicklung der Erde und die Evolution des Lebens sind daher sich gegenseitig beeinflussende Prozesse" (Boenigk und Wodniok 2014, S. 3).

In der folgenden Ära, dem Proterozoikum, was übersetzt so viel wie „Zeitalter des frühen Lebens" heißt, tauchten die ersten sicheren Spuren von mehrzelligen Lebewesen auf der Erde auf. Aus dem Ediacarium, dem jüngsten Abschnitt des Proterozoikums (635–541 Mio. Jahre vor heute), sind erste Vielzeller bekannt, die sogenannte Ediacaria-Fauna. Von diesen Weichtieren ohne fossilierungsfähige Hartskelettelemente sind versteinerte Abdrücke aus den südaustralischen Ediacara Hills bekannt. Ob diese Fauna vollständig ausgestorben oder mit heute lebenden Organismen verwandt ist, ist umstritten.

Das Kambrium und die „kambrische Explosion"

Vor 541 Mio. Jahren endete der Äon des Präkambriums, und das Phanerozoikum (übersetzt etwa „Zeitalter des sichtbaren Lebens") brach an. Die erste Ära des Phanerozoikums, das Paläozoikum oder Erdaltertum, begann mit der Periode des Kambriums. Das Kambrium ist evolutionsbiologisch deshalb besonders interessant, da hier in der sogenannten „kambrischen Explosion" offenbar die Urformen aller heute noch lebenden Tierstämme in geologisch kurzer Zeit auftauchten und fossil nachweisbar sind. In Funden aus einem kanadischen Schiefergebiet, dem Burgess Shale, lässt sich die kambrische Vielfalt heute in allen Details studieren; Stephen Jay Gould, der nicht nur ein großer Evolutionsbiologe, sondern auch ein begnadeter Essayist war, erzählte die Geschichte dieser Entdeckung und Erforschung derart spannend und meisterhaft, dass sie an eine Detektivgeschichte erinnert (Gould 1994). Die meisten dieser in der „kambrischen Explosion" entstandenen Formen verschwanden später wieder, nur rund 10 % der Stammeslinien setzten sich fort, darunter (zufälligerweise?) die Urform der Chordatiere, zu denen unter anderem der Unterstamm der Wirbeltiere und damit auch der Säugetiere einschließlich des Menschen gehört. Gould verleitete diese Entdeckung zu der Aussage, die Evolution sei eine

„Ereignisfolge von phantastischer Unwahrscheinlichkeit, die sich zwar im Rückblick einigermaßen vernünftig ausnimmt und sich ganz genau erklären lässt, die letzten Endes jedoch unvorhersagbar und völlig unwiederholbar ist. Man spule das Band des Lebens bis in die Frühzeit des Burgess Shale zurück und lasse es noch einmal vom gleichen Ausgangspunkt ablaufen: Die Chance, dass sich bei der Wiederholung so etwas wie menschliche Intelligenz als höchste Zierde ergeben könnte, ist dabei verschwindend gering" (Gould 1994, S. 12).

Der Übergang vom Erdmittelalter zur Erdneuzeit: Kreide und Paläogen

Der nächste, für die Evolution des Menschen bedeutsame Abschnitt war der Übergang von der Kreide, der letzten und jüngsten Periode der Ära des Mesozoikums oder Erdmittelalters, zum Paläogen, der ersten und ältesten Periode des Känozoikums, der Erdneuzeit, vor 66 Mio. Jahren.

Nach dem bisher letzten großen Massenaussterben, vermutlich beeinflusst von einem Asteroideneinschlag, begann mit dem Känozoikum die jüngste Ära der Erdgeschichte, die bis heute andauert. Die sich im Känozoikum entwickelnde Lebenswelt ähnelte bereits der heutigen. Nach dem Ende des Zeitalters der Reptilien und dem Aussterben der Nicht-Vogel-Dinosaurier besetzten Säugetiere und kleinere flugfähige Dinosaurier, zu denen unter anderem die Vorfahren rezenter Vögel gehören, die ökologischen Nischen, die bis dahin von Dinosauriern und Flugsauriern besetzt waren. Am Ende des Känozoikums erscheint im Zuge (und vermutlich auch als Folge) tektonischer und klimatischer Veränderungen der Mensch. Das globale Klima kühlte im Känozoikum merklich ab, und es kam wieder einmal zu einer Vereisung – der großen Vereisung, in der wir uns immer noch befinden (momentan allerdings in einem jener Interglaziale, also Zwischeneiszeiten, die jeweils mehrere Zehntausend Jahre andauern) (Elicki und Breitkreuz 2016, S. 220).

Das Känozoikum unterteilt sich in drei „Systeme": das Paläogen (66–23,03 Mio. Jahre vor heute), das Neogen (23,03–2,58 Mio. Jahre vor heute) und das Quartär, das vor 2,58 Mio. Jahren begann und bis heute andauert. Das Paläogen wiederum wird in die „Serien" Paläozän, Eozän und Oligozän unterteilt; in der jüngsten dieser drei Serien, dem Oligozän, das vor 33,9 Mio. Jahren begann, liegen die Wurzeln der Hominoidea, also der Menschenartigen, welche die Vorfahren der Gibbons und der Menschenaffen umfassen und damit auch unsere Wurzeln. Das Neogen wird noch feiner in die Serien des Miozäns (23,03–5,33 Mio. Jahre vor heute) und des Pliozäns (5,33–2,58 Mio. Jahre vor heute) unterteilt, das Quartär in das Pleistozän (2,58 Mio. bis 11.700 Jahre vor heute) und das Holozän (seit 11.700 Jahren bis jetzt – sofern sich die Geolog:innengemeinschaft nicht doch noch dazu entscheidet, das Holozän für beendet zu erklären und das „Anthropozän", das Menschenzeitalter, auszurufen).

Miozän, Pliozän und Pleistozän sind nun geologische Erdzeitalter, die eng mit der Humanevolution verknüpft sind – hier geschahen nämlich die entscheidenden Schritte auf dem Weg zur Menschwerdung. Im Miozän, vor rund 22 Mio. Jahren, entwickelte sich die Gruppe der Hominoidea auseinander und trennte sich in die Linien der Gibbon-Vorfahren (Hylobatidae, „kleine Menschenaffen") und der Menschenaffen-Vorfahren, der „großen Menschenaffen" oder Hominidae, auf. Die Hominidae (oder eingedeutscht „Hominiden") umfassen dabei zunächst die Vorfahren von Orang-Utan, Gorilla, Schimpanse und Mensch, bis sich im mittleren Miozän, vor 16 Mio. Jahren, mit den Ponginae die Linie der Orang-Utans von den Homininae abspaltete. Vor rund 10 Mio. Jahren spaltete sich dann die Linie der Gorilla-Vorfahren („Gorillini") ab, vor rund 8–6 Mio. Jahren trennten sich schließlich auch die Linien von Schimpanse („Panini") und Mensch. Damit entstand die Gruppe der Hominini (deutsch: Homininen), die den heutigen Menschen, also *Homo sapiens,* alle ausgestorbene Menschenarten wie *Homo erectus* und *Homo habilis* sowie deren Vorläufer umfasst. Die ältesten Funde von Vorläufern des Menschen stammen von der Grenze zwischen Miozän und Pliozän, die Gattung *Homo* und damit der Mensch entwickelte sich am Übergang von Pliozän und Pleistozän – wobei es Unschärfen in der Definition des „Menschen" und damit auch hinsichtlich seines Erscheinens in der Erdgeschichte gibt: Ob die Gattungen *Orrorin* und *Sahelanthropus* (beide etwa 6 Mio. Jahre alt, spätes Miozän) zu den Menschengattungen gehören, ist fraglich. Die Gattung *Ardipithecus* (4,4 Mio. Jahre, frühes Pliozän) wird, allerdings ebenfalls noch unsicher, dazu gerechnet. Sicher gehören zu den Menschengattungen derzeit *Australopithecus* (4 Mio. Jahre), *Paranthropus* (sofern als eigene Gattung betrachtet und nicht zu den Australopithecinen gezählt) und natürlich *Homo* (seit etwa 2,5 Mio. Jahren). Ein bezahntes, bisher nicht klassifiziertes Unterkieferfragment, das 2015 in Äthiopien gefunden wurde und auf etwa 2,8 Mio. Jahre datiert wurde, könnte der älteste Nachweis der Gattung *Homo* sein: Es hat, im Unterschied zu den Australopithecinen, einen dritten Backenzahn, den Weisheitszahn, der die Gattung *Homo* auszeichnet (Villmoare et al. 2015). Ob es sich dabei um *H. rudolfensis*, *H. habilis* oder eine neue, bisher unbekannte Art handeln könnte, ließen die Forscher bewusst offen.

Erdneuzeit: Das Känozoikum

Das Klima im frühen Paläogen war warm und feucht. Durch die Kollision der Indischen Platte mit der Asiatischen Platte wurden die Gebirgsmassen des Himalaya aufgefaltet, durch den Druck der Afrikanischen Platte auf die Europäische kam es zur Bildung der

Alpen, in Nordamerika entstanden die Rocky Mountains. Letztlich führten diese gewaltigen Gebirgsbildungen zu verstärkten Erosionen des herausgehobenen Felsmaterials, woraus ein verstärkter Eintrag von Kalzium- und Magnesiumionen in die Ozeane resultierte. Dies führte wiederum zu einer erhöhten Kalkausfällung, für die der Atmosphäre Kohlenstoffdioxid entzogen wurde, was erneut zu einer Abkühlung des Klimas führte (Boenigk und Wodniok 2014, S. 138). Als Resultat dieser komplexen Wechselwirkungen etablierte sich einerseits die C_4-Fotosynthese bei Pflanzen, ein alternativer Stoffwechselweg, der bei Trockenheit effektiver abläuft und beispielsweise Gräser von anderen Pflanzen unterscheidet; andererseits führte die Abkühlung zur Bildung von Gletschern im Miozän und Pliozän, die schließlich in die känozoische Vereisung übergingen, die das ganze Quartär beherrschen sollte (Boenigk und Wodniok 2014, S. 138).

Vom Miozän bis zum Holozän und Anthropozän

Die letzten Millionen Jahre der Erde – vom obersten Miozän über Pliozän und Pleistozän bis zum Holozän – waren von weiteren dramatischen Prozessen gekennzeichnet. Die globale klimatische Abkühlung führte zur Vereisung der Antarktis, die Meeresspiegel sanken weltweit. Die Durchschnittstemperaturen sanken auf der ganzen Welt um mehrere Grad Celsius. Das Mittelmeer, das bis dahin eher Kanalcharakter gehabt hatte, schloss sich erst am östlichen, dann auch am westlichen Ende. Der Isthmus von Panama tauchte aus dem Wasser auf und trennte Nord- von Südamerika. Die zunehmend kühl-trockenen Klimate des Miozäns begünstigten eine Ausbreitung der Grasländer, es bildeten sich erstmals große Savannengebiete. In diese Zeit fällt auch die Trennung der Stammlinien von Schimpanse und Mensch.

Am Übergang von Pliozän zu Pleistozän (und damit vom Neogen zum Quartär) sank nicht nur die globale Durchschnittstemperatur, zusätzlich nahm auch die Amplitude der Temperaturschwankungen enorm zu, wie man aus marinen Bohrkernen und den darin enthaltenen Schalen von Foraminiferen, gehäusetragenden Einzellern, ablesen kann. Diese Schwankungen zeichnen vermutlich den Auf- und Abbau von Landeismassen auf der nördlichen Erdhalbkugel nach. Im Quartär (2,5–1 Mio. Jahre vor heute) schwankten die Temperaturen dabei in Zyklen von 41.000 Jahren, die wohl auf Variationen in der Neigung der Erdachse zurückzuführen sind; seit etwa 1 Mio. Jahre – und bis heute – zeigen sich große Temperaturschwankungen mit Zyklen von 100.000 Jahren, die vermutlich mit der Exzentrizität der Erdumlaufbahn um die Sonne zusammenhängen (Elicki und Breitkreuz 2016, S. 259). In diese Zeit der starken klimatischen Schwankungen fiel schließlich die Evolution der Gattung *Homo*.

Mit dem Ende der Weichsel-Eiszeit im Norden Europas bzw. der Würm-Eiszeit im Alpenraum begann das Holozän, die Jetztzeit. Geologisch gesehen befinden wir uns allerdings nur in einer Zwischeneiszeit, einem Interglazial. In der Zeit dieser Zwischenwarmzeit wurde der Mensch sesshaft, erfand Ackerbau und Viehzucht und lernte, Metalle zu nutzen (Boenigk und Wodniok 2014, S. 151).

Als „Anthropozän" (nach griech. ἄνθρωπος: Mensch, und „-zän" als typischer Endung für Erdzeitalter) wird die Zeit seit der Erfindung der Dampfmaschine im Jahr 1784 und dem Beginn der industriellen Revolution, manchmal auch die Zeit ab der Mitte des 20. Jahrhunderts bezeichnet. Der Begriff wurde erstmals Anfang der 2000er-Jahre von dem niederländischen Chemiker und Atmosphärenforscher Paul Crutzen zur Diskussion gestellt (Crutzen 2002); er wollte damit zum Ausdruck bringen, dass der Mensch zu einem geologischen Faktor geworden sei. Wegen seines extrem kurzen Zeitumfangs, der Schwierigkeiten der exakten Definition und der Instrumentalisierung durch Politik und Umweltschutz ist das Anthropozän bis heute aber kein offizieller Bestandteil der geologischen Zeitskala (Elicki und Breitkreuz 2016, S. 221). Die stratigrafische Kommission der Geological Society of London kam im Jahr 2008 allerdings zu dem Schluss, dass die weltweite Produktion von Treibhausgasen, die Übersäuerung der Ozeane, die vom Menschen verursachten landschaftlichen Veränderungen und das menschengemachte Artensterben ein unmissverständliches biostratigrafisches Signal unserer Zeit abgeben (Zalasiewicz et al. 2008). Auf dem 35. Internationalen Geologischen Kongress in Kapstadt 2016 bestätigte die Arbeitsgruppe diese Einschätzung und stellte die Ausrufung eines offiziellen Zeitalters mit dem Namen „Anthropozän" nach der Erfüllung einiger harter Kriterien in Aussicht (Zalasiewicz und Waters 2016). Allerdings lehnte die International Union of Geological Sciences IUGS dieses im Jahr 2024 überraschend ab – die durch den Menschen verursachten Veränderungen hätten noch nicht die Dimension einer Erdepoche erreicht (Schwägerl 2024). Aber es gibt auch andere Kritik an der jetzigen Definition: So sei beispielsweise zu diskutieren, ob man den Beginn der weltweiten Beeinflussung der Erdsysteme durch den Menschen und damit des Anthropozäns nicht eigentlich bereits auf die ersten Brandrodungen durch Frühmenschen, die Entwicklung der Landwirtschaft in der „neolithischen Revolution" oder spätestens auf die beginnende Ausbeutung der Tropen durch den Kolonialismus datieren müsse (Roberts 2021, S. 311 ff.).

Primatenevolution 6

Die Säugetiere sind eine evolutionsgeschichtlich recht junge Gruppe der Wirbeltiere, deren Hauptcharakteristikum in dem bereits von Linné im 18. Jahrhundert eingeführten Begriff „Mammalia" (von lat. *mamma:* Brust, Zitze) enthalten ist (und der nur für die eierlegenden Säugetiere, Ameisenigel und Schnabeltiere, nicht ganz zutrifft; Thenius 1979, S. 2). Die Stammesgeschichte der Säuger und damit letztlich auch der Primaten begann vor etwa 250–200 Mio. Jahren, als unsere reptilischen Vorfahren sich aufmachten, neue ökologische Nischen an Land zu besiedeln (Seitelberger 1984, S. 172): Sie konnten diese Nische nur als Nachttiere besiedeln, da die dominanten Saurier Tagtiere waren. Durch den entsprechenden Selektionsdruck entwickelten sich Gehör- und Geruchssinn als neue Einrichtungen zur Distanzmessung, die zugehörigen neuronalen Einrichtungen wurden im Gehirn angesiedelt: „Das bedeutete zugleich den wichtigen neuen Schritt der *Enzephalisation* von Funktionen, d. h. die Verlagerung der Informationsverarbeitung aus der Peripherie in das Zentralnervensystem mit dem Resultat einer Vergrößerung desselben" (Seitelberger 1984, S. 172). Unter „Enzephalisation" versteht man die Entwicklung vom Stammhirn zum Großhirn. In dieser Phase der Gehirnevolution entstanden auch die Großhirnhälften und deren Furchung (Thenius 1979, S. 35), die Informationsverarbeitung konzentrierte sich im Gehirn.

Mit dem durch lichtempfindlichere Stäbchen in der Netzhaut an die Nachtsicht angepassten Sehsinn konnten Säuger nun in Zusammenarbeit von Seh-, Geruchs- und Gehörsinn verschiedene Informationen über im Raum vorhandene Objekte im Gehirn zusammentragen und dort verarbeiten – eine wichtige Voraussetzung für die spätere räumliche Orientierung der Primaten. Im Zuge der Eroberung des Tagraumes vor etwa 65 Mio. Jahren – nach dem Ende der Saurier – entwickelte sich ein neues Sehsystem, dessen neuronale Verarbeitung in neugebildeten Regionen der Großhirnrinde angesiedelt und in Verknüpfung mit Geruchs- und Gehörsinn zu einer *Kortikalisation* von Funktionen führte

(Seitelberger 1984, S. 172). Als „Kortikalisation" wird die Verschaltung von Regionen der Großhirnrinde (lat. *cortex:* Rinde) mit darunter liegenden Zentren des Stammhirns bezeichnet, die später beim Menschen so bedeutend werden sollte.

Vor etwa 50–60 Mio. Jahren begann die Geschichte der Primaten; eine genaue Abgrenzung fossiler Insektenfresser von frühen Halbaffen ist nicht immer möglich. Sie entwickelten für das Leben auf Bäumen, das noch heute für die Mehrzahl der Arten charakteristisch ist, eine ausgeprägte visuelle Orientierung mit „binokularem stereoskopischen Sehen, genauer Hand-Auge-Koordination und Farbsehen" (Seitelberger 1984, S. 173). Der Geruchssinn verlor dabei an Bedeutung, nach der Reduzierung des Riechsystems konnte das gut entwickelte Riechhirn andere Aufgaben übernehmen, die für Emotionen, Motivation und Gedächtnis eine Rolle spielen (Seitelberger 1984, S. 173) und somit bedeutend für die Menschwerdung werden sollten. Die „echten Affen" oder Anthropoidea, welche die Urahnen aller Menschenaffen und damit auch des Menschen werden sollten, entwickelten sich offenbar in Asien, wie 37 Mio. Jahre alte Fossilfunde zeigen, die ein Team um den französischen Paläontologen Jean-Jacques Jaeger in Myanmar fand (Chaimanee et al. 2012). Etwa um die gleiche Zeit tauchten die ersten Primaten in Nordafrika auf und entwickelten sich auf dem afrikanischen Kontinent weiter. Die Neuweltaffen oder Breitnasenaffen (Platyrrhini) der beiden amerikanischen Kontinente gelangten offenbar vor mindestens 34 Mio. Jahren von Afrika nach Amerika, wobei sie den damals noch wesentlich kleineren Atlantik vielleicht auf schwimmenden Pflanzenflößen überquerten. Auch die Neuweltaffen sind letztendlich mit asiatischen Affen verwandt (Marivaux et al. 2023).

Menschen und ihre Verwandten gehören in der zoologischen Systematik zur Zwischenordnung der Schmalnasenaffen oder Catarrhini, die sich wahrscheinlich in Afrika aus asiatischen Anthropoidea entwickelten – noch heute leben alle Catarrhini in Afrika und Asien und tragen daher auch die Bezeichnung „Altweltaffen". Als ältester Vertreter der Überfamilie der Hominoiden, also der Menschenartigen (Menschen und Menschenaffen im weiteren Sinn inklusive der Gibbons), gilt möglicherweise *Aegyptopithecus,* der vor rund 32 Mio. Jahren lebte (Simons 1965; Fleagle und Simons 1982; Abb. 6.1).

Abb. 6.1 Schädelnachbildung von *Aegyptopithecus zeuxis*, ein früher Vertreter der Schmalnasen- oder Altweltaffen

Abb. 6.2 Schädelnachbildung von *Proconsul africanus*, einer der ältesten Vertreter der Hominoiden

Die ältesten sicher bezeugten Hominoiden sind die Proconsuliden, Primaten mit einem Bewegungsapparat, der nicht auf Schwingen und Klettern spezialisiert, sondern breiter generalisiert war und der bereits Gebissmerkmale heutiger Menschenaffen zeigt (Facchini 2006, S. 58). Diese Primatenform verlagerte sich offenbar von Norden nach Zentralafrika. Auf einer Insel im Viktoria-See in Kenia fand man mehrere Überreste der Gattung *Proconsul* (der Gattungsname ist übrigens von einem Schimpansen im Londoner Zoo abgeleitet, der „Consul" hieß; Facchini 2006, S. 58). Als Nachfahre des *Aegyptopithecus* lebte *Proconsul* vor 23 oder 22 Mio. Jahren bis vor 16 oder 14 Mio. Jahren größtenteils vermutlich in Bäumen zentralafrikanischer Wälder und Baumsavannen (Abb. 6.2). *Proconsul* konnte sich gleichermaßen hangelnd im Geäst wie vierfüßig auf dem Boden fortbewegen. Das Gehirnvolumen betrug rund 150 cm^3 (Facchini 2006, S. 60). Wichtig für die systematische Einordnung ist das „Dryopithecinenmuster" der unteren Backenzähne, das durch fünf Höcker in Form eines „Y" gekennzeichnet ist und sich auch bei Menschenaffen und beim Menschen findet (Facchini 2006, S. 60).

Zwar hatte sich das große Rift Valley in Ostafrika zu dieser Zeit noch nicht gebildet, aber vor 17–18 Mio. Jahren kam die afro-arabische Platte über eine Landbrücke mit der eurasischen Platte in Verbindung, und so konnten Proconsuliden nach Europa und Asien wandern, fanden dort günstige Entwicklungsmöglichkeiten und brachten die Dryopitheciden hervor. Von 14–8 Mio. Jahren vor heute lebten baumbewohnende, vierfüßige Affen in vielen Gebieten von der Iberischen Halbinsel über Zentraleuropa bis nach Indien und Südostasien, wo sich mit Gibbons und Orang-Utans heute noch Vertreter der asiatischen Catarrhini finden (Facchini 2006, S. 61 f.).

Von *Dryopithecus* leitet sich vermutlich *Oreopithecus* ab, der durch mehrere Skelettfunde aus der Toskana und von Sardinien gut bekannt ist. *Oreopithecus* lebte vor 8–9 Mio. Jahren, bisher ist eine Art *(Oreopithecus bambolii)* beschrieben. Diese hatte einen kurzen Kiefer mit kleinen Zähnen, die „Affenlücke" (Diastema) war klein oder fehlte. Auffallend sind die langen Arme, man nahm daher zunächst an, *O. bambolii* habe sich hangelnd durch das Geäst bewegt. Allerdings liegt das Hinterhauptsloch (Foramen magnum) relativ weit vorn, was ein Hinweis auf eine zweibeinige Fortbewegungsweise sein könnte; neuere

Untersuchungen des Beckens und der unteren Extremitäten lassen ebenfalls einen zweibeinigen Gang möglich erscheinen. Nach der Beschaffenheit des Zahnschmelzes zu schließen, hat sich *Oreopithecus bambolii* offenbar vorwiegend von weichen Früchten ernährt. Das seltsame Mosaik von affen- und menschenartigen Merkmalen macht es schwierig, *Oreopithecus* in den Stammbaum der Primaten und damit auch der Menschen einzuordnen. Möglicherweise befand sich *Oreopithecus* an einem entwicklungsgeschichtlichen Scheideweg, ähnlich dem Menschen in seiner Entwicklungsgeschichte. Er wäre dann ein Beispiel für eine konvergente Entwicklung, die parallel, aber getrennt von unseren afrikanischen Vorfahren ablief – und zu einer Seitenlinie wurde, der kein Erfolg beschieden war (Facchini 2006, S. 65).

Oder handelte es sich hier nicht um eine erfolglose Seitenlinie, sondern verliefen zumindest Teile der Primaten- und damit auch unserer Evolution in Eurasien? Der deutsch-niederländische Geologe und Paläontologe Gustav Heinrich Ralph von Koenigswald beschrieb 1935 den „Black'schen Riesenaffen" *Gigantopithecus blacki* anhand fossiler Zähne, welche er in chinesischen Apotheken entdeckte – dort wurden diese „Drachenknochen" als Heilmittel verkauft (von Koenigswald 1935). Während die chinesischen *Gigantopithecus*-Funde jünger als 2 Mio. Jahre sind und der mit 100.000 Jahren jüngste Fund sogar ein Zeitgenosse des Menschen gewesen sein muss (Rink 2005), sind Funde aus Nordindien und Pakistan (*Gigantopithecus giganteus* und *Gigantopithecus bilaspurensis*) 7–8 Mio. Jahre alt (Pilgrim 1915; Simons und Chopra 1969; Cameron 2001). Ob diese wenigen fossilen Funde tatsächlich verschiedenen Arten zuzuordnen sind, ist heute strittig – unstrittig scheint nach einem Paläoproteomik-Vergleich fossiler Zahnschmelzproteine allerdings, dass *Gigantopithecus* ein Schwester-Taxon der rezenten Orang-Utan-Gattung *Pongo* ist (Welker et al. 2019).

Ein fossiler Verwandter von *Gigantopithecus* und *Pongo* war offenbar *Sivapithecus*, der zuerst in Indien entdeckte „Affe des Gottes Shiva" (Pilgrim 1910). Dieser ist im Stammbaum der Hominoidea wahrscheinlich auf einem Seitenast einzuordnen, der unterhalb des afrikanischen Astes abzweigt, aus dem sich später Gorillas, Schimpansen und Mensch entwickelten (Andrews und Cronin 1982). Mit *Sivapithecus* identisch ist vielleicht auch die Gattung *Ramapithecus* (Lewis 1934), die in den 1960er-Jahren sogar als direkter Vorfahr des Menschen diskutiert wurde (Simons 1987) – heute wird *Sivapithecus* als männliche Form, *Ramapithecus* dagegen als weibliche Form derselben Art interpretiert (Facchini 2006, S. 63).

Gemeinsam ist *Gigantopithecus*, *Sivapithecus* und *Ramapithecus*, dass die ältesten Funde dieser fossilen Gattungen aus Asien stammen und mindestens 14–8 Mio. Jahre alt sind – also vor jener Zeit gelebt haben, als sich die Linien von Mensch und afrikanischen Menschenaffen vor 7–6 Mio. Jahren trennten. Hatte Haeckel etwa doch recht, als er meinte, der Mensch habe sich in Asien entwickelt? Zwar wird der „Affenmensch" *Pithecanthropus*, den Dubois daraufhin auf Java suchte und im Jahr 1891 auch entdeckte, heute dem *Homo erectus* zugeordnet, der sich nach allem, was wir wissen, in Afrika entwickelte und erst später von dort nach Asien wanderte. Spielte Eurasien aber dennoch eine Rolle in der Evolution des Menschen?

Die ältesten Fossilien von Menschenaffen wurden in Afrika gefunden, ihre Vertreter lebten dort vor 21–14 Mio. Jahren – rund 30 Arten und damit ein knappes Drittel aller bekannten Menschenaffen kennen wir aus dieser Frühphase der Menschenaffenevolution (Böhme et al. 2019, S. 69 ff.). Der in Kenia entdeckte *Afropithecus*, ein primitiver Vertreter der Menschenaffen, der vor 17–16 Mio. Jahren lebte, wies erstmals einen für Menschenaffen unüblich dicken Zahnschmelz auf und fraß daher offensichtlich nicht nur Blätter und Früchte. Ein 15,9 Mio. Jahre alter Backenzahn eines Menschenaffen mit ebenso dickem Zahnschmelz wurde 1973 in Süddeutschland entdeckt und könnte ein Hinweis darauf sein, dass *Afropithecus* oder eine verwandte Art schon im Miozän die Meerenge zwischen Afrika, Arabien und Europa überwunden und sich zumindest vorübergehend nach Norden ausgebreitet hatte.

Vor etwa 14 Mio. Jahren kühlte das globale Klima ab, große Wassermengen wurden in Gletschern gebunden, der Meeresspiegel sank um 50 m – Afrika und Arabien waren nun durch eine feste Landbrücke mit Eurasien verbunden (Böhme et al. 2019, S. 80 ff.). Viele Arten breiteten sich nun von Afrika kommend nach Eurasien aus, darunter auch Menschenaffen – und waren dabei offensichtlich erfolgreich, wie die Geo- und Paläontologin Madelaine Böhme, Entdeckerin des Allgäu-Primaten „Udo", beschreibt:

> „Sie waren sogar so erfolgreich, dass ihr Verbreitungsgebiet bald einen großen Teil Eurasiens umspannte – von der iberischen Halbinsel bis nach China. Sie avancierten dort rasch in vielen Wäldern zu den Herrschern der Baumkronen. Über diese Zeit von einem Planeten der Affen zu sprechen, ist deshalb gar nicht so abwegig. Die Eroberung der nördlichen Breiten durch die Menschenaffen war ein Meilenstein in der Geschichte der Menschwerdung. Hätten sie Eurasien nicht erreicht, hätte es vermutlich überhaupt keine Evolution des Menschen gegeben, weil dann wegbereitende Anpassungen an die veränderten Lebensumstände der nördlichen Breiten nicht notwendig gewesen wären (Böhme et al. 2019, S. 81)."

Diese frühen Menschenaffen mussten ihren Stoffwechsel und ihr Verhalten in den nördlichen Breiten nämlich nun auf wechselnde Jahreszeiten mit wechselnden Temperaturen und Tageslängen und damit auf ein schwankendes Nahrungsangebot anpassen. Derart angepasst, besiedelten sie in der Folge riesige Gebiete Eurasiens, wobei die Orang-Utan-Vorfahren (Ponginae) den Osten, die „Menschenartigen" (Homininae) den Westen Eurasiens besiedelten. Auch der Körperbau der frühen Menschenaffen veränderte sich dabei – statt vierbeinig zu laufen, gingen sie dazu über, schwingend von Ast zu Ast zu hangeln und sich aufrecht balancierend auf großen Ästen fortzubewegen. Die Hände wurden kräftiger, die Füße beweglicher, die Gehirne größer, die Tragezeiten des Nachwuchses länger – es gibt aus dieser Zeit keine Fossilfunde von derart fortschrittlich entwickelten Menschenaffen aus Afrika. Auch der kanadische Anthropologe David Begun vermutet daher, dass sich der Vorfahre der afrikanischen Menschenaffen und damit auch des Menschen in Europa entwickelt habe, nicht in Afrika (Begun 2015). Der Sensationsfund des 11,6 Mio. Jahre alten Primaten *Danuvius guggenmosi*, genannt „Udo", im süddeutschen Allgäu durch Madelaine Böhme und ihr Team im Jahr 2016 unterstreicht diese Interpretation: Schädelmerkmale wie die wenig vorspringende, kurze Schnauze, eine verlängerte

Lendenwirbelsäule und die Anatomie von Oberschenkel und Schienbein „machen *Danuvius* zu einem Kandidaten für einen der letzten gemeinsamen Vorfahren von Mensch und Menschenaffen!" (Böhme et al. 2019).

Und wieder kam es zu bedeutenden klimatischen Veränderungen, die wiederum zum „Motor der Evolution" wurden: Über Hunderttausende von Jahren hatte die Ur-Sahara im Verbund mit mehreren altweltlichen Wüsten Eurasien von Afrika auf einer Gesamtlänge von 10.000 Kilometern abgeschnitten und damit jede Wanderung von Arten blockiert. Immer wieder wurde die Wüste zur grünen Savanne, wenn sich das Klima änderte, und erlaubte so die Wanderung von Tiergemeinschaften. So haben sich Giraffen der heutigen Gattung *Giraffa* offensichtlich in Asien entwickelt, bevor sie, getrieben durch den Klimawandel, vor 7 Mio. Jahren nach Afrika einwanderten und in Asien schließlich ausstarben (Roberts 2021, S. 112 ff.). Ebenso tauchten vor rund 7 Mio. Jahren plötzlich Hasen in Afrika auf, die ursprünglich aus Eurasien stammen, dazu Wasserböcke, Ziegen und Schafe, welche so Zeitgenossen der potenziellen Vormenschen *Sahelanthropus* und *Ardipithecus* wurden (Böhme et al. 2019, S. 196 ff.). Hatten sich diese Vormenschen in Afrika entwickelt? Oder waren auch Zeitgenossen von *Graecopithecus* als Klimamigranten von Eurasien nach Afrika eingewandert? Diese Frage ist zurzeit nicht seriös zu beantworten, erst neue Fossilfunde werden hierfür weitere Indizien liefern können.

Insgesamt versammelt die Ordnung der Primaten recht unterschiedliche Säugetiere, was durch Begriffe wie „Halbaffen", „Affen", „Menschenaffen" und „Mensch" verdeutlicht wird. Ein aktuelles Lehrbuch der systematischen Zoologie spricht anthropozentrisch von „unterschiedlichen Evolutionsniveaus" der Primaten (Storch und Welsch 2004, S. 740), weshalb Bezeichnungen wie „Halbaffe" oder „Menschenaffe" eher „eine Entwicklungshöhe bezeichnen und keine streng systematischen Begriffe" seien. Es sei an dieser Stelle noch einmal betont, dass ein madagassischer Lemur als „Halbaffe" die gleiche Entwicklungszeit durchgemacht hat wie der Mensch, seit sich die beiden Linien von einem letzten gemeinsamen Vorfahren abtrennten, und er deshalb keinesfalls auf einem niedrigeren Evolutionsniveau steht.

Gemeinsam ist allen Primaten die ursprünglich arborikole, also baumbewohnende Lebensweise, ein hoch entwickeltes visuelles System und ein rückgebildeter Geruchssinn (Storch und Welsch 2004, S. 740 f.). Durch die Reduktion der Nasalregion sind sie in der Lage, stereoskopisch, also dreidimensional, zu sehen: Die Schnauze ist beim Sehen nicht im Weg. Hände und Füße sind oft zum Greifen ausgebildet, die Krallen sind durch Nägel ersetzt (Chaline 2000, S. 140) – schon hier lassen sich Merkmale erkennen, die für die Entwicklung zum Menschen bedeutsam sein werden. Die Wurzeln der Primaten lassen sich zurückverfolgen bis zu urtümlichen Säugetieren der Kreidezeit. *Purgatorius*, ein hörnchenartiger und mit den Insektenfressern verwandter Vertreter, gilt als früheste primatenähnliche Gattung (Abb. 6.3). Auch wenn *Purgatorius* durch 60 Mio. Jahre alte Funde aus der Oberkreide des heutigen Montana, USA, und aus Saskatchewan, Kanada, bekannt ist, entstanden diese „Urprimaten" vermutlich in der Alten Welt. *Purgatorius* (von dem wir fast nur Zähne und Kieferfragmente kennen) und die anderen Vertreter der Fami-

Abb. 6.3 *Purgatorius*, eine ausgestorbene Säugetiergattung aus dem Paläozän vor rund 60 Mio. Jahren – vielleicht ein ursprünglicher Vertreter der ersten Ur-Primaten. (Nobu Tamura, https://commons.wikimedia.org/wiki/File:Purgatorius_BW.jpg, CC BY 3.0)

lie der Plesiadapidae hatten allerdings noch keine Greifhände mit Daumen, sondern unspezialisierte, krallenbewehrte Füße (Napier und Tuttle 1993, S. 83).

Aber an welcher Stelle des Stammbaums der Primaten zweigte nun der Ast ab, der schließlich zum Menschen führte? Diese spannende Frage ist leider bis heute noch nicht völlig geklärt – baumlebende Arten werden selten fossiliert, da sich ihre Leichen im feuchten Bodenklima des Waldes zersetzen. Klar ist, dass sich die Altweltaffen (zoologisch die „Schmalnasenaffen", Catarrhini) im späten Oligozän, spätestens im frühen Miozän, in die Cercopithecoidea (die „geschwänzten Altweltaffen", heute nur noch mit der Familie der Cercopithecidae, den Meerkatzenverwandten oder Hundsaffen) und die Stamm-Hominoidea aufgespalten hatten (Henke und Rothe 1999, S. 54). Bis zum späten mittleren Miozän dominierten die Hominoidea, ab dem ausgehenden mittleren Miozän bzw. dem beginnenden späten Miozän setzte dann aber eine Blütezeit der Cercopithecoidea ein (Abb. 6.4, und 6.5), und bis heute zeichnen sich diese durch eine breite Artenvielfalt aus, während die Hominoidea heute neben dem Menschen nur noch mit wenigen Gattungen und Arten (vier Gibbon-Gattungen, drei Orang-Utan-, zwei Gorilla- und zwei Schimpansenarten) vertreten sind (Henke und Rothe 1999, S. 55; Geissmann 2003, S. 287 ff.). Die Gründe für den erheblichen Artenschwund der Menschenaffen sind nicht bekannt (und wieder stoßen wir auf eine Stelle, an der ein kleiner Zufall ausgereicht hätte, die Entwicklungslinie zum Menschen abreißen zu lassen).

Die ersten Menschenaffen lebten bereits vor 30 Mio. Jahren in den Regenwäldern des tropischen Afrikas. Im mittleren Miozän führte eine weltweite Klimaveränderung mit Abkühlung zu erheblichen Umweltveränderungen. Die Jahreszeiten wurden vor 10 Mio. Jahren ausgeprägter, es entstanden saisonale Trocken- und Regenzeiten (Schrenk 2008, S. 30). Dazu kamen die Auswirkungen der Entwicklung des ostafrikanischen Grabens („Rift Valley"), die schließlich in die Entstehung von Baumsavannen mündete. „Als die Trockenheit im ausgehenden Miozän weiter zunahm, fanden sich einige Menschenaffen-Populationen an der Peripherie des tropischen Regenwaldes wieder. Hier fand die

Abb. 6.4 Mantelpavian (*Papio hamadryas*), ein Vertreter der Paviane aus der Familie der Hundsaffen oder Meerkatzenverwandten (Cercopithecidae) und der Überfamilie der geschwänzten Altweltaffen (Cercopithecoidea). (Quelle: Wikipedia, public domain)

Abb. 6.5 Schädelnachbildung eines Pavians. Man beachte den im Vergleich zu Menschenaffen kleineren Gehirn- und größeren Gesichtsschädel mit langer Schnauze

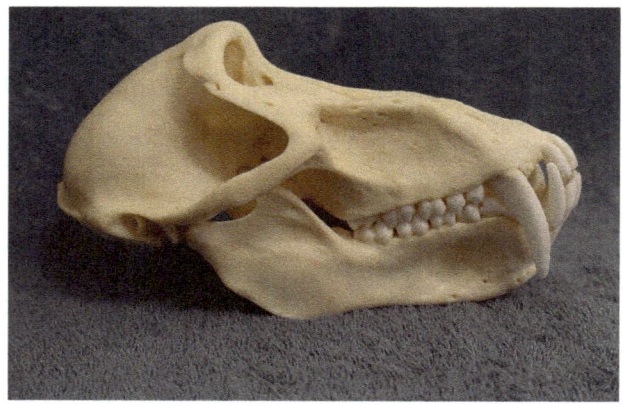

Trennung von Menschenaffen und der Hominiden [nach heutiger Nomenklatur ‚Homininen'] statt" (Schrenk 2008, S. 30).

Nach molekularbiologischen Datierungen geschah diese Aufspaltung der Stammeslinien vor 8–5,5 Mio. Jahren. Primatenfossilien, die älter als 8 Mio. Jahre sind, können unter diesen Annahmen also nicht als hominin, nicht als Ahnen unserer menschlichen Stammeslinie angesehen werden (Henke und Rothe 2003, S. 24). *Graecopithecus* könnte mit einem Alter von 7,2 Mio. Jahren aber durchaus der erste Urahn der Menschen sein, worauf auch die typische Zahnform der Hominini hindeutet – Madeleine Böhme und Kollegen stellten mit dieser Einordnung der Funde aus Griechenland und Bulgarien die Out-of-Africa-Theorie infrage (Fuss et al. 2017). Ob „El Graeco" aber tatsächlich näher mit dem Schimpansen oder dem Menschen verwandt ist, müssen mangels genetischer Untersuchungen (dazu sind die Fossilien einfach zu alt) weitere fossile Funde der Zukunft zeigen.

Die Entwicklung des Menschen 7

Die Wiege der Menschheit

Offensichtlich entstanden die Menschen in Afrika (das gilt nach allem, was wir heute wissen, zumindest sicher, wenn wir mit „Menschen" explizit die Gattung *Homo* meinen). Warum gerade hier? Welche besonderen Umstände herrschten vor einigen Millionen Jahren in Afrika, die diese Entwicklung begünstigten? Nach heutiger Erkenntnis sieht es so aus, als sei der Wandel des Weltklimas eine der Triebkräfte der Menschwerdung gewesen.

Die ersten Funde von Frühmenschen stammten allerdings aus Europa, Ost- und Südostasien, dort, wo sich auch heute noch die größten Ansammlungen von Menschen finden. Neandertaler, Peking- und Java-Mensch, die anfänglich für die ältesten Zeugnisse der Menschwerdung gehalten wurden, sind nach heutiger Sicht der Dinge alle Vertreter späterer (Seiten-)Zweige unseres Stammbaumes und gehörten bereits der Gattung *Homo* an. Alle Funde aus früherer Zeit hingegen stammen aus Afrika, das mittlerweile unzweifelhaft als Wiege der Menschheit gilt, wie auch genetische Untersuchungen der mitochondrialen DNA zeigen.

Lange sah man die Steppen und Savannen, vor allem des ostafrikanischen Hochlandes, als die Orte an, wo „alles begann" – dort, wo sich jahrelang die meisten Überreste unserer frühen Vorfahren fanden (was allein noch kein überzeugender Beweis wäre, könnte die Fülle menschlicher Überreste doch auch mit besonders guten Bedingungen für die Fossilisation zusammenhängen oder schlicht mit der konzentrierten Suche dort nach ersten spektakulären Funden). Klar ist, dass alle heute bekannten und allgemein anerkannten Homininenfunde, die älter als 2 Mio. Jahre sind, ausschließlich in Afrika entdeckt wurden (Schrenk und Bromage 2002, S. 83) – auch wenn nach aktuellen Erkenntnissen einige europäische und asiatische Funde noch nicht ganz in das Mosaik passen wollen.

Gorillas und Schimpansen leben heute noch in den tropischen Wäldern Zentralafrikas, die Vormenschenfunde häufen sich dagegen in Ost- und Südafrika. Haben diese unterschiedlichen Lebensräume mit der Trennung der Entwicklungslinien von Menschenaffen und Menschen zu tun?

Der menschliche Stammbaum aus heutiger Sicht

„Der Satz, dass der Mensch sich aus niederen Wirbelthieren, und zwar zunächst aus echten Affen entwickelt hat, ist ein specieller Deductions-Schluss, welcher sich aus dem generellen Inductions-Gesetz der Descendenz-Theorie mit absoluther Nothwendigkeit ergiebt (Haeckel 1866/2017a)."

Der menschliche Stammbaum ist heute keinesfalls geklärt, derzeit nimmt die Unsicherheit wieder eher zu als ab: Neue Funde bringen oft unerwartete Hinweise auf mögliche Verzweigungen und damit neue Diskussionen über mögliche Verwandtschaftsverhältnisse, auch sind viele Fossilien in ihrer Einordnung umstritten – und die wissenschaftliche Eitelkeit führt schnell dazu, einen neu entdeckten Knochen oder Zahn einer neuen Art oder gar Gattung zuzuordnen. In der Gemeinschaft der Anthropolog:innen lassen sich zwei Lager unterscheiden, nämlich die „Splitter" (von engl. *to split:* aufteilen) und die „Lumper" (von engl. *to lump together:* zusammenwerfen), wie der Mainzer Anthropologe Winfried Henke erläutert: „Während Splitter über 20 hominine Arten annehmen, gehen extreme Lumper von weitaus weniger Spezies aus, einige schließen Artspaltungen in der eiszeitlichen *Homo*-Linie sogar aus" (Ewe 2017a, S. 11 f.). Aktuelle Überlegungen regen sogar eine Überarbeitung des Artbegriffs an: Die verschiedenen beschriebenen Menschenarten seien nicht nur unter anatomisch-typologischen, sondern auch unter chronologischen Gesichtspunkten zu betrachten – die zeitliche Veränderung einer Art unter Aufspaltung in neue Unterarten, aus denen im Zeitverlauf wiederum neue Arten entstehen, müsse in die Betrachtung mit einbezogen werden. Eine Art wäre damit eher ein „Verzweigungsast" einer größeren Metapopulation (s. Exkurs: Das Konzept der Metapopulation), der sich von der ursprünglichen Abzweigung bis zum endgültigen Ab- bzw. Aussterben oder der nachfolgenden Bildung einer Abzweigung, einer neuen Art erstreckt (Martin et al. 2024).

> **Exkurs: Das Konzept der Metapopulation**
> Das Konzept der Metapopulation (Andrewartha und Birch 1954; Levins 1970; Baguette 2004) lässt sich anschaulich anhand einer weitläufigen Landschaft mit einer Vielzahl an kleineren Waldstücken erläutern. Diese Waldstücke sollen in ihrer Qualität unterschiedlich und durch eine mehr oder weniger lebensfeindliche Matrix voneinander getrennt sein, deren Durchquerung möglich, aber gefährlich ist. Einige dieser Waldstücke seien von Rehen besiedelt. Die Rehe bleiben dann in den meisten Fällen in ihren Waldstücken. Es gibt jedoch Waldstücke, in denen das Nahrungsangebot so hoch ist, dass es zu einer Überproduktion an Nachkommen kommt, die dazu führt, dass Individuen aus diesem Waldstück abwandern. Diese migrierenden

Rehe können entweder auf unbesiedelte Waldstücke oder auf eine andere Gruppe, sprich Subpopulation, von Rehen treffen. Dort können sie sich potenziell wieder verpaaren und stellen somit eine genetische Verbindung zwischen den Populationen innerhalb des ursprünglichen Waldes und des neuen Waldes dar.

Bei dem Metapopulationskonzept wird zwischen zwei verschiedenen Typen der Subpopulation unterschieden: „Source-Populationen" (von engl.: Quelle) und „Sink-Populationen" (von engl.: Senke). Source-Populationen sind Populationen, die Habitatinseln besiedeln, welche zu einer Überproduktion und somit zu einer Migration von Individuen in andere Habitatinseln führen. Sink-Populationen sind dagegen Populationen, die aufgrund unzureichender Ressourcen in den besiedelten Habitatinseln nicht genug Nachkommen produzieren, um dauerhaft eine stabile Populationsgröße aufrechtzuerhalten. Ihr Fortbestand ist somit auf migrierende Individuen aus den Source-Populationen angewiesen. Source- und Sink-Populationen sind jedoch keine statischen Eigenschaften von Teilpopulationen, die Rollen können sich im Laufe der Zeit ändern. Eine weitere Bedingung, die Metapopulationen kennzeichnet, ist das Auftreten von lokaler Extinktion und die Möglichkeit der Wiederbesiedlung unbesiedelter Habitatinseln.

Wenn also unsere verschiedenen Vorfahren in genetischem Austausch miteinander standen, wofür es handfeste Beweise gibt, lässt sich ihre Dynamik mit dem Metapopulationskonzept gut darstellen. Dabei werden Teilpopulationen, die heutzutage oft als eigene Art oder Unterart eingeteilt werden, nun als Teil einer weitreichenden Metapopulation betrachtet, die durch lokale Adaption und Gendrift unterschiedliche Allelfrequenzen und Phänotypen aufweist. Durch den genetischen Austausch bei einem Aufeinandertreffen werden vorteilhafte Mutationen in großen Teilen der Metapopulation konserviert und verteilt. Neandertaler und Denisova-Menschen starben, so gesehen, also nie aus, sondern waren Teilpopulationen unserer Vorfahren und leben bis heute in unserem genetischen Code fort. So entfällt auch der Mythos einer gewaltvollen Vertreibung oder Vernichtung von Frühmenschen durch *Homo sapiens*. Aufgrund unterschiedlicher Individuenzahlen verschiedener Teilpopulationen ergibt sich dann lediglich eine unterschiedliche Repräsentation im Anteil am genetischen Code heute lebender Menschen.

Was wissen wir also heute relativ unstrittig über den menschlichen Stammbaum?

Zunächst einmal, dass es sich eher um einen Stammbusch denn einen Stammbaum handelt („Es gab das eine *missing link* in Wirklichkeit gar nicht"; Schrenk 2008, S. 30). Keinesfalls gibt es eine durchgehende Linie, die die einzelnen Fossilfunde direkt miteinander verbindet. Eher müssen wir uns eine Verflechtung unterschiedlicher geografischer und zeitlicher Varianten einer Ursprungspopulation am Rande des schrumpfenden Regenwaldes vorstellen, in denen auch der aufrechte Gang mehrmals entwickelt wurde (Schrenk 2008, S. 30 ff.). Dazu kommen fragmentarische, schwer einzuordnende Funde wie *Orrorin*, von dem wir wenig mehr als einen Oberschenkelknochen kennen. Auch für die spätere

Entwicklung ist die Entwicklungslinie keineswegs klar und wird durch neue Funde oftmals eher unklarer denn deutlicher, wie etwa durch die Entdeckung des Denisova-Menschen, von dem wir überhaupt nur dank genetischer Analysen eines fossilen Fingerglieds und einiger Zähne wissen.

Die zahlreichen Funde, die beinahe ebenso zahlreichen Gattungen und Arten zugeordnet wurden – *Sahelanthropus, Orrorin, Ardipithecus, Kenyanthropus, Australopithecus, Paranthropus* – verdeutlichen aber eines unzweifelhaft: In der Frühphase der Menschwerdung lebten verschiedene Gattungen und Arten der Homininen sowohl zeitgleich als auch in denselben Regionen. Spektakulär wurde diese Tatsache gerade durch 1,5 Mio. Jahre alte fossile Fußspuren untermauert – zwei sich kreuzende Fährten, hinterlassen von (vermutlich) *Homo erectus* und *Paranthropus boisei* (Hatala et al. 2024). Nach Gesichtspunkten der Evolutionsökologie müssen sie verschiedene ökologische Nischen besetzt haben, um nicht miteinander zu konkurrieren. Klar ist aber, dass es offenbar mehrere verschiedene Anläufe der Menschwerdung gab, deren einer schließlich unsere eigene Stammeslinie hervorgebracht hat (Henke und Rothe 2003, S. 24). Aktuelle Befunde wie „Udo", *Graecopithecus* und die Fußspuren von Kreta, *Homo floresiensis* und *Homo luzonensis*, der Denisova-Mensch oder *Homo naledi* haben zudem wieder reichlich neuen Stoff für die Diskussion zur Herkunft des Menschen gebracht.

Im Folgenden werden die wichtigsten Befunde des Homininenstammbaums dargestellt, erläutert und eingeordnet. Ein Hinweis zur Nomenklatur: Bis vor wenigen Jahren wurde der Begriff der „Hominiden" nur für den anatomisch modernen Menschen, *Homo sapiens*, und seine fossilen Verwandten verwendet. Unsere nächsten lebenden Verwandten – Schimpansen *(Pan)*, Gorillas *(Gorilla)* und Orang-Utans *(Pongo)* – versammelten sich in der Familie der „Pongiden", die auch als „große Menschenaffen" oder einfach „Menschenaffen" bezeichnet wurde. Nachdem vor allem durch genetische Untersuchungen klar wurde, dass Schimpansen und Gorillas deutlich näher mit dem Menschen verwandt sind als mit ihren Affenvettern, den Orang-Utans, werden Menschen und ihre ausgestorbenen Vorfahren heute mit Schimpansen, Gorillas und Orang-Utans zur Familie der Hominidae zusammengefasst. Die Familie der Hominidae wird zur Unterscheidung dafür nun in zwei Unterfamilien gegliedert, wobei die „Ponginae" mit der Gattung *Pongo* alle Orang-Utan-Arten umfassen und die „Homininae" (deutsch „Homininen") die rezenten (derzeit lebenden) Gattungen *Pan, Gorilla* und *Homo* nebst dessen fossilen Vorfahren und Verwandten.

Frühe Homininen

Als „frühe Homininen" kann eine Gruppe von Vormenschen bisher unbestimmter Verwandtschaft zusammengefasst werden (Tattersall 2008, S. 143). Die Zugehörigkeit von *Graecopithecus* zu dieser Gruppe früher Homininen wird erst seit Kurzem diskutiert.

Graecopithecus freybergi war jahrelang nur von einem fossilen, 7,2 Mio. Jahre alten Unterkiefer mit Zähnen bekannt, der 1944 in der Nähe von Athen gefunden und als Rest eines fossilen Menschenaffen eingeordnet worden war. 2012 fanden Spassov und Mitarbeiter:innen in Bulgarien einen Zahn, der aufgrund identischer Morphologie und gleichen Alters ebenfalls als *Graecopithecus* klassifiziert wurde (Spassov et al. 2012). In einer aktuellen Studie zeigte sich überraschenderweise, dass die drei Wurzeln der Vorbackenzähne (Prämolaren) bei *Graecopithecus* teilweise verschmolzen sind (Abb. 7.1), was typisch für

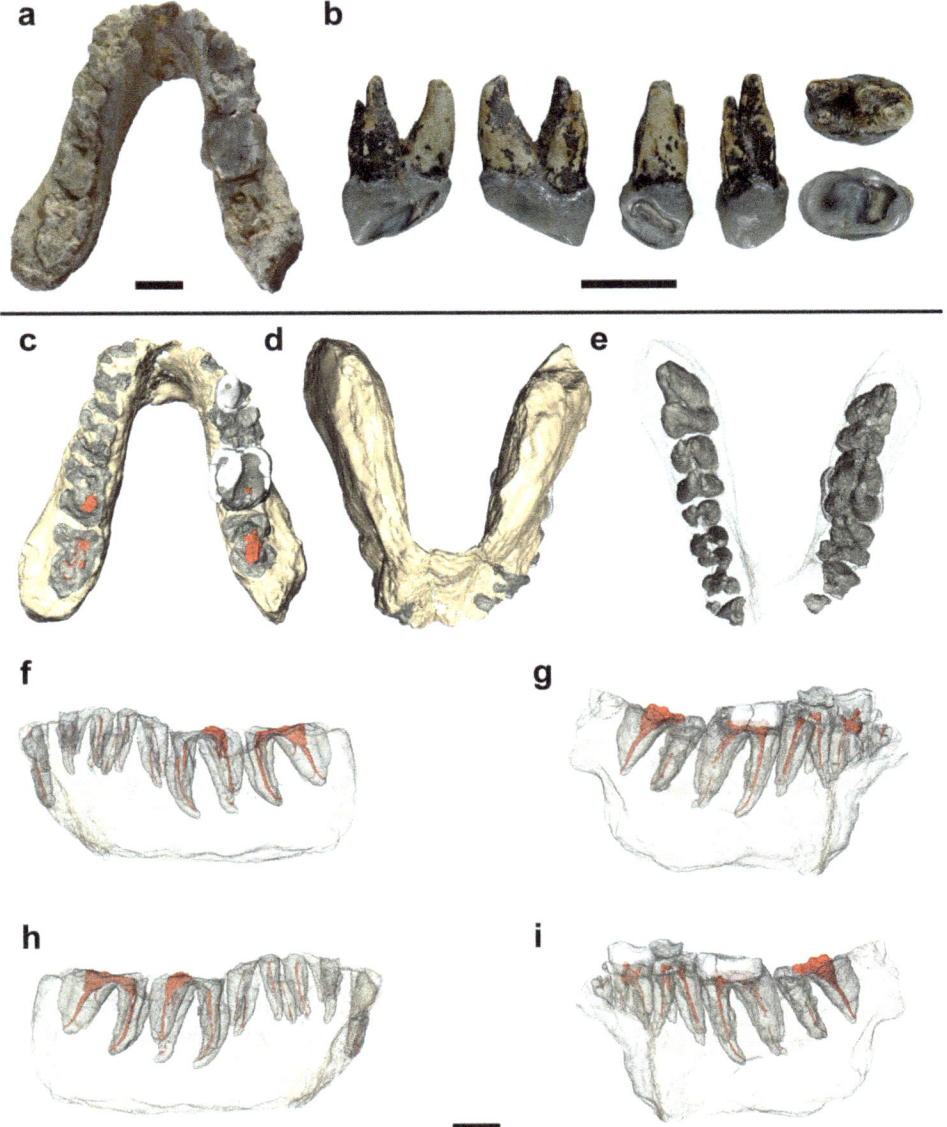

Abb. 7.1 a–i Unterkiefer und Zähne von *Graecopithecus* mit teilweise verschmolzenen Wurzeln. (Quelle: Jochen Fuss, Nikolai Spassov, David R. Begun, Madelaine Böhme – https://doi.org/10.1371/journal.pone.0177127.g001 (Fig. 1), CC BY 4.0, https://commons.wikimedia.org/w/index.php?curid=59216834)

den Stamm der Hominini, nicht aber für den der Menschenaffen ist (Fuss et al. 2017). Sollten sich diese Befunde bestätigen, würde das entweder für eine konvergente Entwicklung in einem Detail wie der Zahnbewurzelung sprechen – oder aber für die Existenz von Vormenschen auf dem Balkan vor über 7 Mio. Jahren. Was das wiederum für die Geschichte der Menschwerdung bedeuten würde, die bisher mehrheitlich von einer Entwicklung des Menschen in Afrika ausgeht, ist bisher völlig unklar.

Sahelanthropus tchadensis ist der bisher älteste Vertreter, der einigermaßen unzweifelhaft als Hominine eingeordnet wird. Die Gattung *Sahelanthropus* (der „Sahel-Mensch") ist bisher lediglich mit einer Art *(S. tchadensis)* durch einen etwa 6–7 Mio. Jahre alten Schädel ohne Unterkiefer, vier Unterkieferfragmente und einige einzelne Zähne bekannt (Sawyer und Deak 2008, S. 3), die im Jahr 2001 im Tschad gefunden wurden – bemerkenswerterweise weit westlich des großen ostafrikanischen Grabenbruchs. Seit dem Aufsehen erregenden Fund von „Lucy" und anderen *Australopithecus*-Fossilien in Tansania, Kenia und Äthiopien hatte sich zunehmend die Auffassung durchgesetzt, die Wurzeln des Menschen lägen in Ostafrika, was gut zu bekannten geografischen, geologischen und klimatischen Modellen passte – die Abtrennung von Lebensräumen mit der Vereinzelung von kleinen Populationen, die sich anschließend unter unterschiedlichen klimatischen Bedingungen (hier tropischer Regenwald, dort Steppe) einerseits zu den heutigen Menschenaffen wie Schimpanse und Gorilla, anderseits zu unseren Vorfahren entwickelte, schien plausibel. Doch mit dem Fund von *Sahelanthropus* in Zentralafrika wurde diese einleuchtende Hypothese erschüttert (Abb. 7.2). Für Verblüffung sorgte zudem die Kombination vermeintlich fortschrittlicher Merkmale wie einem relativ flachen Gesicht und der homininen Form der Prämolaren in Verbindung mit einem noch recht kleinen Gehirnschädel (360–370 cm^3; Sawyer und Deak 2008, S. 3), dessen Abmessungen noch unter denen heutiger Schimpansen liegen (Tattersall 2008, S. 144), sowie zwar verkleinerten, aber doch relativ stark entwickelten Eckzähnen (Facchini 2006, S. 75).

Abb. 7.2 Schädelnachbildung von *Sahelanthropus tchadensis*, dem bisher ältesten bekannten Vertreter der Homininen

Abb. 7.3 Schädelnachbildung von *Sahelanthropus tchadensis*: Zentrale Lage des Hinterhauptslochs (Foramen magnum)

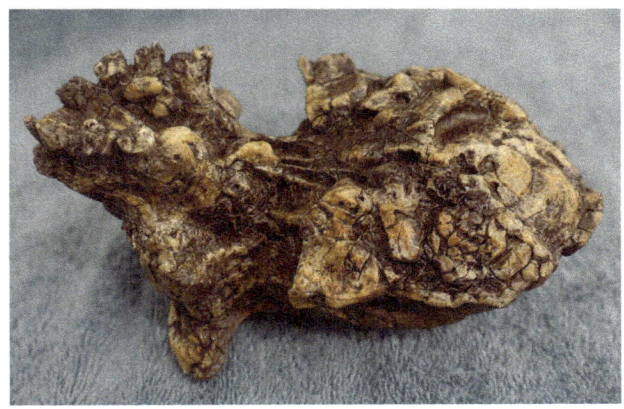

Zwei Merkmale von *Sahelanthropus* führten zur Einordnung als Hominine, also als Mitglied unseres Stammbusches: Erstens liegt das Foramen magnum (das Hinterhauptsloch, aus dem das Rückenmark als Verlängerung des Gehirns aus dem Schädel in die Wirbelsäule übertritt) bereits relativ zentral, was auf einen aufrechten Gang hindeutet (Abb. 7.3); ohne die Überreste von Armen und Händen, Beinen oder Füßen lässt sich diese Vermutung aber nicht belegen. Und zweitens ragen die Eckzähne nicht wie bei heutigen Menschenaffen reißzahnartig aus dem Kiefer, sondern sind verkleinert, was als Tendenz zur Zahnentwicklung gedeutet werden kann, wie man sie auch bei späteren Homininen findet. Allerdings finden sich auch Ähnlichkeiten mit *Oreopithecus,* den am besten bekannten frühen fossilen Menschenaffen, wie beispielsweise dicke Zahnschmelzleisten – ein Zeichen dafür, dass viele scheinbar menschenähnliche Merkmale von *Sahelanthropus* möglicherweise auch bereits bei frühen Menschenaffen vorhanden waren und daher gar nicht als modern, sondern als ursprünglich einzuordnen sind (Sawyer und Deak 2008, S. 3). Zudem reicht die Nasenöffnung von *Sahelanthropus* bis auf den knöchernen Gaumen, während bei Menschen ebenso wie bei heutigen Menschenaffen die Nasenöffnung deutlich oberhalb des Mundes liegt. Wenn auch der letzte gemeinsame Vorfahre von Menschenaffen und Mensch eine deutlich oberhalb des Mundes angeordnete Nase hatte, könnte *Sahelanthropus* sogar älter sein als dieser Vorfahre (Sawyer und Deak 2008, S. 3) und damit noch aus der Zeit vor der Trennung der Stammeslinien von Menschen und Menschenaffe stammen. Da *Sahelanthropus* mit einem Alter von 6–7 Mio. Jahren nah an der angenommenen Grenze von 8–5,5 Mio. Jahre für die Trennung der Linien von Menschenaffen und Menschen liegt, ist aber keineswegs klar, ob es sich tatsächlich um einen menschlichen Vorfahren handelt – vielleicht ist *Sahelanthropus* auch „nur" ein *Sahelpithecus* (Henke und Rothe 2003, S. 25).

Zur Ernährung von *Sahelanthropus* gibt es nur Vermutungen. Da die Art in Gras- und Waldlandschaften lebte, hat sie sich vielleicht von Blättern, Knollen und Wurzeln und vermutlich weniger von Früchten ernährt. Vielleicht wurde die Nahrung in nahrungsknappen Trockenzeiten durch große Insekten oder kleine Wirbeltiere ergänzt (Sawyer und Deak 2008, S. 3). Werkzeuge wurden in den Fundsedimenten des *Sahelanthropus* keine gefunden (Sawyer und Deak 2008, S. 5).

Interessant ist die zeitgenössische Begleitfauna, die aus den Überresten des Fundortes von *Sahelanthropus* rekonstruiert werden konnte: Neben heute ausgestorbenen Gruppen wie Säbelzahnkatzen, Elefanten mit vier Stoßzähnen und dreizehigen Pferden finden sich Zwergflusspferde, Krokodile und Gaviale, Pythons, ein Otter – und in großer Zahl Moorantilopen. Diese Tierwelt lässt vermuten, dass der damalige Grasland-Wald-Lebensraum des *Sahelanthropus* von Wasserläufen durchzogen war, zahlreiche Überreste von Lungenfischen deuten darauf hin, dass es zumindest zu zeitweiligen Überschwemmungen kam. Reste von Tieren, die ausschließlich im Wald lebten, wurden dagegen gar nicht gefunden (Sawyer und Deak 2008, S. 5).

Orrorin tugenensis wurde im Jahr 2000 (daher der Spitzname „Millenium Man") in 6 Mio. Jahre alten Schichten Kenias entdeckt. Die Radioisotopendatierung des zuunterst liegenden Lavastroms ergab 6,6 Mio. Jahre, die des darüberliegenden Basalts 5,65 Mio. Jahre (Sawyer und Deak 2008, S. 9; Wood und Lonergan 2008, S. 356). Nach der Untersuchung der Beschaffenheit des Oberschenkelknochens besteht offenbar Grund zu der Annahme, dieser Hominide könnte sich bereits auf zwei Beinen fortbewegt haben (Sawyer und Deak 2008, S. 8). Die Art der Bezahnung deutet auf ein schimpansenähnliches Wesen hin (Schrenk 2008, S. 28), die Zähne sind aber kleiner als bei Menschenaffen (Facchini 2006, S. 75). Auch spricht die Zahnmorphologie anscheinend für einen Allesfresser, was ihn von Menschenaffen unterscheiden würde (Henke und Rothe 2003, S. 25) – allerdings stehen auch bei Schimpansen neben Pflanzen, Früchten und Nüssen oft Insekten und auch kleine Säugetiere auf dem Speiseplan.

Von *Orrorin* sind allerdings nur zwei Kieferbruchstücke mit drei Molaren (Backenzähnen), die auch noch von einem einzigen Individuum stammen (Sawyer und Deak 2008, S. 8), sowie einige weitere, einzeln gefundene Zähne (ein weiterer Molare, ein Prämolare, ein Eck- und ein Schneidezahn) bekannt. An Skelettresten wurden bisher lediglich einen Fingerknochen und ein Fingerendglied, ein Oberarmknochenschaft und zwei linke Oberschenkelknochen gefunden, einer davon mit Gelenkflächen. Der Fingerknochen ähnelt in Krümmung und Abmessungen denjenigen heutiger Paviane, aber auch solchen von *Australopithecus,* und spräche daher für ein Lebewesen, das sich sowohl auf dem Erdboden als auch in Bäumen fortbewegen konnte. Allerdings ist dieser Fingerknochen ein Einzelfund und möglicherweise 300.000 oder 400.000 Jahre jünger als die anderen *Orrorin*-Überreste (Sawyer und Deak 2008, S. 8). Ob überhaupt alle diese wenigen Reste tatsächlich von *Orrorin* und nicht von anderen Hominiden oder gar von ebenfalls dort vorkommenden großen Schlankaffen stammen, ist zweifelhaft. Zudem fand man die fossilen Reste teils in den untersten, teils in den obersten Schichten des Sediments, der Altersunterschied zwischen den einzelnen, wenigen Fragmenten könnte also eine halbe Million Jahre betragen.

Fußabdrücke auf Kreta sorgten 2017 für Aufsehen: Beim Spazierengehen im Urlaub fand der polnische Paläontologe Gerard Gierliński versteinerte Fußabdrücke am Strand von Trachilos an der Nordwestküste Kretas, die sich bei genauerem Hinsehen als mindestens 5,6 Mio. Jahre alte Abdrücke eines offenbar aufrecht gehenden Hominiden entpuppten (Gierliński et al. 2017). Abdrücke von Vordergliedmaßen fehlen genauso wie solche von Krallen, sodass ein nur zeitweiliges Gehen auf zwei Beinen ebenso ausgeschlossen werden kann wie ein aufrecht gehender Bär. Die genaue morphometrische Analyse der Spuren und ihrer Details, wie die Anzeichen für relativ kurze Zehen und einen nicht abgespreizten großen Zeh, lassen den Schluss zu, dass diese Spuren eher von einem menschenähnlichen Wesen stammen als von einem nichtmenschlichen Primaten (Gierliński et al. 2017, S. 705).

Wer könnte der Verursacher dieser Spuren gewesen sein? Nach der gängigen Out-of-Africa-Hypothese, nach der sich erst *Homo erectus* vor rund 2 Mio. Jahren auf den Weg aus seiner afrikanischen Heimat machte, sollte 5,6 Mio. Jahre vor heute noch keiner unserer Vorfahren im östlichen Mittelmeerraum unterwegs gewesen sein. Vom Alter her kämen von den bekannten Homininen nur *Sahelanthropus* oder *Orrorin* infrage – von beiden sind allerdings keine Fußskelette bekannt, die zum Vergleich herangezogen werden könnten (Gierliński et al. 2017, S. 705). Oder war es etwa *Graecopithecus,* der diese Spuren hinterließ?

Allerdings gibt es auch Theorien, dass zuvor schon Vertreter von *Homo habilis* oder Australopithecinen Afrika verlassen haben könnten: Der amerikanische Paläoanthropologe Bernard Wood skizzierte, wie diese frühen Homininen bis nach Südostasien gewandert, sich dort teilweise zu *Homo floresiensis* verzwergt, teilweise zu *Homo erectus* weiterentwickelt und auf dem *Rück*weg nach Afrika die *Homo-erectus*-Überreste in Georgien hinterlassen haben könnten (Wood 2011).

Ardipithecus ramidus **und** ***Ardipithecus kadabba*** sind zwei umstrittene äthiopische Hominidenarten, bei denen ein Fußknochen und ein Bruchstück einer Schädelbasis mit einem relativ weit vorn liegenden Foramen magnum für den aufrechten Gang sprechen sollen (Tattersall 2008, S. 146). Funktionell könnte *Ardipithecus* den Übergang zwischen der kletternden Fortbewegung der Menschenaffen und dem dauerhaft aufrechten Gang der Menschen darstellen (Schrenk 2008, S. 32). Da die Überreste in gut datierbarer Vulkanasche gefunden wurden, ist ein Alter von 4,3–4,5 Mio. Jahren für *Ardipithecus ramidus* (Abb. 7.4) und von 5,2–5,8 Mio. Jahre für *Ardipithecus kadabba* relativ sicher (Wood und

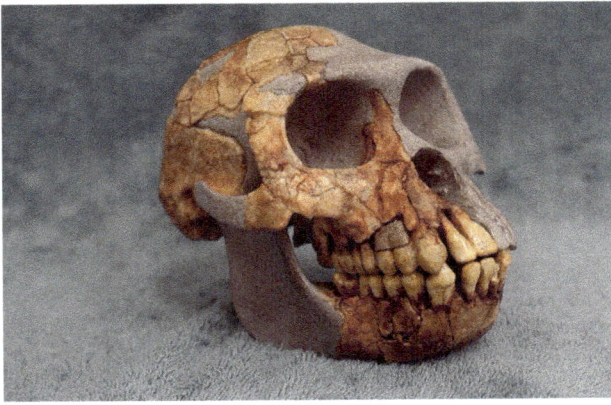

Abb. 7.4 Schädelrekonstruktion von *Ardipithecus ramidus*, mutmaßlich ein früher Vorfahre der Menschen

Lonergan 2008, S. 356 f.). Die Fossilien sind also mit einem zeitlichen Abstand von 1 Mio. Jahre abgelagert worden, weshalb es gerechtfertigt schien, sie zwei verschiedenen Arten zuzuordnen; anhand der Merkmale, die sich an den wenigen Funden feststellen lassen, ist dieses allerdings nicht möglich. An den Eckzähnen von *Ar. kadabba* zeigen sich Schleifspuren, wie sie auch bei den selbstschärfenden, ineinandergreifenden Eckzähnen von Menschenaffen zu finden sind, doch solche Spuren fehlen bei *Ar. ramidus* (Sawyer und Deak 2008, S. 13 ff.). Allerdings fehlen selbstschärfende Eckzähne auch bei manchen Orang-Utan- und Gorillaweibchen, sodass die Funde vielleicht auch nur unterschiedlichen Geschlechtern zuzuordnen sind (Sawyer und Deak 2008, S. 18).

Ob und wie sich *Ardipithecus* überhaupt von dem nur 220.000 Jahre jüngeren *Australopithecus anamensis* unterscheidet, werden wohl erst weitere Funde zeigen. Bezeichnenderweise beschrieben die Entdecker ihre Funde zunächst als neue Art *Australopithecus ramidus*, bevor sie nach weiteren Funden die Einordnung in eine neue Gattung, *Ardipithecus*, für gerechtfertigt hielten (Schrenk 2008, S. 28). Bisher sind es vor allem die menschenaffenähnlichen Vorbackenzähne und die unterschiedliche Dicke des Zahnschmelzes, die den Gattungsunterschied ausmachen sollen, letzteres ist aber vielleicht auch nur auf eine Schwankung innerhalb der Population zurückzuführen (Sawyer und Deak 2008, S. 19). So bleibt zunächst unklar, ob es sich bei *Ardipithecus* um Vorläufer heutiger oder ausgestorbener Menschaffen oder um Mitglieder unserer eigenen Abstammungslinie handelt (Sawyer und Deak 2008, S. 19). Nach Ansicht seiner Finder gehört *Ardipithecus* jedoch als Vorfahr des *Australopithecus afarensis* zur Stammeslinie der Homininen (Facchini 2006, S. 76).

Klar ist jedoch: Angesichts von *Ardipithecus* taugen Schimpansen nicht mehr als Modell für Anatomie und Fortbewegung früher Homininen: Der Knöchelgang der Schimpansen ist wohl erst jüngeren Datums. Als sich vor rund 6 Mio. Jahren unsere beiden Entwicklungslinien getrennt haben, gab es den Knöchelgang noch nicht; die gemeinsamen Vorfahren dürften vierfüßig auf Hand- und Fußflächen gelaufen sein (Ewe 2017a, S. 12).

Gemeinsam ist all diesen frühen Hominiden bzw. Homininen, dass sie in einer Zeit des Klimawandels lebten. Das einstmals feuchte afrikanische Klima mit typischen tropischen Regenwäldern wurde immer trockener, die Regenfälle schwankten zunehmend mit den Jahreszeiten, sodass der bis dahin zusammenhängende Regenwald zerfiel und durch Gehölz- und Graslandschaften unterbrochen wurde. Die verschiedenen Prähomininen-Populationen in den schrumpfenden Wäldern sahen sich vermutlich gezwungen, an Waldränder, in kleinere Teilwälder oder sogar in die offeneren Landschaften auszuweichen.

Vormenschen der *Australopithecus*-Gruppe

Australopithecinen-Stammgruppe

Australopithecus anamensis Wer oder was *Australopithecus anamensis* (Abb. 7.5) war, ist reichlich unklar – womöglich gehören die unter dieser Art einsortierten Fossilfunde in Wirklichkeit zu fünf verschiedenen Homininen (Sawyer und Deak 2008, S. 28). Die einzelnen Funde haben ein Alter zwischen 4,5 und 3,9 Mio. Jahre (Wood und Lonergan 2008, S. 357).

Abb. 7.5 Schädelnachbildung von *Australopithecus anamensis*

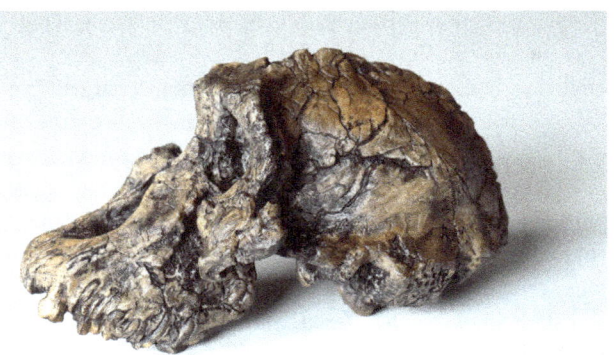

Abb. 7.6 Beispiel für Geschlechtsdimorphismus beim Gorilla: Weibchen (links), Männchen (rechts)

1965 wurde in Kenia ein erster Unterarmknochen gefunden, der rund 4,1 Mio. Jahre alt ist und noch keiner Art zugeordnet werden konnte. Später wurden ein Unterkiefer mit Kiefergelenk und einem kleinen Stück des Gehörgangs, ein Oberkiefer mit Backenzähnen sowie je ein Eck- und Schneidezahn entdeckt (Sawyer und Deak 2008, S. 23). Aus den Kiefern lässt sich ein Orang-Utan-ähnliches Aussehen mit vorspringendem Mund rekonstruieren (Sawyer und Deak 2008, S. 23). Der Gehörgang hat einen relativ geringen Durchmesser und unterscheidet sich dadurch von den entsprechenden Strukturen späterer *Australopithecus*-Arten und denen von *Homo*. Die Zähne sind nicht durch gegenseitige Berührung abgeschliffen; anders als bei späteren Australopithecinen oder beim Menschen trägt der erste untere Prämolare einen einzigen großen Höcker. Die gefundenen Zähne sind sehr unterschiedlich in der Größe, was entweder auf einen Geschlechtsdimorphismus, also morphologische Unterschiede zwischen Männchen und Weibchen (Abb. 7.6), hindeutet – oder darauf, dass die gefundenen Zähne zu verschiedenen Arten gehören (Sawyer und Deak 2008, S. 23).

Die gefundenen Backenzähne sind recht klein, haben aber einen dicken Zahnschmelz, was darauf hindeutet, dass sich *A. anamensis* vermutlich von Früchten, vielleicht aber auch von Samen, Blättern und Rinde ernährt hat (Sawyer und Deak 2008, S. 23).

Der rechte Winkel zwischen der Längsachse eines gefundenen Schienbeinendes und der Fußgelenkfläche spricht nach Auffassung mancher Paläoanthropolog:innen für einen aufrechten Gang; ein Unterarm und Fingerknochen sprechen dafür, dass sich *A. anamensis* beim Laufen mit den Armen abstützte (Sawyer und Deak 2008, S. 23 f.). Nach Rekonstruktionen der Paläobiotope (Galeriewälder und baumbestandene Seeufer) war *A. anamensis* wohl noch vorwiegend baumbewohnend; Merkmale der Handwurzelknochen weisen auch anatomisch auf extreme Greifkräfte hin (Henke und Rothe 2003, S. 30).

Die Knochen der Finger und die der Extremitäten wurden allerdings nicht zusammen mit den Schädelfragmenten und den Zähnen gefunden, zudem liegen 300.000 Jahre und eine Distanz von 800 km zwischen den einzelnen Fundorten, sodass eine Zughörigkeit der Funde zu verschiedenen Arten oder gar Gattungen gut möglich oder sogar wahrscheinlich ist. Möglicherweise gehören die Funde zu einem entwicklungsgeschichtlichen Bindeglied zwischen *Ardipithecus* und *Australopithecus* (Sawyer und Deak 2008, S. 28).

Australopithecus afarensis ist durch den Fund von „Lucy" weltberühmt geworden und durch relativ vollständige Funde gut beschrieben (Abb. 7.7). Es handelt sich hierbei um einen Homininen, der unzweifelhaft aufrecht ging: So werden dieser Art auch die Fußspuren von Laetoli zugeordnet. Das Alter der Fossilien liegt zwischen 4 und 3 Mio. Jahren (Wood und Lonergan 2008, S. 357).

Das Skelett ist durch zahlreiche gut erhaltene Funde (mit Gelenkflächen) gut bekannt. Das Becken ähnelt eher dem eines Menschen als dem eines Schimpansen; die relativ kurzen Finger und Zehen weisen nach Meinung einiger Forscher:innen darauf hin, dass sie das Klettern in Bäumen aufgegeben hatten, andere sehen Hinweise auf noch effiziente Baumkletterer: beispielsweise den trichterförmigen Brustkorb, die Biegung der Rippen und die Form der Schultergelenkgrube, die eine vorwiegend suspensorische Fortbewegungsweise, hangelnd im Geäst, nahelegen, wobei ihre unteren Extremitäten bereits Anpassungen an

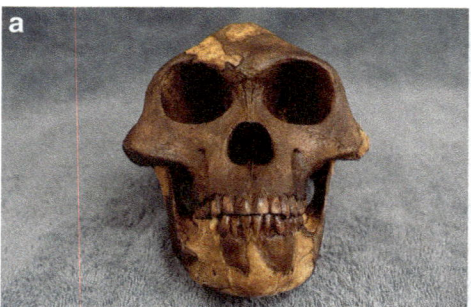 

Abb. 7.7 a, b *Australopithecus afarensis*, Schädelrekonstruktion der berühmt gewordenen „Lucy"

den zweibeinigen Gang aufweisen (Henke und Rothe 2003, S. 29 f.). Bei ausgestrecktem Oberschenkel wies die Kniescheibe jedenfalls zur Seite, nicht nach vorn – wenn „Lucy" aufrecht ging, hatte sie sicherlich einen anderen Gang als der Mensch. Insgesamt deuten die Befunde darauf hin, dass *A. afarensis* zum Fressen auf Bäume klettern konnte, sich aber lieber auf dem Erdboden fortbewegte (Sawyer und Deak 2008, S. 38).

Der Schädel besitzt ein sehr großes Gesicht mit breiten Wangenknochen und ein Gehirnvolumen von durchschnittlich 450 cm^3, der größte Schädel erreicht 550 cm^3. Die Nasenöffnung ist nur durch einen geringen Abstand vom Mund getrennt, der Oberkiefer ragt aus dem Gesicht heraus und bildet eine Orang-Utan-ähnliche Schnauze (Abb. 7.8). Die Schädelbasis weist genau nach unten (Sawyer und Deak 2008, S. 44).

Die im Vergleich zu *A. africanus* kleineren Backenzähne lassen auf eine nährstoffreichere Nahrung mit weniger Ballaststoffen schließen; die Merkmale der übrigen Zähe weisen auf einen Früchtefresser hin, der auch Blätter verzehrte (Sawyer und Deak 2008, S. 44). Die gefundene Begleitfauna in Hadar spricht für Mosaiklandschaften als Lebens-

Abb. 7.8 Rekonstruktion von *Australopithecus afarensis* („Lucy"), Neanderthal Museum, Mettmann. (© Neanderthal Museum)

raum, mit Grasflächen, Gehölzen und geschlossenen Busch- und Baumbeständen an Wasserläufen (Sawyer und Deak 2008, S. 42). In Laetoli war das Klima in Höhen von 2400 m nach den Befunden von Fauna und fossilen Pollen offenbar kühler und trockener, mit offenen Gehölzen, Büschen und Graslandschaften (Sawyer und Deak 2008, S. 43).

Ob sich hinter den Funden, die *A. afarensis* zugeordnet werden, nicht tatsächlich mehrere Arten verbergen, ist fraglich – immerhin liegen die Fundorte von Hadar in Äthiopien und Laetoli in Tansania Hunderte Kilometer voneinander entfernt. Heutige afrikanische Primatenarten haben nur selten ein so großes Verbreitungsgebiet. Auch decken bereits die Funde von Hadar einen Zeitraum von 500.000 Jahren ab (Sawyer und Deak 2008, S. 44). Da *A. afarensis* auch einige Merkmale mit Orang-Utans gemeinsam hat (Merkmale der Schneidezähne, des Gaumens oder der Gehirnblutgefäße), könnte er auch zu einer Linie mit den asiatischen Menschenaffen statt zu den afrikanischen Menschenaffen und Menschen gehören. Möglicherweise haben sich diese Merkmale aber auch unabhängig voneinander in gleicher Weise entwickelt (Sawyer und Deak 2008, S. 44). Ob *Australopithecus afarensis* zur Abstammungslinie des Menschen und damit zu unseren direkten Vorfahren zählt, ist daher strittig (Sawyer und Deak 2008, S. 46).

Geografische *Australopithecus*-Varianten

Australopithecus bahrelghazali lebte etwa zeitgleich mit „Lucy", dem *Australopithecus afarensis,* vor etwa 3,5–3,0 Mio. Jahren (Wood und Lonergan 2008, S. 358). Der Fundort von *A. bahrelghazali* am namensgebenden Bahr-el-ghazali („Gazellenfluss") im Tschad liegt allerdings rund 2500 km westlich des ostafrikanischen Rift Valley und sorgte daher für erste Zweifel an der „East Side Story", die die Entwicklung der Hominen jenseits des ostafrikanischen Grabenbruchs sieht. Zwar ist von „Abel", so der Spitzname, nur der vordere Teil des Unterkiefers erhalten (Facchini 2006, S. 77). Dieser lässt aber auf einen breiten, parabolen Zahnbogen und ein relativ gedrungenes Gesicht schließen (Facchini 2006, S. 77).

Kenyanthropus platyops lebte vor 3,5–3,3 Mio. Jahren und war ein sehr graziler Hominine, wie man an einem zwar verformten, aber fast komplett erhaltenen Schädel erkennen kann (Abb. 7.9), der ein Mosaik aus ursprünglichen und fortgeschrittenen Merkmalen aufweist (Facchini 2006, S. 76). Der Hirnschädel ist noch klein, die Prämolaren und Molaren ähneln denen des *Australopithecus afarensis,* aber der (namensgebende) flache untere Teil des Gesichts rückt ihn in die Nähe des Menschen. Ähnlichkeiten mit *Homo rudolfensis* lassen es möglich erscheinen, dass *Kenyanthropus* ein Vorfahre des 1 Mio. Jahre jüngeren *H. rudolfensis* war (Facchini 2006, S. 76).

Der Schädel und ein zerstückelter Oberkiefer sind allerdings auch die einzigen Funde, die sicher *Kenyanthropus* zugeordnet wurden (Sawyer und Deak 2008, S. 30), weitere Funde wie ein Unterkiefer mit Zähnen, ein Schädelfragment mit Gehörgang sowie einzelne Zähne und Kieferfragmente stammen aus der gleichen Fundstelle oder den gleichen Sedimenten, sind aber nicht eindeutig zuzuordnen.

Abb. 7.9 Schädelnachbildung von *Kenyanthropus platyops*

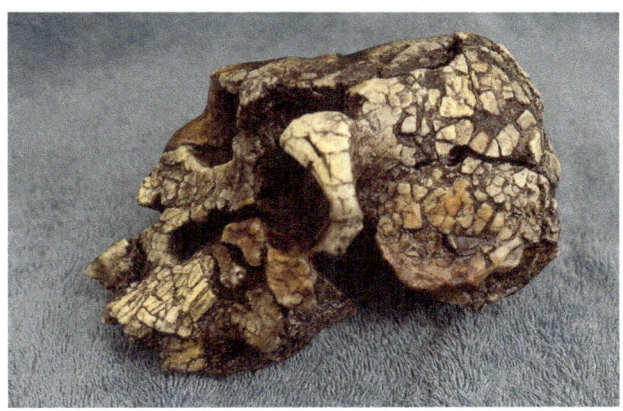

Die Wangenknochen des Schädels sind groß, flach und weit vorn angeordnet; unter der Nasenöffnung des Schädels befindet sich eine nahezu senkrecht stehende Knochenplatte mit geraden Schneidezahnwurzeln, die die Nasenöffnung von Mund und Gaumen trennt. Zusammen mit der Form der Wangenknochen verleiht das dem Gesicht ein flaches Aussehen (Sawyer und Deak 2008, S. 30).

Das Gehirnvolumen ist wegen des zerdrückten Schädels nicht mehr exakt messbar, betrug aber ungefähr 400 cm^3. Die oberen Prämolaren haben drei statt zwei Wurzeln, eine Gemeinsamkeit mit den robusten Australopithecinen der Gattung *Paranthropus,* aber auch mit einigen *Homo*-Arten.

Die Lage des Foramen magnum ist leider nicht feststellbar, da dem Fossil die Schädelbasis fehlt. Da auch keine Skelettknochen von *Kenyanthropus* bekannt sind, sind bisher keine Aussagen über dessen Fortbewegungsweise möglich (Sawyer und Deak 2008, S. 30). Zur Ernährung gibt es ebenfalls nur Spekulationen: Da die Funde aus einer damals tropischen, wasserreichen Gegend stammen, wären Früchte als Ganzjahresnahrung möglich, wozu auch die relativ kleinen Backenzähne passen würden (Sawyer und Deak 2008, S. 30).

Durch die flache Form des Gesichts unterscheidet sich *Kenyanthropus platyops* von allen *Australopithecus*-Arten und stellt daher auf jeden Fall eine eigene Art dar. Allerdings hat er Gemeinsamkeiten (wie den schmalen Gehörgang oder die kleinen Molaren) mit den als *Australopithecus anamensis* klassifizierten Funden, was diese beiden wiederum von *Australopithecus afarensis* und *Australopithecus africanus* unterscheidet. Warum also *A. anamensis* zur Gattung *Australopithecus* gehören soll, während *Kenyanthropus* in eine eigene Gattung eingeordnet wird, leuchtet nicht ganz ein. Vielleicht wäre sogar eine Einordnung in die Gattung *Homo* in Betracht zu ziehen – einige Merkmale von *K. platyops* legen jedenfalls die Vermutung nahe, dass er zur Abstammungslinie des Menschen gehört (Sawyer und Deak 2008, S. 30).

Australopithecus africanus wurde 1924 in Südafrika von Raymond Dart in einer Fossiliensammlung entdeckt, die ihm ein Steinbruchverwalter aus einem Steinbruch in der Nähe von Taung geschickt hatte. Typusexemplar der Art wie der ganzen Gattung *Australopithecus* ist dieser Fund, der als „Kind von Taung" berühmt wurde (Abb. 7.10). Das Fossil besteht aus dem fast vollständigen Gesichtsschädel eines Kindes mit Milchzähnen und ersten Molaren des Dauergebisses sowie einem versteinerten Ausguss des Gehirnschädels. Neben dem „Kind von Taung" werden Knochenfunde aus Sterkfontein und Makapangsgat der Art *A. africanus* zugeordnet.

Ob das „Kind von Taung" allerdings tatsächlich aus Taung stammt, ist inzwischen fraglich: In dem betreffenden Steinbruch wurde nie weitere Überreste von *A. africanus* gefunden, und die Sedimente dort sind mindestens 1 Mio. Jahre jünger als alle anderen Funde von *A. africanus*. Womöglich hatte ein Steinbrucharbeiter das Fossil aus einem anderen Steinbruch in der Nähe von Sterkfontein mitgenommen.

Mittlerweile sind andere Schädel und Skelettteile, auch von erwachsenen Individuen, bekannt (Abb. 7.11). An den gefundenen Schädeln und Zähnen von *Australopithecus afri-*

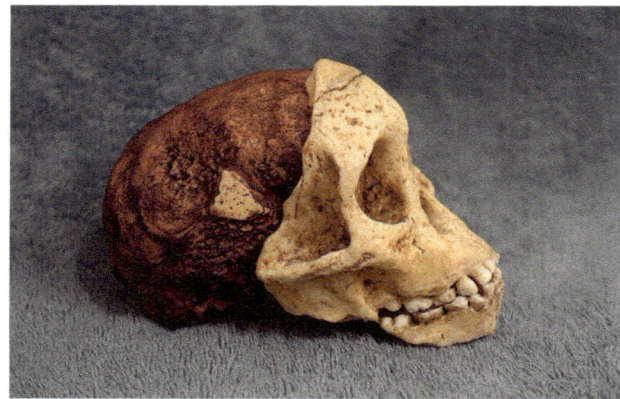

Abb. 7.10 Das „Kind von Taung"; Nachbildung eines fossilen Gesichtsschädels eines jungen *Australopithecus africanus* mit versteinertem Ausguss des Gehirnschädels

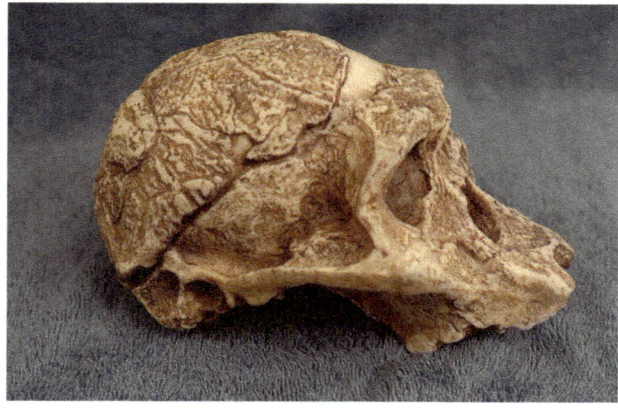

Abb. 7.11 Schädelnachbildung eines ausgewachsenen *Australopithecus africanus*

canus sind viele menschenähnliche Merkmale erkennbar: Das Gesicht ist relativ flach und senkrecht ausgerichtet, der Unterkiefer kurz. Das Foramen magnum ist weiter vorn und stärker nach unten ausgerichtet als bei Menschenaffen (Sawyer und Deak 2008, S. 61). Die Eckzähne wurden nicht geschärft, die Lücke zu den Nachbarzähnen (Diastema) fehlt, die ersten Molaren weisen mehrere Höcker auf. Allerdings sind die Zähne, verglichen mit der Körpergröße, relativ groß (Sawyer und Deak 2008, S. 61): Im Sommer verzehrte *A. africanus* vermutlich Kräuter, Früchte, Blüten und Pflanzenmark, ganzjährig Blätter, Knollen, Wurzeln, Rinde und Samen sowie Insekten und Honig, in Trockenzeiten auch Eier und Fleisch (Sawyer und Deak 2008, S. 61 f.).

Das Gehirn hatte ein mittleres Volumen von 400 cm^3, die Hände glichen denen des Menschen. Eine aufrechte Körperhaltung nahm *A. africanus* vermutlich nur beim Fressen ein. Es ist unwahrscheinlich, dass er die ganze Zeit aufrecht auf zwei Beinen stand: Die Körperproportionen und die Beweglichkeit der Gelenke lassen offenbar am ehesten auf einen Hominiden schließen, der sich am Erdboden auf vier Beinen fortbewegte und in Bäumen klettern, sich aber auch auf zwei Beine aufrichten konnte (Sawyer und Deak 2008, S. 62).

Die Klassifikation der verschiedenen Funde von *Australopithecus africanus* ist nicht abschließend geklärt, ebenso wenig wie die Einordnung in den menschlichen Stammbaum – möglicherweise war *A. africanus* die Stammform der robusten Australopithecinen (Gattung *Paranthropus*) und des *Homo habilis* (Schrenk 2008, S. 121). Die Funde von Sterkfontein könnten allerdings zu mindestens zwei verschiedenen Arten gehören, die sich in der Gaumenlänge, der Anordnung der Zahnreihen und der Länge der Schädelbasis unterscheiden (Sawyer und Deak 2008, S. 68 f.), eine Zuordnung zu einer weiteren Art, *Australopithecus transvaalensis,* wird diskutiert. Funde aus Makapangsgat hatte Dart zunächst als *Australopithecus prometheus* beschrieben (da er aufgrund geschwärzter Knochen in der Fundhöhle fälschlicherweise annahm, dieser Vormensch hätte bereits das Feuer beherrscht), später wurden die Fossilien *A. africanus* zugeordnet.

Nach unsicheren Datierungen sind die Gesteinsschichten, in denen *A.-africanus*-Fossilien gefunden wurden, zwischen 2,5 und 3, vielleicht aber auch 4 Mio. Jahre alt. Die Höhlensedimente von Taung wurden auf ein Alter von 1 Mio. Jahre datiert, was es äußerst unwahrscheinlich macht, dass der Fund tatsächlich von dort stammt: Dass *Australopithecus africanus* vor mehr als 2 Mio. Jahren im Gebiet von Sterkfontein und Makapangsgat verschwand, um 1 Mio. Jahre später unverändert in Taung wieder aufzutauchen, ist kaum vorstellbar (Sawyer und Deak 2008, S. 63 f.).

Als „Little Foot" erlebte *Australopithecus prometheus* übrigens noch einmal eine Auferstehung: Vier 3,5 Mio. Jahre alte Fußknochen aus Sterkfontein – mit ausgesprochen menschenähnlichen Merkmalen an der Ferse und affenähnlichem Vorderfuß – sorgten für Erstaunen, vor allem durch die opponierbare Großzehe (Clarke und Tobias 1995): Offensichtlich konnte dieser *Australopithecus* aufrecht gehen, er war aber sicher ebenso in der Lage, auf Bäume zu klettern. Der Fuß unterscheidet sich kaum von dem eines heutigen Schimpansen. Mit dieser Fußform kommt „Little Foot" auch für die bekannten Fußabdrücke eines *Australopithecus* aus Laetoli infrage (Clarke und Tobias 1995). Eine sichere Datierung des Fundes war bisher nicht möglich, da es im Bereich der Fundstätte keine vulkanischen Ablagerungen gibt. Verschiedenste Methoden ergaben ein Alter zwischen 2 und 4 Mio. Jahren. Ob *A. prometheus* letztendlich tatsächlich eine eigene Art ist oder „Little Foot" nicht doch *A. africanus* zuzurechnen ist, ist in der Fachwelt weiterhin umstritten.

Australopithecus garhi Die Art *Australopithecus garhi* ist bisher sicher nur durch einen Ober- und einen Unterkiefer, jeweils mit Zähnen, zwei zahnlose Unterkieferfragmente und einige Schädelbruchstücke bekannt (Abb. 7.12). Die Rekonstruktion des Gehirnschädels aus den vorhandenen Fragmenten ergab ein geschätztes Gehirnvolumen von 450 cm^3 (Sawyer und Deak 2008, S. 55). Weitere Bruchstücke von einigen Ober- und Unterarmknochen sowie ein Teilskelett mit Zehenknochen, Schienbeinfragment und einem Oberschenkelknochen werden ebenfalls *A. garhi* zugerechnet, waren aber nicht mit den sicher bestimmten Zahn- und Schädelfunden assoziiert. Alle Funde stammen aus Zentraläthiopien (Sawyer und Deak 2008, S. 55).

Die Altersbestimmung vulkanischer Ascheschichten in den Fundsedimenten ergab ein Alter von 2,5 Mio. Jahren – das macht den Fund besonders spannend, da in diesem Zeitraum die Entstehung der Gattung *Homo* vermutet wird (Asfaw et al. 1999).

Trotz der unvollständigen und unzusammenhängenden Funde wurden die Proportionen von Armen und Beinen von *A. garhi* als menschenähnlicher als diejenigen von *A. afaren-*

Abb. 7.12 Schädelrekonstruktion von *Australopithecus garhi*. (Von Ji-Elle, Musée national d'Ethiopie, CC BY-SA 3.0)

sis interpretiert. Der kurze Zehenknochen könnte ein Indiz sein, dass sich dieses Individuum am Boden aufgehalten hat – wenn der Zeh überhaupt *A. garhi* zuzurechnen ist (Sawyer und Deak 2008, S. 55). Falls alle Spekulationen zutreffen, könnte *Australopithecus garhi* durchaus dem Ursprung der Gattung *Homo* nahestehen (Schrenk 2008, S. 50).

In den Fundsedimenten von *A. garhi* wurden zudem Antilopenknochen mit vielleicht von Steinwerkzeugen stammenden Schnittspuren sowie zertrümmerte Markknochen gefunden, wobei eine direkte Beziehung zwischen Werkzeugen und fossilen Überresten bisher nicht bewiesen ist. Sollte diese Beziehung geklärt werden können, stellt sich die Frage, ob wir entweder bereits den Australopithecinen eine Werkzeugkultur zuerkennen müssen oder die Funde nach der bisherigen Logik, nach der die Menschwerdung mit der Werkzeugherstellung zusammenfällt, nicht doch der Gattung *Homo* zuzuordnen wären (de Heinzelin et al. 1999). So oder so wäre der Fund von *Australopithecus garhi,* zusammen mit Werkzeuggebrauch und geöffneten Markknochen, der älteste Beweis in der menschlichen Abstammungslinie, dass unsere Vorfahren anfingen, Aas zu verwerten, als sie zu Menschen wurden (Sawyer und Deak 2008, S. 58).

Australopithecus sediba Im Jahr 2008 entdeckte der neunjährige Sohn des südafrikanischen Paläoanthropologen Lee Berger ein Schlüsselbein. Später wurde ein dazu passendes Teilskelett gefunden und 2010 als neue Art *Australopithecus sediba* beschrieben (Berger et al. 2010). Der Fund füllt mit einem Alter von 2 Mio. Jahren eine Lücke im Übergang von *Australopithecus* zu *Homo* – und weist ein passendes Mosaik von modernen und archaischen Merkmalen auf (Abb. 7.13). Dem Schädel fehlt die ausgedehnte Schnauze des ähnlich alten *A. garhi,* und *A. sediba* wird deshalb wohl zu Recht als eigene Art betrachtet. Das Gehirnvolumen wurde mit 420 cm^3 berechnet. An einem virtuellen Computerausguss des Gehirnschädels lassen sich offenbar Veränderungen gegenüber dem durchschnittlichen Australopithecinen-Gehirn erkennen, die auf eine beginnende Differenzierung der Frontallappen des Hirns hinweisen könnten (Carlson et al. 2011), womöglich ist hier die Neuorganisation des Gehirns auf dem Weg von *Australopithecus* zu *Homo* zu beobachten.

Abb. 7.13 Rekonstruktion von *Australopithecus sediba*, Neanderthal Museum, Mettmann. (© Neanderthal Museum)

Anatomische Merkmale des Beckens und der Hüftgelenke lassen auf eine Verbesserung des zweibeinigen Ganges, verglichen mit anderen Australopithecinen, schließen. Aufgrund des kleinen Gehirns und der geringen Körpergröße von geschätzten 130 cm wurde der Fund aber dennoch als neue *Australopithecus*- und nicht als neue *Homo*-Art eingeordnet (Berger et al. 2010). Momentan ist die Stellung der neuen Art im Wirrwarr des menschlichen Stammbusches noch nicht geklärt, aber sowohl der Entdecker Berger wie auch der amerikanische Anatom und Paläoanthropologe Bernard Wood sehen *Australopithecus sediba* mit diesem Mix aus Mosaikmerkmalen als direkten Vorläufer der Gattung *Homo* an (Wood 2015, S. 33).

Die Entwicklung der Homininen war also offensichtlich nicht so linear und eindeutig, wie manche Forscher:innen nach den ersten Funden in Ostafrika dachten, auch wenn die „East Side Story" eine runde, plausible Geschichte abgab. „Für Vereinfachungen ist da kein Platz", wie der italienische Anthropologe Fiorenzo Facchini betont (Facchini 2006, S. 77). Offensichtlich ist nicht auszuschließen, dass *Australopithecus* von Ostafrika aus recht bald westliche Gebiete erreichte, wie man auch für südafrikanische Formen annimmt, dass sie schnell in neue Lebensräume vordrangen und dabei jeweils günstige klimatische Bedingungen nutzten. Die Verbindung der einzelnen Funde untereinander ist umstritten. Eine mögliche Entwicklungsfolge ginge über *Orrorin*, *Ardipithecus ramidus* und *Australopithecus anamensis* zu *A. afarensis*, aus dem sich schließlich *A. africanus* entwickelte (Facchini 2006, S. 77) und, wenn sich die Funde tatsächlich als eigene Art herausstellen sollten, *A. garhi* am Ursprung des Menschen (Asfaw et al. 1999). Aber

> „selbst wenn die Australopithecinen am Anfang des Menschen stehen, haben sie nichtsdestoweniger während mehrerer Millionen Jahre die ihnen zugedachte Weiterentwicklung als Australopithecinen fortgesetzt, nachdem der Mensch, die Gattung *Homo*, plötzlich zum Vorschein gekommen war. Die Menschen stammen also sehr wahrscheinlich von einigen Australopithecinen ab, vielleicht von denen, die vor 5 oder 6 Mio. Jahren lebten (unsere Vorfahren), existierten aber gleichwohl auch mit anderen Australopithecinen zusammen, zweifellos denen von 4 bis 1 Million Jahre (unsere Verwandten)" (Coppens 1987, S. 80).

Robuste Australopithecinen

In der Gattung *Paranthropus* werden bisher drei Arten von „robusten" Australopithecinen zusammengefasst. Die Bezeichnung „Paranthropus" (abgeleitet von griech. πάρα, *para*: bei, neben, abweichend, und ἄνθρωπος, *anthropos*: der Mensch) bedeutet so viel wie „Nebenmensch", also im Stammbaum neben dem Menschen angeordnet.

Gemeinsames Merkmal der drei bisher beschriebenen Arten sind große Backenzähne, massive Unterkiefer und Anzeichen von gewaltigen Kaumuskeln wie große Jochbeinbögen und Stirnkämme. Die verwandtschaftliche Stellung von *Paranthropus*, der einzelnen *Paranthropus*-Arten untereinander sowie ihr Verhältnis zur Gattung *Australopithecus* oder zu einzelnen *Australopithecus*-Arten ist umstritten. Der erste Fund von *Paranthropus aethiopicus* wurde 1968 zunächst als *Paraustralopithecus aethiopicus* („aus Äthiopien stammend und von Australopithecus abweichend") ausgewiesen (Arambourg und Coppens 1968). Ebenso ungeklärt ist die Stellung der Paranthropinen zur Gattung

Homo. Vermutlich stellen die *Paranthropus*-Vertreter eine evolutionäre Seitenlinie zu *Homo* dar und waren aufgrund ihrer engen Spezialisierung auf pflanzliche Nahrung weniger erfolgreich als die sich parallel entwickelnden, flexibleren Vertretern von *Homo*.

Paranthropus aethiopicus Das am besten erhaltene Fossil von *Paranthropus aethiopicus* ist der sogenannte „Black Skull" („schwarzer Schädel", Abb. 7.14 und 7.15). Der 1985 westlich des Turkana-Sees in Kenia gefundene, 2,5 Mio. Jahre alte Schädel, der durch Manganoxide auffallend schwarz gefärbt ist, wurde von Alan Walker und Kollegen zunächst als neue Australopithecinen-Art, *Australopithecus boisei,* beschrieben (Walker et al. 1986). Das Typusexemplar für *P. aethiopicus* bildet allerdings das bereits 1967 in Äthiopien entdeckte, zunächst als *Paraustralopithecus aethiopicus* klassifizierte Unterkieferfragment ohne Zahnkronen; es fand sich in 2,5–2,3 Mio. Jahre alten (Wood und Lonergan 2008, S. 359) Sedimenten prähistorischer Flüsse im Gebiet des heutigen Omo-Flusses, einem nördlichen Zufluss des Turkana-Sees. Obwohl Schädel und Unterkiefer keine Merkmale besitzen, an denen sich eine Zusammengehörigkeit ableiten ließe (so stehen die Backenzahnreihen des "schwarzen Schädels" parallel, während die Zahnreihen

Abb. 7.14 a, b „Black Skull"-Rekonstruktion, dunkel verfärbter fossiler Schädel von *Paranthropus aethiopicus*

Abb. 7.15 Schädelunterseite von *Paranthropus aethiopicus*: Gaumen mit Zahnreihen

des Holotypus-Unterkiefers nach vorn zusammenlaufen; Sawyer und Deak 2008, S. 51), wurden sie später aufgrund der geografischen Nähe, des vergleichbaren erdgeschichtlichen Alters der Fundschichten und der ähnlichen Körpergröße als gemeinsame Überreste der neuen Art *P. aethiopicus* klassifiziert, wobei man davon ausging, dass in jeder Region zu jedem gegebenen Zeitpunkt nur eine Homininenart mit einer bestimmten Körpergröße beheimatet war. „Wenn man aber bedenkt, dass Gorillamännchen zwei- bis dreimal so groß sein können wie ihre Weibchen, dass sich die Körpergrößen von Gorillas, Schimpansen und Menschen überschneiden und dass alle drei Arten außerdem in den Wäldern westlich des Rift-Tals knapp 800 km vom Turkana-See entfernt nebeneinander existieren, wirkt eine Klassifizierung, die sich auf solche Kriterien stützt, sehr fragwürdig" (Sawyer und Deak 2008, S. 51).

Skelettknochen, die man sicher *Paranthropus aethiopicus* zuordnen könnte, sind bisher nicht bekannt. Einige nicht identifizierte Fossilien passender Größe und passenden Alters könnten aber von *P. aethiopicus* stammen. Von diesen Ober- und Unterarm- sowie Fersenknochen, von denen zumindest manche vielleicht zu *P. aethiopicus* gehören, kann man ableiten, dass der betreffende Hominine sich gleichermaßen auf dem Boden wie kletternd in den Bäumen, aber noch nicht nach Menschenart gewohnheitsmäßig auf zwei Beinen bewegte (Sawyer und Deak 2008, S. 49). Die aufgefundene Begleitfauna lässt vermuten, dass *P. aethiopicus* nicht im Wald, sondern in überschwemmten Graslandschaften lebte, wie auch aus den Bach- und Seesedimenten der Fundstellen geschlossen werden kann. Die Ernährung bestand vermutlich aus nährstoffarmen, ballaststoffreichen Grünpflanzen, wie die mächtigen Backenzähne zeigen. Auch Wurzeln und Knollen ließen sich in dem feuchten Lebensraum sicher leicht als Nahrung aus dem Boden graben (Sawyer und Deak 2008, S. 48).

In 2,4 Mio. Jahre alten Fundsedimenten vom *Paranthropus aethiopicus* wurden Steinwerkzeuge entdeckt, an einer Werkzeugfundstätte auch Steinkerne mit Anzeichen für wiederholte Abschläge, aus denen offensichtlich planmäßig mehrere Abschlagwerkzeuge hergestellt wurden. Eine Verbindung zwischen diesen Werkzeugen und *P. aethiopicus* ist nicht gesichert, allerdings konnten sie bisher auch keiner anderen Homininenart zugeordnet werden. Falls tatsächlich *P. aethiopicus* diese Werkzeuge hergestellt und verwendet hätte, dann allerdings nur in der letzten Phase seiner Existenz – die jüngsten Funde, die *P. aethiopicus* bisher zugeschrieben werden, sind 2,3 Mio. Jahre alt (Sawyer und Deak 2008, S. 50).

Paranthropus boisei besaß einen großen Schädel mit langem, nahezu senkrechtem Gesicht und einem mächtigen Unterkiefer, der aber ohne ausgeprägte Schnauze unter dem Gesicht angeordnet war (Abb. 7.16 und 7.17). Das Gehirnvolumen war mit 475–545 cm^3 groß, verglichen mit dem der Australopithecinen (Sawyer und Deak 2008, S. 93). Wie *Paranthropus aethiopicus* besaß auch *P. boisei* eine Knochenleiste auf dem Schädeldach als Ansatz für die großen Kaumuskeln und große, flache Backenzähne, was auf eine ähnliche Ernährung mit rauen Nahrungsmitteln schließen lässt; die volkstümliche Bezeichnung als „Nussknackermensch" ist aber wohl nicht zutreffend. An Säugetierknochen ge-

Abb. 7.16 a, b Nachbildungen von Schädel und Unterkiefer von *Paranthropus boisei*

Abb. 7.17 Nachbildung des mächtigen Unterkiefers von *Paranthropus boisei*

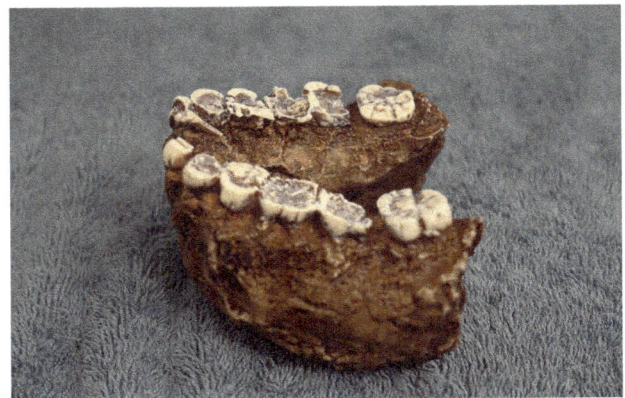

fundene Schnittspuren und Steinwerkzeuge könnten auf Fleischverzehr hindeuten, allerdings ist der Zusammenhang zwischen Werkzeugen, Schnittspuren und *P. boisei* bisher nicht geklärt (Sawyer und Deak 2008, S. 93): Da in den Fundstellen meist auch *Homo*-Überreste auftraten, wurden die Werkzeugs stets *Homo* zugeordnet (Sawyer und Deak 2008, S. 96) – schließlich galten Herstellung und Gebrauch von Werkzeug lange als menschliches Privileg.

Der erste Schädel mit einem bezahnten Unterkiefer wurde 1959 von Mary Leakey gefunden und von ihrem Mann Louis Leakey zunächst als *Zinjanthropus boisei* beschrieben (Leakey 1959). Später wurde die Art *boisei* der Gattung *Paranthropus* zugeordnet (Schrenk 2008, S. 60). Neben einigen recht vollständigen Schädelfunden kennt man von *Paranthropus boisei* nur wenige Skelettreste – oftmals finden sich Überreste von *Homo habilis* zusammen mit den Funden und könnten durchaus verwechselt werden. Ein vollständiges Fußgelenk und ein Daumenknochen, die *P. boisei* zugerechnet werden, wirken jedenfalls sehr menschenähnlich, das Fußgelenk wurde sogar zunächst der Gattung *Homo* zugeordnet, bevor die Auffindung zusammen mit *P. boisei* klar war, worauf es diesem zugeordnet wurde. Viele Skelettreste, die heute noch als *Homo habilis* klassifiziert sind, könnten also tatsächlich zu *Paranthropus boisei* gehören (Sawyer und Deak 2008, S. 93 f.).

Die verschiedenen Funde aus Fundstellen in Äthiopien, Kenia und Tansania haben ein Alter von 2,3–1,4 Mio. Jahren (Wood und Lonergan 2008, S. 360).

Paranthropus robustus Auch der Schädel und die Zähne von *Paranthropus robustus* sind, verglichen mit der Körpergröße, relativ groß (Abb. 7.18). Die Zähne haben Eigenschaften, die mit denen des Menschen, nicht aber mit denen von Menschenaffen übereinstimmen: Die Eckzähne haben keine abgeschliffenen Kanten, auch fehlen untere Prämolaren zum Nachschleifen und die typischen Zahnlücken (Diastema, „Affenlücke"), die für alle Affen, auch Menschenaffen, typisch sind (Thenius 1980, S. 117). Abgesehen vom Schädel weiß man nicht viel über *P. robustus,* Langknochen zur Abschätzung von Körpergröße oder -proportionen wurden bisher nicht gefunden. Die bekannten Skelettreste wie Hand- und Fußgelenke, Sprungbein, Mittelhand- und Mittelfußknochen sind aber erstaunlich menschenähnlich, sodass die Trennung der Gattungen von *Paranthropus* und *Homo* nicht unbedingt zwingend erscheint (Sawyer und Deak 2008, S. 71 f.). Auch die relative Größe des Daumens gleicht der von Menschen – dabei soll unsere „Werkzeughand" doch eines der Schlüsselmerkmale der Menschen sein.

Zwei beschädigte Beckenknochen weisen ebenfalls eine verblüffend menschliche Morphologie auf, an den Gelenkflächen ist aber zu erkennen, dass *P. robustus* wahrscheinlich nicht ständig aufrecht ging; seine kurzen Finger und Zehen weisen allerdings darauf hin, dass er wohl vorwiegend am Boden lebte (Sawyer und Deak 2008, S. 72).

Paranthropus robustus ist aus mehreren Höhlenfundstätten in Südafrika bekannt, wobei in den meisten Fundsedimenten auch Überreste von *Homo* vorkommen. Da sich die Fossilien stark ähneln, ist die genaue Zuordnung schwierig und die tatsächliche Verbreitung von *P. robustus* daher unklar, vielleicht sind weitere Funde dieser Art zuzuordnen. Das Alter der Fundstätten wurde auf ungefähr 2,0–1,5 Mio. Jahre datiert (Wood und Lonergan 2008, S. 360).

Die Stellung der Paranthropinen ist aufgrund der wenigen Funde und der Durchmischung mit *Homo*-Überresten unklar. Der französische Paläoanthropologe Yves Coppens,

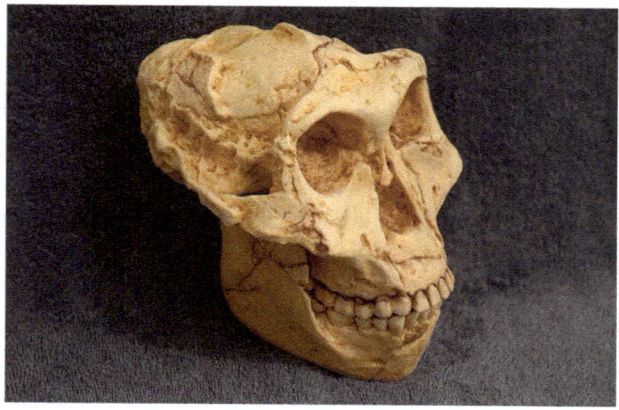

Abb. 7.18 Schädelnachbildung von *Paranthropus robustus*

Mitentdecker der berühmten „Lucy", sieht in der Entwicklung der „robusten Australopithecinen" eine „doppelte Antwort" der Evolution auf die zunehmende Trockenheit vor 2,5 Mio. Jahren – einerseits die robusten Vertreter mit „furchterregendem Körperbau (1,50 m hoch, 40–50 kg schwer) und einem Gebiss wie ein Nussknacker", andererseits *Homo rudolfensis* und *Homo habilis* „mit furchterregenden Geisteskräften … und einem Allesfresser-Gebiss" (Coppens 2002, S. 35). Und offenbar wurde diese Antwort zweimal unabhängig voneinander gegeben: Coppens vermutet „eine recht kurze Linie" von *Australopithecus afarensis* über *A. africanus* zu *Paranthropus robustus* in Südafrika, in Ostafrika dagegen eine Entwicklung des *Australopithecus afarensis* zu *Paranthropus* – und sieht *Australopithecus anamensis* als den möglichen Vorfahren von *Homo* (Coppens 2002, S. 36). Angesichts der spärlichen, geografisch wie entwicklungsgeschichtlich weit in Raum und Zeit verteilten Funde ist die Herstellung irgendwelcher Verwandtschaftsbeziehungen der Fossilfunde untereinander bisher aber natürlich reichlich spekulativ.

Zieht man in Betracht, dass alle *Paranthropus*-Arten in Sedimenten gefunden wurden, die stets auch Werkzeuge enthielten, so ist es nicht unwahrscheinlich, dass die Paranthropinen bereits eine Werkzeugtradition besaßen. In zwei Fundstätten wurden zudem Anzeichen für die Nutzung von Feuer gefunden (Sawyer und Deak 2008, S. 96) – womöglich stand uns *Paranthropus* näher, als wir bisher meinen. Heute, wo wir die einzige Menschenart auf der Erde sind, können wir uns offenbar kaum vorstellen, dass dies einmal anders gewesen sein soll und mehrere Homininenarten gleichzeitig unseren Planeten bevölkerten … „In einem sehr tiefgreifenden Sinn sind wir allein in der Welt" – und meinen, es müsse für eine besondere Spezies wie die unsere der Normalfall sein (Tattersall 2008, S. 141).

Urmenschen – die ersten Vertreter der Gattung *Homo*

Homo rudolfensis Das meiste, was wir über *Homo rudolfensis* wissen, verdanken wir einem Schädel ohne Unterkiefer (dem 1972 entdeckten Typusexemplar) und einem Unterkieferknochen (Abb. 7.19); beide wurden zusammen östlich des namensgebenden Rudolf-Sees, heute Turkana-See, in Kenia gefunden.

Abb. 7.19 Schädelrekonstruktion von *Homo rudolfensis*, dem ältesten bekannten Vertreter der Gattung *Homo*

Der Gehirnschädel ist mit rund 750 cm³ relativ groß. Schädelrückseite und Schädelbasis sowie die erhaltenen Prämolaren ähneln denen von *Paranthropus*. An Skelettknochen sicher *Homo rudolfensis* zuzuschreiben sind ein Becken, einige Beinknochen und ein Unterarmknochen. Das Becken hat Ähnlichkeiten mit dem von Jetztmenschen und unterscheidet sich von dem des *Australopithecus*. Die Knochen der unteren Extremitäten sind stärker als bei heutigen Menschen und lassen darauf schließen, dass das Gewicht (ca. 45–47 kg bei einer geschätzten Größe von 145–149 cm) von *H. rudolfensis* auf den Beinen ruhte. Die sicher *Homo rudolfensis* zuzuordnenden Knochen vom Turkana-See wurden auf ein Alter von rund 1,9 Mio. Jahren datiert (Sawyer und Deak 2008, S. 79 f.).

Es gab also in den 1980er-Jahren zwei große Lücken: Die eine war die Lücke von mehreren Tausend Kilometern zwischen den süd- und den ostafrikanischen Funden, die andere die zeitliche Lücke zwischen den knapp 2 Mio. Jahre alten *Homo*-Funden und den rund 1 Mio. Jahre älteren Australopithecinen. Der Frankfurter Paläoanthropologe Friedemann Schrenk suchte und fand im Jahr 1991 schließlich in Malawi, quasi auf halber Strecke zwischen Süd- und Ostafrika, einen 2,4 Mio. Jahre alten Unterkiefer, der zu den *Homo*-Funden vom Turkana-See passte – damit ist *Homo rudolfensis* der älteste bekannte Vertreter der Gattung *Homo* (Schrenk 2008, S. 66). Die Ähnlichkeiten der Schädel von *H. rudolfensis* und *Paranthropus* weisen darauf hin, dass sich diese Funde nah an der gemeinsamen Wurzel der Gattung *Homo* befinden (Sawyer und Deak 2008, S. 83), wofür auch das Alter von 2,4–1,6 Mio. Jahre spricht (Woods und Lonergan 2008, S. 361).

Die Begleitfauna der Fundstätten lässt auf überschwemmte Graslandschaften mit Gehölzen und Seeufer mit Unterholz schließen. Werkzeuge wurden in Zusammenhang mit *Homo rudolfensis* bisher nicht gefunden. Zwar gibt es Schlagsteine und Abschläge in geringfügig jüngeren Sedimenten oberhalb der Fundstellen, eine Beziehung zu *H. rudolfensis* ist jedoch nicht belegt (Sawyer und Deak 2008, S. 81). Für die Ernährung von *Homo rudolfensis* gibt es bisher leider kaum Anhaltspunkte (Sawyer und Deak 2008, S. 79).

Homo habilis Die erste Beschreibung von *Homo-habilis*-Funden aus der Olduvai-Schlucht östlich des Viktoria-Sees in Tansania wurde im Jahr 1964 mit Skepsis aufgenommen: Zu groß war der Unterschied zu den bereits bekannten Funden des erst später auftretenden *Homo erectus*, zu deutlich die Ähnlichkeiten mit den älteren Australopithecinen, als dass eine Einordnung in die Gattung *Homo* gerechtfertigt erschien (Abb. 7.20). Zudem waren Funde von „Urmenschen" in Form des *Homo erectus* bisher nur aus Asien bekannt, aus Afrika nur Funde von *Australopithecus*, sodass man die „Wiege der Menschheit" zu dieser Zeit eher in Asien vermutete.

Aber auch heute noch geht die Diskussion um *Homo habilis* weiter, wie aktuelle Ergebnisse der Leipziger Max-Planck-Anthropologen um Fred Spoor zeigen: Mit einer Computerrekonstruktion des Typusexemplars von 1964 konnten sie nachweisen, dass der (rekonstruierte) Unterkiefer eine eher primitive Form mit langen, engen Zahnreihen auf-

Der menschliche Stammbaum aus heutiger Sicht

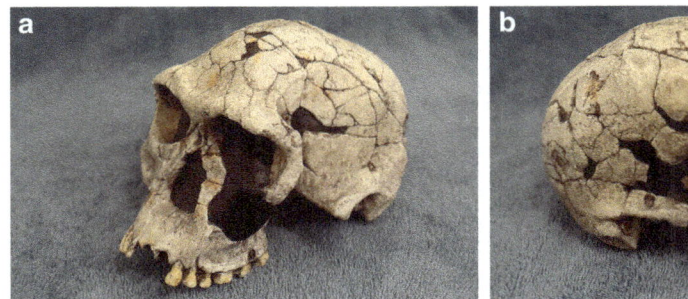

Abb. 7.20 a, b Schädelrekonstruktion von *Homo habilis*, der ersten in Afrika gefundenen *Homo*-Art

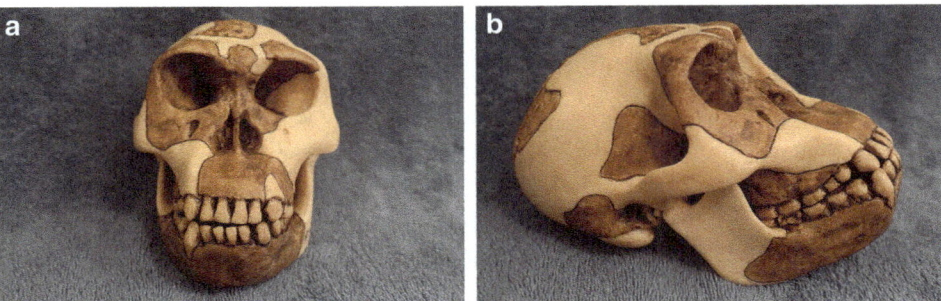

Abb. 7.21 a, b Rekonstruierter Schädel von *Homo habilis*

weist (Abb. 7.21a), wie sie von der viel älteren Art *Australopithecus afarensis* („Lucy") bekannt sind; der rekonstruierte Gehirnschädel (Abb. 7.21b) zeigt dagegen überraschenderweise ein Gehirnvolumen, das offenbar viel größer war als bisher angenommen und damit eher dem Gehirnvolumen des *Homo erectus* ähnelt (Jacob und Gunz 2015).

Nachdem in Ostafrika fast 200 Fragmente von rund 40 Individuen als *H. habilis* eingeordnet worden waren (inzwischen auch Funde von den Ufern des Turkana-Sees in Äthiopien und Kenia), diese aber eine recht große Variabilität aufwiesen, wurden die Funde schließlich als zwei frühen *Homo*-Arten zugehörig klassifiziert: *H. habilis* und *H. rudolfensis* (Schrenk 2008, S. 68 ff.).

Homo habilis unterscheidet sich dennoch in einigen Merkmalen von *Australopithecus*: Das Gesicht ist leichter gebaut, die Augen stehen weiter auseinander, darüber wölbt sich ein Augenbrauenwulst (allerdings nicht so stark wie bei *H. erectus*). Der Gehirnschädel verengt sich hinter den Augenhöhlen nicht so stark wie bei *Australopithecus* oder *Paranthropus*, sodass sich ein Gehirnvolumen von 590–690 cm^3 ergibt (Sawyer und Deak 2008, S. 85). Die Molaren und Prämolaren sind kleiner als bei den Australopithecinen, vermutlich nahm *H. habilis* also leichter kaubare oder nährstoffreichere Nahrung zu sich. Die in den Sedimenten bei *Homo habilis* gefundenen Werkzeuge (einfache Hammersteine und Abschläge) sowie Knochen mit Schnittspuren lassen vermuten, dass es sich bei dieser gehaltvolleren Nahrung um Fleisch gehandelt haben könnte (Sawyer und Deak 2008, S. 85). Nachdem mit den Funden vermeintlich endlich der „erste Werkzeugmacher" und damit der erste „echte" Mensch entdeckt worden war, verlieh man ihm den Artnamen *Homo habilis* – der geschickte, begabte Mensch.

Über das Körperskelett von *Homo habilis* herrscht weitgehend Unklarheit, da in den Fundsedimenten neben *H. habilis* stets auch *Paranthropus boisei* vorkam und unklar ist, welche Knochen zu welcher Spezies gehören; manche Fossilien besitzen eine eher schimpansen-, andere eine menschenähnliche Anatomie. Entweder gehören die menschenartigen Überreste zu *Homo habilis*, die schimpansenartigen zu *Paranthropus* – oder beide Arten wiesen ein Mosaik aus schimpansen- wie auch menschenartigen Merkmalen auf (Sawyer und Deak 2008, S. 85). Eine durch gleichzeitige Schädelknochen- und Zahnfunde eindeutig *H. habilis* zuzuordnende Hand ist wie beim Menschen breit und hat einen großen Daumen. Allerdings ist dieser Daumen ähnlich orientiert wie bei den Menschenaffen, nicht wie bei heutigen Menschen. Die Finger sind, wie bei Schimpansen, lang und gekrümmt (Sawyer und Deak 2008, S. 85).

Der Fuß dagegen ähnelt stark dem eines Menschen. Zwar hat der Fuß noch kein ausgeprägtes Fußgewölbe, aber die meisten Gelenke sind nur eingeschränkt beweglich und der große Zeh steht parallel zu den anderen Zehen – der Fuß hat die Fähigkeit zum Greifen verloren und bietet dafür einen zwar plattfüßigen, aber stabilen Stand auf dem Boden. Das Fußgelenk war allerdings so orientiert, dass die Füße bei nach vorn weisenden Knien stark einwärts gedreht gewesen wären. Wenn *Homo habilis* bereits gewohnheitsmäßig aufrecht ging, hatte er jedenfalls einen ganz anderen Gang als moderne Menschen (Sawyer und Deak 2008, S. 85).

Die ostafrikanischen Funde von *Homo habilis* sind zwischen 1,8 und 1,5 (Sawyer und Deak 2008, S. 87) bzw. 1,4 Mio. (Spoor et al. 2007) Jahre alt; südafrikanische Funde, die ebenfalls *H. habilis* zugeordnet werden, sind bis zu 2,4 Mio. Jahre alt (Wood und Lonergan 2008, S. 360). Die in der Nähe gefundenen fossilen Tierreste lassen, je nach Art, teils auf überschwemmte Graslandschaften an Seeufern, teils auf grasbewachsene Savannen mit lockeren Gehölzen schließen (Sawyer und Deak 2008, S. 87).

Der deutsche Paläoanthropologe Friedemann Schrenk konstruierte aus diesen Puzzleteilen ein mögliches „klimageografisches Szenario" der Menschwerdung, das nicht nur die Anatomie der Funde, sondern auch die geografischen Lebensräume und deren ökologische Entwicklung einbezieht. Neue Homininenarten sollen danach stets im tropischen Bereich des Äquators entstanden sein – die mosaikartige Struktur der dortigen kleinteiligen Lebensräume biete größere Chancen für die Vereinzelung kleiner Populationen und damit die Artbildung als die weiträumigen Lebensräume der gemäßigten Zonen (Schrenk 2008, S. 71).

Nach dieser Hypothese sollen in Ostafrika vor 2,5 Mio. Jahren aus dem *Australopithecus afarensis* die robusten Australopithecinen *Paranthropus boisei* und *P. aethiopicus* hervorgegangen sein, als aufgrund einer globalen Abkühlungsphase nur noch zunehmend härtere Pflanzennahrung zur Verfügung stand. Gleichzeitig und ebenfalls im östlichen Afrika könnten mit *Homo rudolfensis* – als evolutive Reaktion auf die gleiche ernährungstechnische Herausforderung – die Werkzeugkultur und die Gattung *Homo* entstanden sein. Aus der anfänglichen Verwendung von Steinen zur Bearbeitung harter Nahrung sei durch das Entstehen zufälliger scharfer Abschläge die „Erfindung" von Schneidwerkzeugen und damit der Zugang zum Verzehr von Fleisch durch die Zerlegung von (Beute-)Kadavern entstanden – bei gleichzeitiger Beibehaltung des unspezialisierten Körperbaus und dessen variabler Entwicklungsmöglichkeiten: Auch wenn die Paranthropinen später möglicherweise ebenfalls den Werkzeuggebrauch entdeckten, waren sie doch durch die körperliche Überspezialisierung auf ihre pflanzliche Nahrungsstrategie festgelegt. Nachdem *Homo rudolfensis* sich schließlich besser als jede andere Homininenart eine breitere Palette von Nahrungsquellen erschließen konnte, erlangte der Mensch eine zunehmende Unabhängigkeit von Umwelteinflüssen – allerdings um den Preis einer zunehmenden Abhängigkeit von den benutzten Werkzeugen (Schrenk 2008, S. 72 f.).

Eine vergleichbare Entwicklung sieht Schrenk in Südafrika. Mit den durch die Abkühlung schrumpfenden Waldbiomen wanderte auch das Verbreitungsgebiet von *Australopithecus africanus* langsam nordwärts gen Äquator und breitete sich so entlang des Uferzonenkorridors des Malawi-Rifts nach Norden aus. Dank der größeren Vielfalt des nichtpflanzlichen Nahrungsangebots, wovon zahlreiche fossile Reste von Antilopen, Schweinen, Giraffen, Elefanten, Flusspferden, Schildkröten und Krokodilen zeugen (Schrenk 2008, S. 67), und deren zunehmender Nutzung entstand aus einer Teilpopulation von *Australopithecus africanus*, wiederum im tropischen Afrika, die neue Art *Homo habilis,* die durch 2 Mio. Jahre alte Funde im östlichen Afrika dokumentiert ist (Schrenk 2008, S. 74). „Allerdings stellen sich mit dieser Hypothese zwei Probleme", konstatierte Schrenk. „Erstens war die Gattung *Homo* im östlichen Afrika bereits eine halbe Million Jahre früher entstanden, und zweitens existiert *Homo habilis* vor 1,7 Mio. Jahren wieder in Südafrika" (Schrenk 2008, S. 74). Die Herstellung wie die Verwendung von Werkzeugen wären nach dieser Hypothese also mindestens zweimal unabhängig voneinander im menschlichen „Stammbusch" entstanden. Da mit *H. rudolfensis* der Ursprung der Gattung *Homo* vor 2,5 Mio. Jahren in Ostafrika läge, müsste die Art *H. habilis* als *A. habilis* dann allerdings der Gattung *Australopithecus* zugeordnet werden, da ein doppelter Ursprung der Gattung *Homo* unwahrscheinlich sei, so Schrenk (2008, S. 76).

Vor rund 2 Mio. Jahren begann sich das Klima in Afrika abermals zu ändern, es wurde wieder wärmer und feuchter (Schrenk 2008, S. 76). Aufgrund der sich wieder ausdehnenden Lebensräume – so die Fortschreibung der Schrenk'schen Hypothese – wurden Wanderungsbewegungen vom Äquator ins südliche Afrika möglich. *Homo/Australopithecus habilis* dehnte seinen Lebensraum bis nach Südafrika aus, während *Homo rudolfensis* im östlichen Afrika blieb – vielleicht auch wegen der größer werden Konkurrenz mit den Habilinen. Aus *Homo rudolfensis* könnte sich dann im östlichen Afrika *Homo ergaster* entwickelt haben, die frühe afrikanische Variante von *Homo erectus* (Schrenk 2008, S. 76). Dieses „ökozentrierte" und „biogeografische" Szenario erlaubt nach Schrenks Auffassung das „Erkennen grundlegender Mechanismen der Evolution, unabhängig davon, mit welchen Gattungs- und Artbezeichnungen die jeweiligen Hominiden belegt werden" (Schrenk 2008, S. 76).

Schrenk hat auch noch einen etwas radikaleren Vorschlag zur abschließenden Erklärung der Menschwerdung: „Die Probleme um den Ursprung der Gattung *Homo* wären formal gelöst, würde auch *Homo rudolfensis* der Gattung *Australopithecus* zugeordnet. Dann wäre die Gattung *Homo* beginnend mit *Homo ergaster* oder *Homo erectus* von Anfang an durch ein großes Gehirnvolumen charakterisiert. Die lebensraumabhängigen Entwicklungen und Wanderungsbewegungen der Arten *rudolfensis* und *habilis* hätten sich dann aber nicht anders, sondern eben lediglich innerhalb der Gattung *Australopithecus* abgespielt" (Schrenk 2008, S. 76 f.) – eine Meinung, der sich andere Wissenschaftler:innen anschließen und die Gattung *Homo* vor 1,9 Mio. Jahren mit *H. ergaster*, dem frühen afrikanischen *H. erectus*, beginnen lassen (Wood und Collard 1999).

Homo wushanensis der „Wushan-Mensch", wurde bereits 1995 beschrieben (Wanpo et al. 1995), die Diskussionen über die Einordnung der Funde halten aber bis heute an – nach Einschätzung der Paläontologin Madelaine Böhme sind die Funde geeignet, die „Out of Africa I"-Theorie infrage zu stellen (Böhme et al. 2019, S. 159 ff.): Wann sind zum ersten Mal Vertreter der Gattung *Homo* aus Afrika ausgezogen, um andere Kontinente zu besiedeln? Und welche Homininenart war es, die da auszog? („Out of Africa II" behandelt die unstrittige Verbreitung des modernen *Homo sapiens* von Afrika aus über die ganze Welt). In der Publikation von 1995 waren sich chinesische und amerikanische Wissenschaftler:innen noch einig, dass der „Wushan-Mensch" ein früher *Homo* an der Basis der Gattung Mensch sein müsse, vielleicht ähnlich dem afrikanischen *Homo habilis*. Das würde die Out-of-Africa-Theorie I erschüttern, nach der ein recht fortschrittlicher Urmensch wie *Homo erectus* erstmals Afrika verließ – hatten sich *Homo erectus*, der Peking- und Java-Mensch vielleicht doch in Asien entwickelt? Die asiatischen Funde wurden auf ein Alter von 2,6 und 2,5 Mio. Jahren datiert, zusammen mit Werkzeugen wie Geröllgeräten und Schlagsteinen vom Oldowan-Typ – wenn das zuträfe, wären die ältesten asiatischen Urmenschenwerkzeuge zumindest genauso alt wie die ältesten afrikanischen Oldowan-Funde und würden daher die Frage nach der „Wiege der Menschheit" neu aufwerfen. Auch die bisher unerklärliche Herkunft der südostasiatischen „Hobbit-Menschen" *Homo floresiensis* und *Homo luzonensis* auf Flores und den Philippinen müsste in einem neuen Licht betrachtet werden: Waren sie etwa doch Abkömmlinge von *Homo-habilis*-Verwandten und keine durch Inselverzwergung verkleinerten Nachkommen von *Homo erectus*?

Jahre später zog einer der amerikanischen Coautoren der Studie seine vorherige Einschätzung zurück und bezeichnete die von ihm mitbeschriebenen Funde von Wushan als „mysteriösen Affen": „There was no pre-erectus species in southeast Asia after all" (Ciochon 2009). Der tatsächliche Entwicklungsgang des Menschen und die Verwandtschaftsbeziehungen der einzelnen Fossilfunde und beschriebenen *Homo*-Arten sind offenbar bei Weitem noch nicht endgültig geklärt.

Homo ergaster der „arbeitende Mensch" (auch als „früher *Homo erectus*", „afrikanischer *Homo erectus*" oder beides bezeichnet), ist für manche Wissenschaftler:innen der-

Abb. 7.22 Rekonstruierter Schädel von *Homo ergaster*

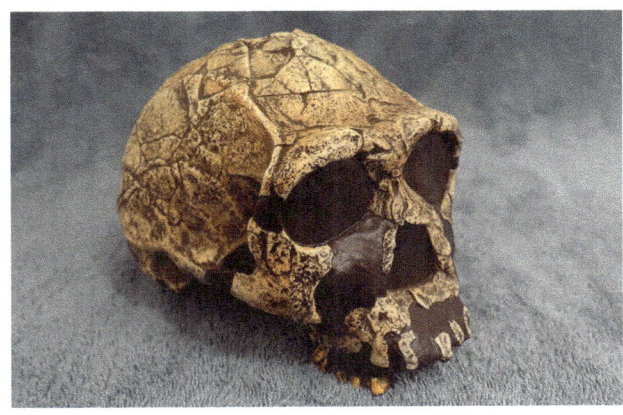

zeit der erste wirkliche Mensch (Schrenk 2008, S. 77). Allerdings sind die Schädel und Unterkieferknochen, die *H. ergaster* zugeschrieben werden, so vielfältig, dass sich hinter dieser Bezeichnung womöglich mehrere Arten verbergen; so waren verschiedene Funde zunächst als *Australopithecus* oder *H. erectus* klassifiziert, bevor sie schließlich *H. ergaster* zugeordnet wurden (Sawyer und Deak 2008, S. 106). Einige Schädel ähneln stark *Homo habilis* mit einem vergleichbaren Hirnvolumen von 510 und 580 cm^3, andere sind mit 800–900 cm^3 viel größer (Sawyer und Deak 2008, S. 100). Das Gesicht liegt – mit einem nach vorn ragenden Oberkiefer – senkrecht unter dem Gehirnschädel und hat einen breiten Abstand zwischen Nase und Mund (Abb. 7.22). Das Körperskelett wirkt – bei einem Alter der Funde zwischen 1,9 und 1,5 Mio. Jahre – erstaunlich menschenähnlich (Sawyer und Deak 2008, S. 100 ff.).

Von einem 1,6 Mio. Jahre alten (Schrenk 2008, S. 90), offenbar jugendlichen Fund („Turkana Boy") sind neben dem Schädel mit Unterkiefer auch Becken, Schulterblätter, Wirbelsäule und alle langen Extremitätenknochen erhalten, woraus eine Größe von 159 cm rekonstruiert werden konnte (Abb. 7.23). Da das Individuum bei seinem Tod erst zwischen neun und zwölf Jahre alt war, wird für ausgewachsene Vertreter von *H. ergaster* eine Größe von etwa 185 cm angenommen (Sawyer und Deak 2008, S. 101).

In den Fundsedimenten lagen auch zahlreiche Steinwerkzeuge, wobei man aus der Fundsituation auf regelrechte „Werkstätten" schließt: Offenbar wurden ausgewählte Steine zunächst am jeweiligen Fundort grob behauen und dann lediglich geeignete, ausgewählte Kernsteine zur „Werkstatt" gebracht und weiterbearbeitet. Ob die Werkzeuge allerdings tatsächlich von *Homo ergaster* stammen, bleibt unklar: In den Fundsedimenten war neben *H. ergaster* immer auch *Paranthropus boisei* vertreten; ausgerechnet in einem Schichtglied, in dem man sechsmal mehr Überreste von *H. ergaster* als von *P. boisei* gefunden hatte, wurden keine Steinwerkzeuge entdeckt (Sawyer und Deak 2008, S. 102). Die ersten Werkzeuge schuf *Homo ergaster* auf jeden Fall nicht – die ältesten Steinwerkzeuge sind 1 Mio. Jahre älter als die ältesten *H.-ergaster*-Funde.

Abb. 7.23 Rekonstruktion des „Turkana Boy" *(Homo ergaster),* Neanderthal Museum, Mettmann. (© Neanderthal Museum)

Lange hielt sich die These, dass es eine direkte Abstammungslinie von *Homo habilis* zu *Homo ergaster* und *Homo erectus* gebe und dass die kleinschädeligen Funde von Dmanisi (siehe unten) eine Übergangsform darstellen könnten. Ein 2007 beschriebener Fund, der *Homo habilis* zugeordnet wird, wurde allerdings auf ein Alter von nur 1,44 Mio. Jahren datiert – *H. habilis* und *H. ergaster/erectus* hätten danach also rund eine halbe Million Jahre nebeneinander existiert (Spoor et al. 2007).

Homo georgicus lieferte neue Einblicke in die Ausbreitung der Gattung *Homo* über die Welt. Die Funde von Dmanisi in Georgien (anhand eines darunterliegenden Lavastromes zuverlässig mit 1,8 Mio. Jahren datiert) erschütterten die bis dahin gültige Vorstellung, *Homo erectus* hätte sich erst nach der Entwicklung von modernen Körperproportionen, eines großen Gehirns mit entsprechender Intelligenz und gut entwickelten Steinwerkzeugen „out of Africa" aufgemacht in die weite Welt (Lordkipanidze 2015, S. 45). War *Homo georgicus* eine eigene Art, ein früher *Homo erectus* oder ein später *Homo habilis?*

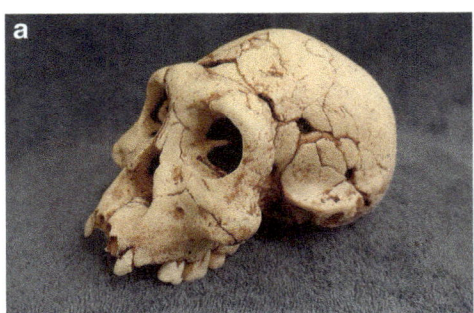 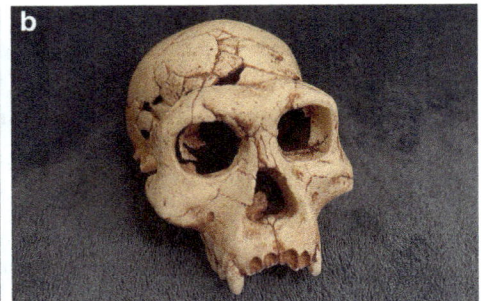

Abb. 7.24 a, b Schädelnachbildung von *Homo georgicus*

Bisher wurden in Dmanisi fünf Schädel, davon vier mit Oberkiefer, mehrere Unterkiefer und rund 100 Skelettknochen gefunden (Lordkipanidze 2015, S. 49). Die Schädel sind von unterschiedlicher Größe, was auf Alters- und Geschlechtsunterschiede zurückgeführt wird – allen Schädeln gemeinsam ist aber eine geringe Gehirnkapazität, zum Teil im Bereich von *Australopithecus* (550–750 cm^3), ein großes, hervorstehendes Gesicht mit massiven Kiefern und großen Zähnen (Abb. 7.24). Neben dicken Überaugenwülsten finden sich weitere *Homo-erectus*-Merkmale wie Knochenkämme entlang der Mittellinie des Schädels; andere Schädel wie der eines vermutlich jugendlichen Individuums ähneln eher *Homo habilis,* dazu kommt der Fund eines einzelnen, enormen Unterkiefers. Ob diese Diversität innerhalb der gleichaltrigen Funde ein Beleg für verschiedene, gemeinsam auftretende Arten oder die Variabilität innerhalb einer *Homo*-Art ist, wird kontrovers diskutiert (Lordkipanidze 2015, S. 51 f.). Die gefundenen Beinknochen ähneln morphologisch und funktionell eher *Homo habilis* als *Homo ergaster* – danach wären die ersten Homininen, die Afrika verließen, offenbar noch nicht so „fortschrittlich" entwickelt gewesen wie spätere afrikanische Funde von *Homo ergaster.*

Wichtige Tierarten wie Krokodile, Flusspferde, Affen und Schweine, die an fast allen afrikanischen Homininen-Fundstätten nachgewiesen wurden, fehlen in der Begleitfauna in Dmanisi. Auch gibt es keine wasserlebenden Tiere. Allerdings liegt die Fundstelle am Zusammenfluss zweier Flüsse, die durch einen Lavastrom in der Altsteinzeit offenbar zu einem See aufgestaut wurden (Lordkipanidze 2015, S. 47). Fossile Überreste von Rennmäusen lassen auf warme Steppen, wenige Wühlmäuse und Großsäuger wie Südelefant, Steppennashorn oder Hirschartige auf Waldgebiete schließen. Dieser Übergangsbereich zwischen zwei Ökosystemen war sicher reich an Tier- und Pflanzenressourcen: „Dmanisi liegt in einem Bereich bioklimatischer Vielfalt, die im westlichen Eurasien einzigartig ist" (Lordkipanidze 2015, S. 49). An Steinwerkzeugen wurden nur einfache Abschläge, Kratzer und Schaber gefunden, bisher aber keine entsprechenden Schnittspuren an Tierknochen nachgewiesen (Sawyer und Deak 2008, S. 111).

Ein zahnloser Schädel mit bereits stark abgebauten Kieferknochen beweist, dass die *Homo-georgicus*-Gemeinschaft bereit war, die Nahrung mit einem zahnlosen Gruppenmitglied zu teilen, das ohne Unterstützung sicher nicht überlebt hätte. Wenn diese Interpretation stimmt, zeigen die Funde von Dmanisi die ersten Anzeichen „eines wirklich menschlichen Verhaltens bei einem unserer Vorfahren" (Lordkipanidze 2015, S. 53).

Die Vielfalt der Dmanisi-Fossilien brachte auch frischen Wind in die Diskussion über die Struktur des afrikanischen *Homo*-Stammbaumes, der oft anhand weniger, kleinster und weit verstreuter Fundstücke neu aufgestellt wird, wie der Zürcher Anthropologe Christoph Zollikofer erläuterte:

> „Es handelt sich um meist fragmentarische Einzelfunde, die über weite räumliche Distanzen verstreut sind, und die zudem aus einer Zeitspanne von mindestens 500.000 Jahren stammen. Somit ist letztlich nicht klar, ob es sich bei den afrikanischen Fossilien um Artenvielfalt handelt oder um Vielfalt innerhalb einer Art. […] Wären Hirn- und Gesichtsschädel des Dmanisi-Exemplars als Einzelteile gefunden worden, wären sie mit großer Wahrscheinlichkeit zwei verschiedenen Arten zugeordnet worden (Zollikofer 2013)."

Ein Umdenken in der Paläoanthropologie scheine daher nötig, wo es derzeit so viele Arten wie Forscher:innen gebe: „Die menschliche Artenvielfalt vor zwei Millionen Jahren war viel kleiner als bisher angenommen. Dafür war die Vielfalt beim ‚Homo erectus', der ersten globalen Menschenart, so groß wie beim heutigen Menschen" (Zollikofer 2013).

Homo erectus galt lange als die erste Art der Gattung *Homo*, die sich über Afrika hinaus verbreitete und weite Teile Eurasiens bis nach Südostasien besiedelte. Allerdings wurden inzwischen derart unterschiedliche Schädel und Zähne *Homo erectus* zugeschrieben, dass es mehr als fraglich ist, ob man diese tatsächlich zu einer einzigen Art zusammenfassen kann (Sawyer und Deak 2008, S. 115). Vermutlich begann die Entwicklung von kräftigeren, größeren Homininen mit massiven Schädeln vor 2 Mio. Jahren in Afrika; Ursprung dieser Entwicklung war wohl der vor 2,5 Mio. Jahren entstandene, robuste *Homo rudolfensis* und nicht der zarte *Homo habilis,* der sich vor 2 Mio. Jahren selbst erst aus dem *Australopithecus* entwickelte (Schrenk 2008, S. 93).

Aus Java kennt man – neben den Funden von Dubois aus dem Jahr 1891 (Abb. 7.25) – inzwischen weitere Reste von mehr als 40 Individuen, darunter einen nahezu vollständigen Schädel mit senkrechtem Gesicht und einem Oberkiefer, der kaum über die Gesichtsebene hinausragt. Ein dicker, durchgehender Überaugenwulst ragt auf beiden Seiten über die Augenhöhlen hinaus. Die flach nach hinten verlaufende Stirn bildet keine Furche mit dem Brauenwulst. Die ältesten dieser Funde sind 1,6–1,9 Mio. Jahre alt (Schrenk 2008, S. 82). Das durchschnittliche Gehrinschädelvolumen von sechs Funden aus Sangiran liegt bei 930 cm^3, die Schädel anderer Fundstellen auf Java liegen allerdings bei 870 cm^3 (Ngawi) oder 990 cm^3 (Sambungmacan), der Schädel von Ngangdong sogar bei 1150 cm^3, ein Kinderschädel aus Mojokerto kommt auf 580 cm^3 (Sawyer und Deak 2008, S. 115). Das Typusexemplar des *Homo erectus* besteht aus einem teilweise erhaltenen Gesichtsschädel und einem Backenzahn sowie einem vollständig erhaltenen Oberschenkelknochen, der in Form und Aufbau dem des modernen Menschen gleicht; vermutlich hat *H. erectus* sich also ähnlich fortbewegt wie wir. Seine Größe wird auf 163 cm geschätzt, sein Gewicht auf 54 kg (Sawyer und Deak 2008, S. 116).

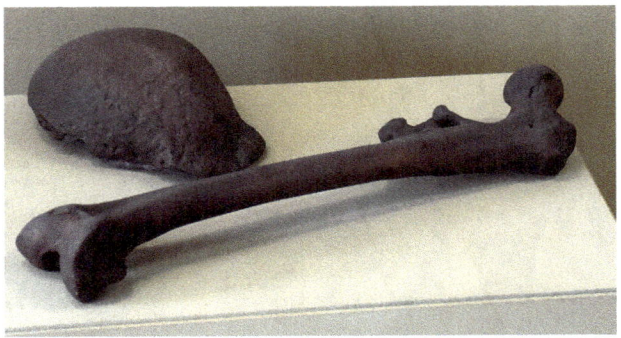

Abb. 7.25 Nachbildungen des Schädeldachs und des Oberschenkelknochens, die 1891/1892 von Eugène Dubois auf Java entdeckt und als Referenz an Ernst Haeckel als *Pithecanthropus erectus*, „aufrechter Affenmensch", klassifiziert wurden; heute *Homo erectus* zugeordnet. (Staatliches Museum für Naturkunde Stuttgart)

Die Funde von *Homo erectus* auf Java wurden auf ein Alter von nur 27.000 Jahren für die jüngsten und bis 1,9 Mio. Jahre für die ältesten Schädelreste datiert. *Homo erectus* hätte demnach fast 2 Mio. Jahre auf Java überdauert und ist *Homo sapiens* möglicherweise bei seiner Expansion nach Osten begegnet. Da sich schon die javanischen Funde in Alter und Schädelvolumen derart stark unterscheiden, ist fraglich, ob hier tatsächlich nur eine einzige Art vorliegt (Sawyer und Deak 2008, S. 119). Es gibt bereits Vorschläge, die Funde in drei Arten aufzuteilen: *Homo soloensis* für die jungen Funde von Ngandong (27.000–12.000 Jahre) mit großem Gehirnschädel, *H. erectus* für die Funde mit einem Alter von 1–1,5 Mio. Jahre und *Homo modjokertensis* für die älteren Funde (1,5–1,8 Mio. Jahre) aus Mojokerto (Sawyer und Deak 2008, S. 119). Die ältesten afrikanischen Funde von *Homo erectus*, die zwischen 1,9 und 1,5 Mio. Jahre alt sind, werden heute als eigene Art, *Homo ergaster*, aufgefasst.

Der Peking-Mensch – als *Homo pekinensis* manchmal auch als eigene Art klassifiziert – ist durch Funde von 32 bis 40 Individuen gut erforscht und beschrieben (Sawyer und Deak 2008, S. 124). Das Gesicht steht senkrecht, Ober- und Unterkiefer treten aber relativ weit hervor. Wo der Überaugenwulst am Gehirnschädel ansetzt, bildet er eine deutliche Rinne. Das mittlere Gehirnvolumen von sechs Schädeln wurde mit 1060 cm^3 berechnet (Abb. 7.26). Für das Alter des Peking-Menschen konnte durch paläomagnetische Messungen der Orientierung des Magnetfeldes der Fundsedimente ein Alter von 780.000 Jahren als untere Grenze aller Fossilien bestimmt werden. Absolute Messungen der Fossilien oder der einzelnen Schichten kommen auf Angaben von 420.000 oder 600.000 Jahren (Sawyer und Deak 2008, S. 126). Oberschenkelknochen aus afrikanischen Fundstätten weisen eine derart starke Ähnlichkeit mit *Homo pekinensis* auf, dass entweder diese Spezies oder ein naher Verwandter auch in Afrika gelebt haben könnte. Derzeit sind die Fossilien auf beiden Seiten allerdings so unvollständig, dass unklar ist, ob die Ähnlichkeit auf enge Verwandtschaft oder auf konvergente Entwicklung aufgrund gleicher Funktionalitäten zurückgeht (Sawyer und Deak 2008, S. 127).

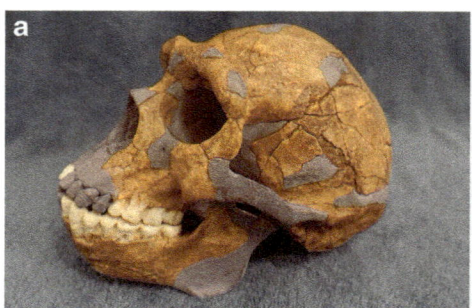 

Abb. 7.26 a, b Schädelrekonstruktion des *Homo erectus*, hier der sogenannte „Peking-Mensch"

Heute werden Java- wie Peking-Mensch aufgrund des vergleichbaren Gehirnvolumens der Art *Homo erectus* zugeordnet, obwohl sich die Schädel beispielsweise im Auftreten der Furche zwischen Brauenwulst und Stirn deutlich unterscheiden (Sawyer und Deak 2008, S. 115). Auch Zähne und Oberschenkelknochen unterscheiden sich stark (Sawyer und Deak 2008, S. 127). Lange wurde *Homo erectus* als rein außerafrikanische Art angesehen, die nur in Asien und – in Form des *Homo heidelbergensis* – in Europa vorkam (Schrenk 2008, S. 89). In den 1950er- und 1960er-Jahren wurden jedoch auch in Afrika entsprechende Fossilreste gefunden, die zunächst als neue Gattung *Telanthropus* („Zielmensch") beschrieben, heute jedoch meist *Homo erectus,* manchmal auch *Homo habilis* zugeordnet werden (Schrenk 2008, S. 89). Funde aus dem Tschad und Algerien mit einem Alter von 800.000 und 700.000 Jahren werden ebenfalls zu *Homo erectus* gezählt, ebenso ein 1,2 Mio. Jahre alter Schädelfund aus Ostafrika (Schrenk 2008, S. 89).

In den chinesischen Fundsedimenten wurden zahlreiche, meist einfache Werkzeuge gefunden, vorwiegend Abschläge und einfache Schaber. Die Funde der älteren Schichten sind grob und bestehen aus Sandstein, während die feiner bearbeiteten Werkzeuge der jüngeren Schichten aus feinkörnigem Feuerstein bestehen.

Homo floresiensis In Indonesien sorgte vor einigen Jahren ein weiterer Menschenfund für Aufsehen: Auf der Insel Flores wurden im Jahr 2004 in der Kalksteinhöhle Liang Bua Schädel- und Skelettreste von inzwischen über zehn Individuen entdeckt, die in kein wissenschaftliches System passten. Zwar war die frühe Besiedlung der Insel – angenommen wurde hierfür *Homo erectus*, der von Java bekannt war – durch 800.000 Jahre alte Steinwerkzeuge schon länger bekannt, die gefundenen „Hobbits" (so der bald gebräuchliche Spitzname) mit einer Körpergröße von etwa 1 m und einem Gehirnvolumen von 380 cm^3 passten aber gar nicht in das bisherige Bild der Menschwerdung (Abb. 7.27). Da die Verzwergung isolierter Inselpopulationen ein gut dokumentiertes Phänomen ist, beispielsweise bei dem ebenfalls auf Flores vorkommenden Zwerg-Stegodon, einem mit Elefanten verwandten Rüsseltier (Basilia et al. 2023), setzte sich die Hypothese von verzwergten Abkömmlingen des *Homo erectus* durch, nachdem die Annahme krankhaft veränderter moderner Menschen vom Tisch war. Nach aktuellen Untersuchungen stammt

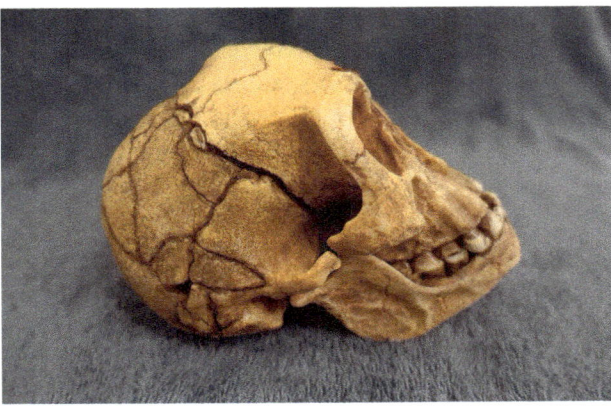

Abb. 7.27 Schädelnachbildung von *Homo floresiensis*

H. floresiensis aber eher von *H. habilis* denn von *H. erectus* ab (Argue et al. 2017), was bedeuten würde, dass es bereits vor *Homo erectus* Auswanderungswellen früher Homininen aus Afrika gegeben haben müsste. *Homo floresiensis* wäre nach dieser These (Böhme et al. 2019) womöglich gar keine verzwergte, reine Inselart, sondern ein Abkömmling früher Vormenschen, die – wie *Homo habilis* – auch nicht größer waren als 1 m. Und vielleicht gibt es hier sogar eine logische Verbindung zu *Homo wushanensis*, dem angeblich „mysteriösen Affen", der vor 2,5 Mio. Jahren am Jangtse-Fluss lebte?

Nachdem anfänglich berichtet wurde, *Homo floresiensis* hätte noch bis vor 17.000 Jahren auf Flores gelebt, werden die Funde inzwischen auf ein Alter von 60.000–100.000 Jahre datiert (Sutikna et al. 2016). Ein zweiter Fundort ergab, dass *H. floresiensis* bereits vor 700.000 Jahren auf der Insel gelebt hat (Van den Bergh et al. 2016). Wie diese frühen Menschen die indonesische Insel allerdings erreicht haben könnten, bleibt bisher völlig unklar, da Flores östlich der Wallace-Linie liegt, welche die Kontinentalsockel und damit die Faunen von Asien und Australien durch eine extreme Strömung, den sogenannten „Indonesischen Durchfluss", komplett trennt. Die Paläontologin Madelaine Böhme hält es für möglich, dass frühe Menschen die Insel auf dem Rücken von Elefanten bzw. Stegodonten erreicht haben, die oft gemeinsam mit Menschen auf indonesischen Inseln siedeln – vielleicht hatten schon Vor- und Urmenschen beobachtet, dass Elefanten kilometerweit bis zum Horizont durch offenes Meer schwimmen und dabei mithilfe ihres Rüssels atmen können? Immerhin haben Mensch und Arbeitselefant in Ostasien noch heute eine äußerst intensive Verbindung (Böhme et al. 2019, S. 242 ff.).

Homo floresiensis benutzte offensichtlich Werkzeuge, es wurden beiderseits bearbeitete, einfache Abschläge, aber auch Speerspitzen und kleine Messer gefunden – angepasst an die Form kleiner Hände. Zusammen mit den Werkzeugen wurden auch Knochen von Zwerg-Stegodonten gefunden, die *H. floresiensis* offenbar jagte, sowie Reste von Echsen, Schildkröten, Fröschen und Fischen, die normalerweise nicht in Höhlen leben und daher wohl auch auf dem Speisezettel standen (Sawyer und Deak 2008, S. 131). 80 % der untersuchten Tierknochen, von denen sich Abertausende in Liang Bua fanden, stammten allerdings von Ratten, darunter mindestens 200 Exemplare der kaninchengroßen Flores-Riesenratte, welche offenbar eine bevorzugte Beute der „Hobbits" war (Veatch et al. 2019). Da die Ratten auf Flores keine Nahrungskonkurrenten hatten, konnte die Art (ebenso wie die konkurrenzlosen, aasfressenden Marabu- und Waran-Arten der Insel) beträchtliche Größe erreichen.

Homo luzonensis Im Jahr 2007 faszinierte ein weiterer Fund die Forschungsgemeinschaft: In der Callao-Höhle auf der philippinischen Insel Luzon wurden bei Grabungen Steinwerkzeuge, verbrannte Tierknochen, Feuerstellen und ein Mittelfußknochen im Alter von 26.000 bis 67.000 Jahren entdeckt (Mijares et al. 2010). Im Jahr 2011 kamen bei weiteren Grabungen Zähne, Kiefer-, Finger- und weitere Fußknochen sowie ein Oberschenkelfragment ans Tageslicht (Détroit et al. 2019). Sie bilden ein bisher unbekanntes Mosaik fortschrittlicher und primitiver Merkmale und wurden daher als neue Art *Homo luzonensis* klassifiziert.

Die Zähne von *Homo luzonensis* waren sehr klein, die Zahnkronen ähneln denen moderner Menschen, weshalb die Funde auch der Gattung *Homo* zugeordnet wurden (Abb. 7.28). Allerdings weisen die Vorbackenzähne drei gespreizte Wurzeln auf – ein Merkmal, das bisher vor allem von Menschenaffen und Vormenschen bekannt war. Die Fingerknochen sind stark gebogen und weisen *H. luzonensis* als guten Kletterer aus, die Zehenknochen zeigen einen aufrechten Gang an, vergleichbar dem von *Australopithecus* – alles in allem ein „mysteriöses Mischwesen" (Böhme et al. 2019).

Seit wann *Homo luzonensis* den philippinischen Archipel besiedelte, ist unklar. 700.000 Jahre alte Knochenfunde des inzwischen ausgestorbenen Philippinischen Nashorns, *Rhinoceros philippensis*, wiesen aber eindeutige Schnittspuren und Schlagmarken auf – offensichtlich wurde das Tier entfleischt und die Markknochen gewaltsam geöffnet. Im Umfeld des Nashornskeletts fanden sich denn auch zahlreiche altsteinzeitliche Werkzeuge

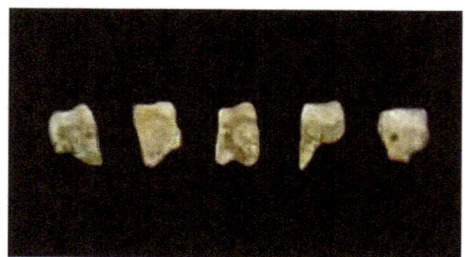

Abb. 7.28 Fünf fossile Zähne, die *Homo luzonensis* zugeordnet werden. (Luzonenis, https://de.wikipedia.org/wiki/Homo_luzonensis#/media/Datei:LuzonensisMolars.jpg, CC BY-SA 4.0)

(Ingicco et al. 2018). Wie bei *Homo floresiensis* wird nun auch bei *Homo luzonensis* von einer „Inselverzwergung" versprengter *Homo-erectus*-Nachkommen ausgegangen. Alternativ müsste man davon ausgehen, dass sich bereits Vormenschen oder archaische *Homo*-Arten aus Afrika auf den Weg gemacht und nach einem Marsch um die halbe Welt, lange vor *Homo erectus*, Südostasien erreicht haben. Eine alternative Erklärung, der sich immer mehr Forschungsgruppen anschließen, wäre, dass die „Out of Afrika I"-Theorie überdacht werden muss und sich zumindest Teile der menschlichen Evolution in Eurasien abgespielt haben (Böhme et al. 2019, S. 246 ff.; Tocheri 2019). Die Aufklärung der tatsächlichen Wurzeln, Verzweigungen und Äste des menschlichen Stammbusches wird daher wohl auf die Aufdeckung weiterer Fossilfunde und paläogenetischer Analysen warten müssen.

Homo antecessor Diese umstrittene Homininenart ist von mehreren Fundstücken aus der Gran-Dolina-Höhle in Spanien bekannt (Abb. 7.29), die Beschreibung stützt sich auf Schädelfragmente und Bruchstücke von Skelettknochen von insgesamt sieben Individuen (Sawyer und Deak 2008, S. 139). Möglicherweise können weitere Funde aus Algerien und Italien ebenfalls *H. antecessor* zugeordnet werden. Die spanischen Funde sind zwischen 780.000 und 500.000 Jahre alt und unterscheiden sich in der Kombination von modernem Gesichtsschädel und „primitiven" Zähnen und Zahnwurzeln, Kiefern und Oberaugenwülsten von *Homo heidelbergensis* (Wood und Lonergan 2008, S. 362). Das Gehirnvolumen wird auf rund 1000 cm^3 geschätzt (Sawyer und Deak 2008, S. 139).

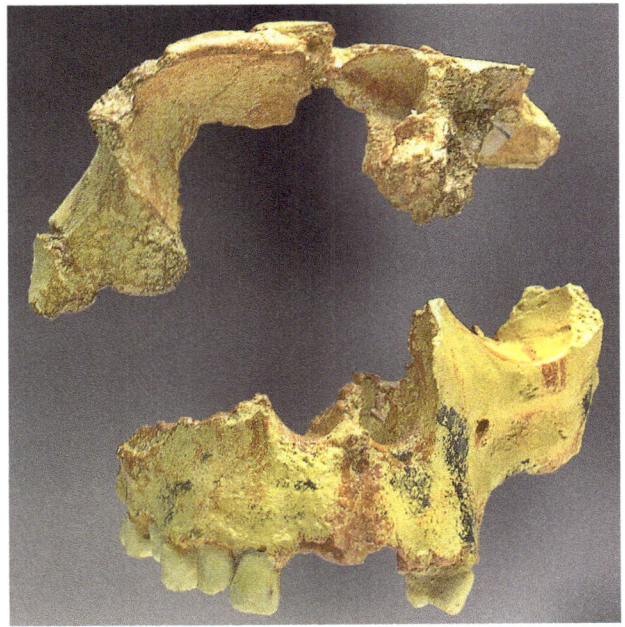

Abb. 7.29 *Homo antecessor*, Nachbildung eines unvollständigen Schädels aus der „Gran Dolina" in den Karsthügeln der Sierra de Atapuerca, Spanien. (Von Locutus Borg, https://commons.wikimedia.org/wiki/File:Homo_antecessor.jpg, gemeinfrei)

Die Entdecker von *Homo antecessor* meinten zunächst, den letzten gemeinsamen Vorfahren von Neandertaler und *Homo sapiens* gefunden zu haben (*antecessor* heißt „Vorläufer"). Später wurde diese Einschätzung revidiert – mit der Mischung von Eigenschaften und einem Alter rund 800.000 Jahren könnte es sich bei *Homo antecessor* allerdings um den Vorfahren aller europäischen Homininenarten wie *Homo heidelbergensis* und Neandertaler handeln, der sich vielleicht, aus Afrika kommend, aus *Homo ergaster* entwickelt hat. Vielleicht handelt es sich bei *Homo antecessor* aber auch nur um eine regionale Variante von *Homo erectus*.

Homo rhodesiensis kennen wir von drei Schädeln, die aus Südost-, Süd- und Ostafrika stammen. Der im Jahre 1921 in Sambia, dem damaligen Rhodesien, gefundene Schädel, der auch das Typusexemplar darstellt, war der erste „Urmenschenfund" in Afrika, noch vor dem „Kind von Taung". Später wurden in Südafrika und Äthiopien zwei weitere Schädelfragmente gefunden, die ebenfalls als *H. rhodesiensis* eingeordnet wurden (Sawyer und Deak 2008, S. 149). Die drei Schädel haben ein mittleres Gehirnvolumen von 1270 cm^3 und liegen damit an der Untergrenze des Hirnvolumens eines modernen Menschen. Sie ähneln in vielen Merkmalen den Schädeln von *Homo heidelbergensis*, unterscheiden sich aber beispielsweise in Nasenöffnung und Wangenknochen (Abb. 7.30). Das Alter der Funde reicht von 700.000–200.000 Jahren. Zusammen mit den Fossilien wurden zahlreiche Faustkeile und spezialisierte Werkzeuge gefunden (Sawyer und Deak 2008, S. 148).

Homo heidelbergensis (auch „europäischer *Homo erectus*") Die meisten Funde von *Homo heidelbergensis* bestehen nur aus Teilschädeln und Schädelbruchstücken, Holotypus der Art ist der berühmte, etwa 600.000 Jahre alte Unterkiefer aus der Gemeinde Mauer, der 1907 nahe der namensgebenden Stadt Heidelberg gefunden wurde (Abb. 7.31). Später wurden in der spanischen „Knochenhöhle" Sima de los Huesos Überreste von insgesamt 28 Individuen gefunden, die zwischen 600.000 und 400.000 Jahre alt sind

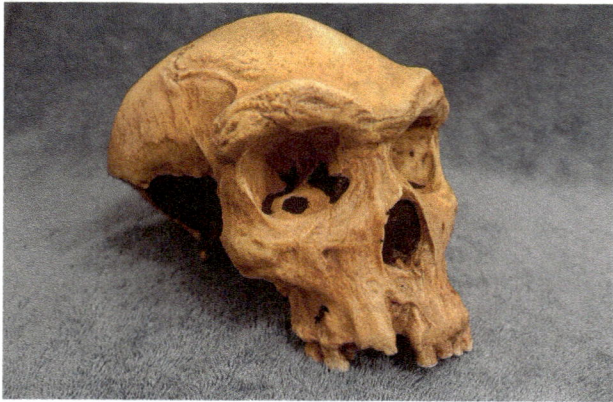

Abb. 7.30 Schädelnachbildung von *Homo rhodesiensis*

Abb. 7.31 Nachbildung des „Unterkiefers von Mauer", dem Typusexemplar des *Homo heidelbergensis*

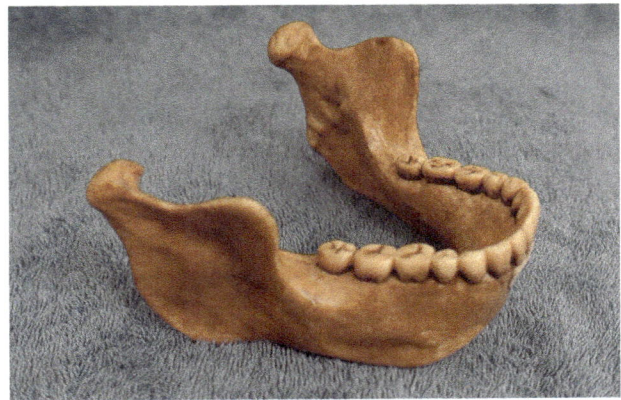

Abb. 7.32 Schädelnachbildung des *Homo heidelbergensis*

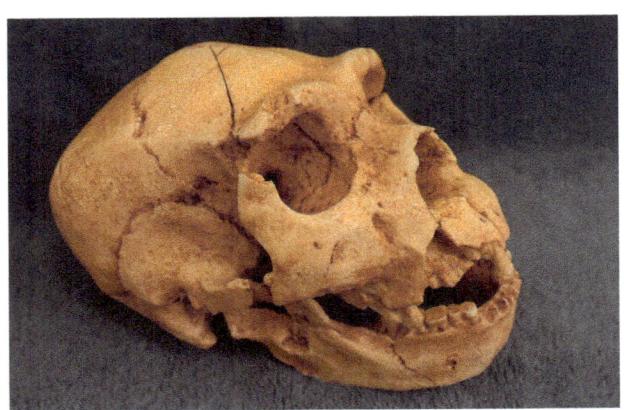

(Abb. 7.32). Darüber hinaus gibt es inzwischen Funde von *H. heidelbergensis* aus England, Frankreich, Griechenland, Ungarn, Italien, Israel und Marokko. Das mittlere Gehirnvolumen liegt mit 1270 cm^3 nur geringfügig unter dem von Neandertaler oder Jetztmensch (Sawyer und Deak 2008, S. 153).

Homo heidelbergensis hat sich vermutlich aus *Homo erectus* und dann weiter zu *Homo neanderthalensis* entwickelt, jedenfalls werden die Unterschiede zwischen *Homo heidelbergensis* und *Homo neanderthalensis* als „zeitlicher Wandel einer Abstammungslinie" gedeutet; zumindest einige Populationen von *H. heidelbergensis* könnten sich zum Neandertaler entwickelt haben (Sawyer und Deak 2008, S. 158). Eine klare Trennungslinie zwischen *H. erectus* und *H. heidelbergensis* beziehungsweise *H. heidelbergensis* und *H. neanderthalensis* besteht nicht. Nach neuesten paläogenetischen Untersuchungen war zumindest der *H. heidelbergensis* aus der Sima de los Huesos eher mit dem rätselhaften Denisova-Menschen verwandt als mit dem Neandertaler, wobei noch unklar ist, wie wiederum deren Verwandtschaftsverhältnis aussieht (Dönges 2015b, S. 48 f.).

Homo heidelbergensis wurde auch als „europäischer *Homo erectus*" bezeichnet. Da diese Bezeichnung aber mittlerweile mit zu vielen geografisch und zeitlich auseinanderliegenden Funden überfrachtet schien, sollte *Homo erectus* nach Meinung mancher Wissenschaftler:innen ausschließlich als Benennung für die ostasiatische Stammeslinie gelten, während die afrikanischen *Homo-erectus*-Formen als *Homo ergaster* bezeichnet werden (Foley 2000, S. 153). Andere Wissenschaftler:innen sind der Meinung, neben *H. heidelbergensis* sollten auch *H. ergaster* und *H. georgicus* zu *Homo erectus* zusammengezogen werden, der eine zeitlich und geografisch variable, aber durchgehende menschliche Linie darstelle („This implies the existence of a single evolving lineage of early Homo, with phylogeographic continuity across continents"; Lordkipanidze et al. 2013, S. 326).

Homo steinheimensis Ein 1933 im württembergischen Steinheim an der Murr gefundener, trotz Überaugenwulste graziler Urmenschenschädel mit einem Gehirnvolumen von rund 1100 cm^3 gab lange Anlass zu Spekulationen: Das junge Sterbealter (vermutlich etwa 25 Jahre) und die massiven Beschädigungen des Schädels ließen auf einen unnatürlichen Tod schließen, die Rede war von tödlichen Schlägen und einer Öffnung der Schädelbasis nach dem Tod (Ziegler 2015, S. 56). Nach neueren Untersuchungen sind die Annahmen von prähistorischem Mord und Kannibalismus aber wohl Fehlinterpretationen, die Beschädigungen auf natürliche Ursachen zurückzuführen (Abb. 7.33).

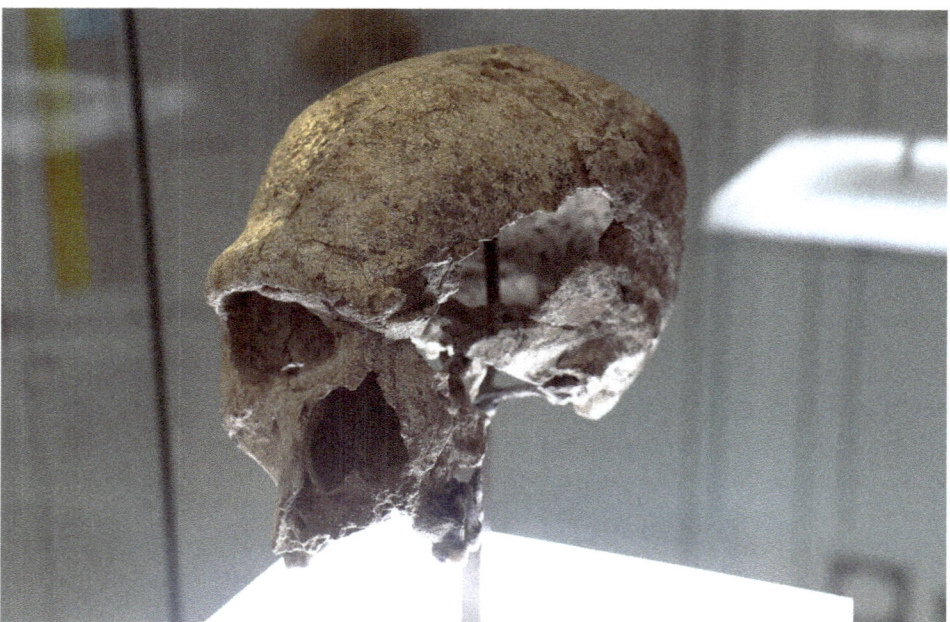

Abb. 7.33 Originalschädel des *Homo steinheimensis* im Staatlichen Museum für Naturkunde Stuttgart (mit freundlicher Genehmigung des Museums)

Abb. 7.34 „Urmenschen im Neckartal" – künstlerische Darstellung der Kalkterrassenlandschaft über dem Neckar vor rund 400.000 Jahren; *Homo steinheimensis* bzw. *Homo heidelbergensis* beim Aufschlagen eines Elefantenknochens. (Staatliches Museum für Naturkunde Stuttgart)

Der als *Homo steinheimensis* bezeichnete Urmensch, der vermutlich ein Alter von rund 400.000 Jahren hat (zumindest ist das das Alter der warmzeitlichen Elefanten, die im Fundschotter ebenfalls gefunden wurden (Abb. 7.34)), stellt nach heutiger Einschätzung vermutlich eine Frühform des Neandertalers nahe an dessen Ursprung dar; die Bezeichnung *steinheimensis* verweist also nur auf den Fundort und stellt keine Artbezeichnung dar (Ziegler 2015, S. 61).

Homo naledi Der Fund einer offenbar bisher unbekannten Menschenart schlug 2015 hohe Wellen: Forscher:innen um den südafrikanischen Paläoanthropologen Lee Berger hatten im Jahr 2013 in der Rising-Star-Höhle in der Nähe von Johannesburg über 1500 einzelne Überreste von mindestens 15 frühmenschlichen Individuen gefunden – und damit auf einen Schlag mehr Material, als von jeder anderen frühen Homininenart fossil bekannt ist. Nach dem Fundort wurde die Art *Homo naledi* („Mensch aus der Stern-Höhle"; *naledi* heißt „Stern" in der lokalen Sprache) benannt (Abb. 7.35). Unglücklicherweise war es zunächst nicht möglich, die Funde zu datieren (Berger et al. 2015).

Überraschenderweise wurde für die Art ein sehr kleines Gehirnvolumen von nur 560 cm^3 beschrieben, was auf einen Homininen an der Wurzel des menschlichen Stammbaumes hinweisen würde, daher wurde ein Alter der Fossilien in der Größenordnung von 2 Mio.

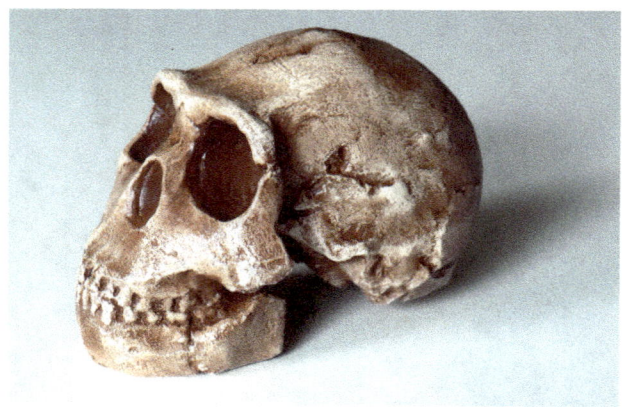

Abb. 7.35 Nachbildung eines Schädels von *Homo naledi* aus der Rising-Star-Höhle in Südafrika

Jahren erwartet. Die gefundenen Schädel ähneln denn auch Funden der frühen *Homo*-Arten *H. rudolfensis*, *H. habilis* und *H. erectus*, allerdings sind die Zähne wesentlich kleiner und erscheinen daher moderner als bei den genannten Arten.

Gleichzeitig wies der Körper laut Bergers Beschreibung unterhalb des Kopfes überraschend moderne Proportionen auf. Brustkorb und Schulter, Becken und Oberschenkel seien dagegen wiederum eher ursprünglich und erinnerten an *Australopithecus*, die Fingerknochen seien sogar länger und stärker gebogen als bei Australopithecinen und eher die eines Kletterers. Der Fuß sei dennoch zweifelsfrei angepasst an den aufrechten Gang (Berger et al. 2015).

Rätselhaft war auch, wie die vielen Skelettreste in die abgeschlossene Kammer der Rising-Star-Höhle gelangt waren. Wetterbedingte Zusammenschwemmungen konnten anscheinend durch die geologischen Umstände ausgeschlossen werden. Auch handelte es sich offenbar nicht um Überreste von Großkatzen- oder Hyänenmahlzeiten, da die menschlichen Überreste keine Bissspuren zeigten und auch keine Knochen anderer Beutetiere in der Höhle gefunden wurden. Berger und Kollegen vermuteten daher, *Homo naledi* habe seine Toten in dieser Höhle bestattet – das aber „wäre eine beachtliche kognitive Leistung für einen frühen Menschen mit einem Gehirn, dessen Größe dem eines Gorillas entspricht" (Dönges 2015a, S. 26). 2024 legten Berger & Co. mit neuen Ergebnissen geochemischer und sedimentologischer Untersuchungen des Höhlenbodens nach, die eine absichtsvolle Beerdigung belegen sollten (Berger et al. 2024), wurden allerdings umgehend kritisiert – nicht nur, weil die Ergebnisse auf einer nicht begutachteten Online-Plattform veröffentlicht wurden, sondern auch wegen geochemischer, sedimentologischer und statistischer Unzulänglichkeiten (Foecke et al. 2024).

Komplett war die Überraschung über *Homo naledi*, nachdem es gelungen war, das Alter der Sedimente und mehrerer Zähne zu bestimmen: Mit 335.000–236.000 Jahren waren die Funde wesentlich jünger, als ihre urtümliche Morphologie vermuten ließ – damit war *Homo naledi* womöglich ein Zeitgenosse der ersten modernen Menschen unserer Art, *Homo sapiens*. (Dirks et al. 2017). Und wiederum zeigt sich: Der Stammbusch des Menschen ist heute wesentlich unklarer, als es noch vor wenigen Jahren schien, wozu auch *Homo naledi* beigetragen hat.

Der Weg zum modernen Menschen

Denisova-Mensch Der Denisovaner ist bisher einer der rätselhaftesten Verwandten im menschlichen Stammbaum: Entdeckt wurde er nur anhand der genetischen Untersuchung eines 30.000–50.000 Jahre alten Fragmentes eines einzelnen Fingerknochens (Marshall 2015, S. 50). Ansonsten wurden in der Denisova-Höhle im südsibirischen Altai-Gebirge von dieser bisher unbekannten Menschenform lediglich noch zwei Backenzähne gefunden. Wir wissen also nicht, wie diese Zeitgenossen des Neandertalers und des modernen Menschen aussahen; die Größe der Backenzähne lässt allerdings auf kräftig gebaute, große Menschen schließen (Marshall 2015, S. 52).

Viel mehr ist von dieser Menschenform (ob es eine eigene Art ist, ist ebenfalls unklar) nicht bekannt. Nach den Unterschieden in der DNA zu schließen, müssen sich vor 600.000 Jahren die Linien von Denisova-Mensch, Neandertaler und modernem Menschen getrennt haben; vor 400.000 Jahren verzweigten sich dann die Linien von Neandertaler und Denisovaner (Marshall 2015, S. 53). Erstaunlicherweise findet sich deren Erbgut allerdings in heutigen indigenen Menschen aus Melanesien – demnach müssten die Denisovaner ein weites Gebiet besiedelt haben und dabei auch die Wallace-Linie gequert haben, jene tiergeografische Grenzlinie, die durch eine tiefe Meerenge mit reißender Strömung gebildet wird, die auch in Kaltzeiten niemals trockenfiel und die die australischen Beuteltiere von den asiatischen Säugern trennte (Marshall 2015, S. 54).

Homo longi *Homo longi* ist die im Jahr 2021 vorgeschlagene Bezeichnung für eine neue Menschenart – Grundlage für diesen Vorschlag ist allerdings bisher nur ein einziger Fossilfund: Ein homininer Schädel, der vermutlich bereits im Jahr 1933 in der Nähe von Harbin im Nordosten der Volksrepublik China entdeckt worden war (Ji et al. 2021). Da der genaue Fundort des Schädels nicht mehr bekannt ist, war eine Altersbestimmung der umgebenden geologischen Schichten nicht möglich, ebenso wenig wie eine Untersuchung eventuell mit dem Schädel vergesellschafteter weiterer homininer Fossilien, Werkzeuge oder tierischer Überreste. Aufwendige Analysen der Mengenverhältnisse spezifischer Elemente wie Phosphor, Eisen, Mangan oder Seltener Erden sowie eine Strontiumisotopenanalyse ergaben als Schätzung ein Alter von 309.000–138.000 Jahren für den Schädel.

Das Gehirnvolumen des Schädels wurde mit rund 1420 cm^3 vermessen, was der Gehirngröße des modernen Menschen oder des Neandertalers entspräche. Ein flaches Gesicht und kleine Wangenknochen deuten auf die Nähe zu *Homo sapiens* hin, ausgeprägte Überaugenwülste und ein sehr großer Backenzahn (der einzige erhaltene Zahn) weisen hingegen eher auf archaische *Homo*-Arten hin. Vielleicht ist *Homo longi* ein Verwandter des rätselhaften Denisova-Menschen – oder gar mit diesem identisch, wie der Anthropologe Jean-Jacques Hublin vermutet (Hublin 2020)?

Homo neanderthalensis* oder *Homo sapiens neanderthalensis Die Paläoanthropologie geht heute davon aus, dass sich der Neandertaler in Europa über verschiedene Ante- und Präneandertaler aus dem *Homo antecessor* beziehungsweise dem *Homo heidelbergensis* entwickelt hat (Auffermann und Orschiedt 2006, S. 32). Die ältesten Funde von Neandertalern in Europa wurden auf 175.000 Jahre datiert (Sawyer und Deak 2008, S. 162), der „klassische" Neandertaler trat erstmals vor 100.000 Jahren auf. Sie verschwanden vor 27.000 Jahren (Auffermann und Orschiedt 2006, S. 38).

Ob es sich bei den Neandertalern um eine eigene Art, *Homo neanderthalensis,* oder um eine Unterart des modernen Menschen, *Homo sapiens neanderthalensis,* handelt, ist umstritten. Jedenfalls waren die Neandertaler eine europäische Menschenform, die sich ab einem Zeitraum von 300.000 Jahren vor heute eigenständig entwickelt hat, während gleichzeitig in Afrika *Homo sapiens* die Bühne betrat und in Asien *Homo erectus* lebte (Auffermann und Orschiedt 2006, S. 32 f.).

Schädel und Skelett des Neandertalers sind durch zahlreiche Funde gut bekannt, die Neandertaler sind heute die am besten untersuchten ausgestorbenen Frühmenschen. Vollständige oder nahezu vollständige Schädel wurden beispielsweise in Frankreich, Belgien, Italien, Israel, Irak und Usbekistan gefunden (Sawyer und Deak 2008, S. 160). Die Neandertalerschädel sind generell sehr groß und erreichen mit einem mittleren Gehirnvolumen von 1420 cm^3 bei einem Spitzenwert von 1740 cm^3 höhere Werte als der Jetztmensch. Der Gehirnschädel des Neandertalers ist allerdings anders geformt als der von *Homo sapiens,* er verläuft länglich statt rund und zeigt am Hinterhaupt einen charakteristischen Wulst, zudem ist die niedrige Stirn sehr viel flacher (Abb. 7.36). Das Gesicht ist groß, lang und nicht so senkrecht wie das heutiger Menschen. Die Augenhöhlen sind von je einem einzelnen Brauenwulst überwölbt. Die Nasenöffnung ist groß und breit. Charakteristischerweise fehlen bei Neandertalern die Wangengruben und das vorspringende Kinn (Sawyer und Deak 2008, S. 160).

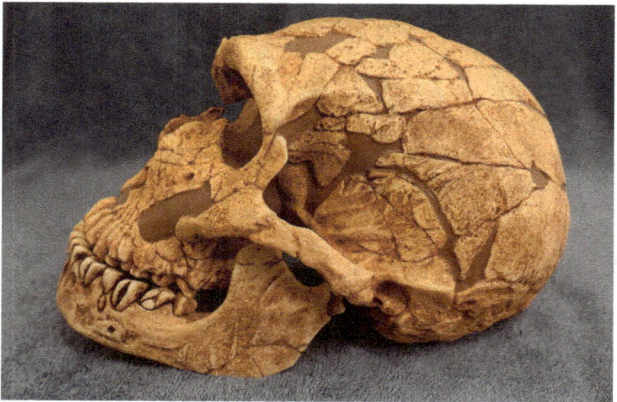

Abb. 7.36 Schädelrekonstruktion des Neandertalers, *Homo neanderthalensis*

Abb. 7.37 Rekonstruktion eines Neandertalers, Neanderthal Museum, Mettmann.
(© Neanderthal Museum)

Nach Abnutzungsspuren an den Zähnen zu schließen, ernährten sich Neandertaler vorwiegend von Fleisch – offenbar jagten sie systematisch große Tiere, möglicherweise bewirtschafteten sie auch Herden, ohne aber die Tiere zu zähmen (Sawyer und Deak 2008, S. 160). Der Körperbau der Neandertaler glich dem des modernen Menschen, allerdings waren sie robuster gebaut: Ein breiteres Becken, kräftigere Beinknochen und ein großer Brustkorb verliehen ihnen ein kompaktes, gedrungenes Aussehen (Abb. 7.37 und 7.38), was als Anpassung an das eiszeitliche Klima gedeutet wird (Sawyer und Deak 2008, S. 160).

Bestattungen, gelegentlich mit Grabbeigaben, eine verfeinerte Werkzeugkultur, Schmuck und die Verwendung von Farbpigmenten weisen auf rituelles Verhalten hin, auch wurden Alte und Kranke offenbar versorgt – ein Skelett wies mehrere verheilte Knochenbrüche und einen unbrauchbaren Arm auf, das entsprechende Individuum hatte aber offensichtlich noch Jahre gelebt. Die Frage, ob Neandertaler sprechen konnten und, wenn ja,

Abb. 7.38 Rekonstruktion einer Neandertalerin, Neanderthal Museum, Mettmann. (© Neanderthal Museum)

wie, ist bisher nicht abschließend geklärt. Der Fund eines fossilen Neandertaler-Zungenbeins in Israel legt zumindest den Schluss nahe, dass sich Zungenmotorik und Artikulationsfähigkeit des Neandertalers nicht von denen des modernen Menschen unterschieden (Auffermann und Orschiedt 2006, S. 67).

Kognition und soziales Verhalten der Neandertaler unterschieden sich aber offenbar deutlich von denen des modernen Menschen: So zeigen beispielsweise Feuerstellen in Höhlen, die über Jahrtausende von Neandertalern bewohnt waren, ein völlig anderes Muster als vergleichbare Hinterlassenschaften prähistorischer moderner Menschen (Wynn und Coolidge 2013, S. 155 ff.). Die Feuerstellen der Neandertaler waren klein, zahlreich in der Höhle verstreut und wurden zwar gelegentlich, aber nicht langfristig wiederverwendet, wie die thermisch veränderten Schichten darunter erkennen lassen; im Gegensatz dazu wurden die großen Feuerstellen der modernen Menschen offenbar konstant über Jahrhunderte, wenn nicht Jahrtausende betrieben. Daraus lässt sich auf ein völlig anderes Sozialverhalten schließen: Auf der einen Seite offensichtliche Kochstellen zur Zubereitung von Nahrung, auf der anderen Seite Mittelpunkte des sozialen Austausches und der Gruppenpflege, von gemeinsamen Narrativen und Ritualen. Vergleichbare Unterschiede in Ritualen und Symbolik ergeben sich auch bei der näheren Analyse von Bestattungen oder Ornamentik, wenn die Hinterlassenschaften von Neandertalern und vergleichbar alten Jetztmenschen verglichen werden (Wynn und Coolidge 2013, S. 136 ff.). All dies führt den Anthropologen Thomas Wynn und den Psychologen Frederick L. Coolidge zu dem Schluss, dass die Neandertaler zwar eine Sprache besaßen, diese aber „direkt und handlungsorientiert" war:

> „Es gibt keinen Grund zur Annahme, dass die Neandertaler aufwendige Geschichten oder Mythen konstruierten. Erinnern Sie sich daran, dass das Feuer bei den Neandertalern nicht die gleiche soziale Rolle spielte wie bei den modernen Menschen. Außerdem gab es bei ihnen nur wenige Interaktionen mit benachbarten territorialen Gruppen und daher auch wenig Grund dafür, eine Sprache zu verwenden, mittels der sie mit Fremden oder auch nur Bekannten interagieren konnten (Wynn und Coolidge 2013, S. 177)."

Das Ende der Neandertaler ist bis heute mit vielen offenen Fragen behaftet. Galt bis vor einigen Jahren die einfache Vorstellung, dass der moderne Mensch bei seinem Vordringen nach Europa die Neandertaler durch seine überlegene Technik verdrängte, so geht man heute von einem komplexen kulturellen Prozess aus, der sich über viele Tausend Jahre abspielte (Auffermann und Orschiedt 2006, S. 125 ff.). Seit der Aufklärung des Neandertaler-Genoms durch eine vollständige Sequenzierung (Pääbo 2014) wurde zur großen Überraschung aller zudem klar, dass die Gene von Neandertalern und modernen Menschen mehrfach gemischt wurden – und alle Menschen noch heute Neandertaler-Gene in ihrer DNA tragen. Erstaunlicherweise gilt das selbst für das Genom afrikanischer Menschen: Lange galt hier die Lehrmeinung, dass die Neandertaler dort so gut wie keine Spuren hinterlassen hätten, da eurasische Neandertaler und autochthone afrikanische *Homo-sapiens*-Populationen geografisch voneinander isoliert blieben. Eine aktuelle Studie wies aber nun Neandertaler-Gene auch in heutigen afrikanischen Populationen nach – offenbar müssen Vorfahren heutiger Europäer nach der Vermischung mit Neandertalern wieder zurück auf den afrikanischen Kontinent gewandert sein (Chen et al. 2020).

Die Neandertaler lebten dagegen in kleineren Gruppen, welche über lange Zeiträume voneinander getrennt waren: Analysen von Neandertaler-Zähnen aus der Grotte Mandrin in Südfrankreich, 50.000–42.000 Jahre alt, zeigten Signaturen von Inzucht, was auf eine sehr kleine Population hinweist, die darüber hinaus offenbar für 50.000 Jahre genetisch isoliert geblieben war! Dieser Befund ließ sich in benachbarten Neandertaler-Populationen bestätigen: Obwohl die geografische Distanz zwischen den einzelnen Gruppen durchaus überschaubar war, fanden offensichtlich keine soziale Interaktion, kein genetischer Austausch zwischen den verschiedenen Gruppen der Neandertaler statt – das brachte die gesamte Metapopulation der Neandertaler in eine fragile Situation, die durch die Ankunft des *Homo sapiens* noch verschärft wurde (Slimak et al. 2024).

Letztendlich hat vermutlich auch noch ein Vulkanausbruch eine Rolle beim Ende der Neandertaler in Europa gespielt, vermutet der Paläoanthropologe Johannes Krause: Vor 39.000 Jahren brach der Supervulkan der „Phlegräischen Felder" in der Nähe des Vesuvs aus und verdunkelte ganz Europa – die sowieso schon eiszeitlichen Temperaturen sanken um weitere 4 °C, Vegetation und Trinkwasser wurden für lange Zeit durch den Ascheregen vergiftet (Krause und Trappe 2019, S. 56 f.). Den Neandertalern, die sich sowieso schon auf dem Rückzug vor den modernen Ankömmlingen aus Afrika befanden und auf dem Weg nach Westeuropa waren, versetzte diese Katastrophe vielleicht den Todesstoß in Südosteuropa, während *Homo sapiens* die verwüsteten Gebiete aus seinen großen Populationen einfach wieder besiedeln konnte: Krause und sein Team haben in Kostenki im Westen Russlands menschliche Überreste entdeckt, die in der Asche des Vulkanausbruchs bestattet worden waren – dieser Mensch muss dort also nach jenem katastrophalen Ausbruch gelebt haben. Genetische Analysen dieser Knochen zeigten, dass sich dieselben genetischen Spuren auch in späteren eiszeitlichen Menschen bis hin zu den heutigen Europäern nachweisen lassen (Trappe 2024).

Bleibt noch eine eher philosophische Frage: War der Neandertaler ein Mensch? Natürlich, meint der Paläontologe Heinrich Erben: „Als entscheidend wurde die Entwicklungsstufe festgelegt, auf der nicht nur Werkzeuggebrauch erfolgte, sondern erstmals auch aktive Geräteherstellung durch Bearbeitung von Rohmaterialien." (Erben 1986, S. 268) – Und damit war der *Homo sapiens neanderthalensis* nach international gebräuchlicher Definition „ohne den geringsten Zweifel ein Mensch" (Erben 1986, S. 161). Aber zweifellos ist diese scharfe Trennlinie zwischen Nichtmensch und Mensch genauso beliebig definiert wie diejenige zwischen grün und gelb oder zwischen sauer und alkalisch: präzise, aber willkürlich (Pirie 1938; Erben 1986, S. 160). Spannend ist in diesem Zusammenhang die Frage, ob wir einen heute lebenden Neandertaler tatsächlich als „Mensch" akzeptieren würden?

Homo juluensis lautet eine 2024 vorgeschlagene Sammelbezeichnung für eine ganze Reihe einzelner, in China gefundener homininer Fossilien, alle zwischen 200.000 und 160.000 Jahre alt (Bae und Wu 2024). Zugewiesen werden sollten dieser neuen Art alle Funde aus Xujiayao, Xuchang und Penghu, der Xiahe-Unterkiefer, ein großer Backenzahn aus Tam Ngu Hao und alle Fossilien, die bisher als „Denisova-Mensch" klassifiziert worden sind.

Alle Funde soll gleichermaßen ein großes Gehirn, eine geringe Schädelbreite sowie die extreme Größe der Zähne auszeichnen, die sich in dieser einzigartigen Kombination deutlich von *Homo erectus*, *Homo neanderthalensis*, *Homo longi* oder *Homo sapiens* unterscheide – bisher hatte man die chinesischen Fossilien des späten Quartärs entweder als *H. erectus*, „archaischen" *H. sapiens* oder „modernen" *H. sapiens* klassifiziert. Spannend ist diese aufgeworfene Frage natürlich hinsichtlich der Diskussion um „Out of Africa II" oder „multiregionale Evolution": Hat sich *Homo erectus* vor Ort in Asien zu einem archaischen *Homo sapiens* weiterentwickelt? Oder entstand *Homo sapiens* ausschließlich in Afrika und verdrängte bei seinen weltweiten Wanderungen andere, archaische Menschenformen auch in Asien? Bae & Wu schlagen eine Kombination beider Modelle vor: Moderne Menschen breiteten sich in mehreren Wellen aus Afrika kommend aus – und verschmolzen regelmäßig mit indigenen Populationen, auf die sie auf ihrem Weg um die Welt trafen (Bae und Wu 2024).

Homo sapiens* oder *Homo sapiens sapiens Bis heute ist unklar, aus welchem Seitenast des Hominen-Stammbaums (oder Seitenzweig des Busches) und wann genau letztlich *Homo sapiens* entstand. Vor 1,5 Mio. Jahren verlieren sich die Spuren von *Homo ergaster*, die spärlichen jüngeren Fossilienfunde der letzten halben bis ganzen Million Jahre wurden in die allgemeine Kategorie (Ian Tattersall spricht von „wastebasket") „archaischer *Homo sapiens*" gekippt (Tattersall und Schwartz 2001, S. 225). Als Vorläufer des modernen Menschen werden bisher *Homo heidelbergensis* oder *Homo rhodesiensis* angenommen (Hublin et al. 2017). Die ältesten *Homo-sapiens*-Funde sind 300.000 Jahre alt und stammen aus Jebel Irhoud in Marokko (Abb. 7.39); 100.000 Jahre jünger sind die bisher ältesten Funde aus Äthiopien (Hublin et al. 2017; Richter et al. 2017). Dieses Alter passt hervorragend zu einer Studie, die den Zeitpunkt der Trennung des modernen Menschen von seinen archai-

Abb. 7.39 Rekonstruktion eines *Homo sapiens* aus Jebel Irhoud, Neanderthal Museum, Mettmann. (© Neanderthal Museum)

schen Vorfahren genetisch bestimmte – und auf einen Zeitraum zwischen 260.000 und 350.000 Jahren kam, mit einem Mittelwert von 305.000 Jahren (Ewe 2017a, S. 15). Allerdings gab es bis vor 20.000 Jahren noch mehrmals Einmischungen von sehr archaischer DNA in Afrika, und auch in Europa und Asien haben sich moderne Menschen bis vor 55.000 Jahren noch mit Neandertalern und Denisovanern gekreuzt (Ewe 2017a, S. 15).

Die 8 Mrd. Menschen, die heute die Erde bevölkern, gehören alle einer einzigen Art an, dem *Homo sapiens* – seit rund 40.000 Jahren sind wir die einzige Menschenart auf dieser Welt. Heute mag uns das ganz normal vorkommen, aber als der moderne Mensch vor 300.000 Jahren die Bühne betrat, war er nicht die einzige Menschenart: In Eurasien lebten Denisova-Menschen, Neandertaler, *Homo erectus* und *Homo heidelbergensis*, auf südostasiatischen Inseln *Homo floresiensis* und *Homo luzonensis* und in Südafrika *Homo naledi* (Böhme et al. 2019, S. 305). – War diese Vielfalt vielleicht das Geheimnis unserer ungewöhnlich schnellen Entwicklung?

Die Ausbreitung des modernen Menschen wird heute in zwei konkurrierenden Modellen beschrieben: „Out of Africa II" sieht die Entstehung von *Homo sapiens* ausschließlich auf dem afrikanischen Kontinent (unter „Out of Africa I" versteht man hingegen die Entstehung und Ausbreitung von *Homo erectus* bzw. *Homo ergaster* in und aus Afrika). Die ersten Auswanderungen des modernen Menschen müssen genetischen Befunden zufolge bereits vor rund 220.000 Jahren stattgefunden haben, führten aber nicht zu einer dauerhaften Besiedlung Eurasiens durch den *Homo sapiens*, auch wenn es bereits zu dieser Zeit zur gelegentlichen Zeugung von Nachkommen mit den Neandertalern kam (Krause und Trappe 2019, S. 49). Vor rund 45.000 Jahren kamen moderne Menschen erstmals nach Europa, aber auch diese Auswanderungswelle hatte keinen dauerhaften Erfolg, wie genetische Analysen zeigen. Aus Süd- und Ostafrika liegen dazu zwar keine lückenlosen, aber ausreichende Fossilfunde vor, um dieses „Out of Africa II"-Modell nachvollziehbar darzustellen. Vor 65.000–56.000 Jahren verließ demnach der moderne *Homo sapiens* (Abb. 7.39) wiederum Afrika und verdrängte dieses Mal innerhalb von 20.000 Jahren die Neandertaler Eurasiens und den *Homo erectus* Ostasiens (Auffermann und Orschiedt 2006, S. 40 f.) (Abb. 7.40).

Die „multiregionale Theorie" geht dagegen von einer unabhängigen Entwicklung des modernen Menschen auf mehreren Kontinenten aus, wobei eine Vermischung verschiedener Populationen nicht ausgeschlossen wird (Auffermann und Orschiedt 2006, S. 41). Diese These wird auch durch die aktuellen Funde von Dmanisi über Flores bis Naledi, aber vor allem durch die paläogenetischen Untersuchungen gestützt: Nachdem sich im Jetztmenschen genetische Spuren des Neandertalers und des rätselhaften Denisova-Menschen finden, hat die Durchmischung zwischen verschiedenen Populationen offenbar immer eine Rolle gespielt. Der Senckenberg-Paläoanthropologe Ottmar Kullmer hält es sogar für möglich, dass das Ausmaß der ständigen Rekombination bei den Homininen etwas ganz Einzigartiges innerhalb der Klasse der Säugetiere sein könnte. In einem komplexen, panafrikanischen Gemenge hätten sich demnach Merkmale wie der aufrechte Gang, die Fertigkeit der Hände oder die Größe des Gehirns in verschiedenen, getrennten Populationen

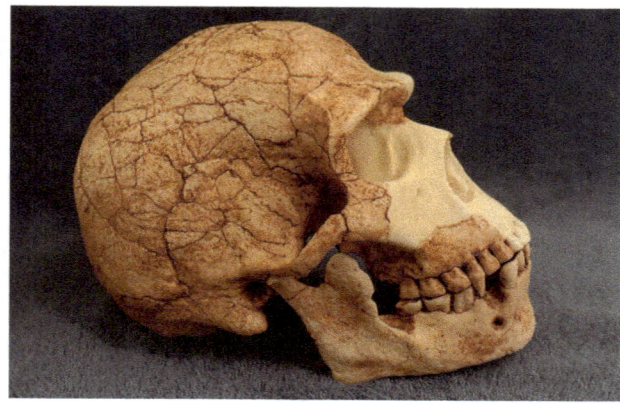

Abb. 7.40 „Skhul-Mensch" aus der Mughāret es-Skhūl („Ziegenhöhle") am Berg Karmel in Israel; mit einem Alter von 100.000–80.000 Jahren einer der ältesten *Homo sapiens*-Funde außerhalb Afrikas

unterschiedlich schnell entwickelt; trafen sich diese kleinen Populationen nach Generationen wieder, waren sie trotz der Unterschiede offenbar noch willens und in der Lage, gemeinsame Nachkommen zu zeugen – welche dann eine bunt durcheinandergewürfelte Kombination aus neuen und archaischen Merkmalen erhielten (Ewe 2017a, S. 15).

Die Auflistung in Tab. 7.1 zeigt die ganze Breite des menschlichen Stammbusches, wie ihn die „Splitter" aktuell sehen, also jene Paläoanthropolog:innen, die in den bekannten Fossilien eine Vielzahl verschiedener Gattungen und Arten sehen.

Tab. 7.1 Übersicht über den menschlichen Stamm„busch". (Alle Altersangaben nach Wood und Lonergan 2008; verändert und ergänzt)

Gattung, Art	Alter (Mio. Jahre)	Fundregion	Besonderheiten
Graecopithecus freybergi	7,2	Balkan	Wg. verschmolzener Zahnwurzeln zum Homininen-Stammbaum?
Sahelanthropus tchadensis	7–6	Zentralafrika	Ältester, vermutlich aufrecht gehender Hominine
Orrorin tugenensis	ca. 6	Ostafrika	Oberschenkelfragmente, vielleicht aufrecht gehend
?	5,6	Kreta (Mittelmeer)	Versteinerte Fußabdrücke
Ardipithecus kadabba	5,8–5,2	Ostafrika	Dauerhaft aufrecht gehend?
Ardipithecus ramidus	4,5–4,3	Ostafrika	Abgrenzung zu *Ar. kadabba* und *Australopithecus* unklar
Australopithecus anamensis	4,5–3,9	Ostafrika	Mehrere Arten zwischen *Ardipithecus* und *Australopithecus*?
Australopithecus afarensis	4–3	Ostafrika	„Lucy"; Fußspuren von Laetoli
Kenyanthro pusplatyops	3,5–3,3	Ostafrika	Möglicher Vorfahre von *Homo rudolfensis*?
Australopithecus bahrelghazali	3,5–3	Zentralafrika	Nur Unterkieferfragment bekannt
Australopithecus prometheus	3,5 (?)	Südafrika	Identisch mit *Australopithecus africanus*?
Australopithecus africanus	3–2,5 (?)	Südafrika	„Kind von Taung"; möglicher Vorfahr von *Paranthropus* und *Homo habilis*?
Australopithecus garhi	2,5	Ostafrika	Nah am Ursprung der Gattung *Homo*?
Australopithecus sediba	ca. 2	Südafrika	Direkter Vorfahre der Gattung *Homo*?
Paranthropus aethiopicus	2,8–2,3	Ostafrika	Werkzeugherstellung?
Paranthropus boisei	2,3–1,4	Ostafrika	Werkzeugherstellung?
Paranthropus robustus	2,0–1,5	Südafrika	Werkzeughand?
Homo rudolfensis	2,5–1,9	Ostafrika, Südostafrika	Ältester Vertreter der Gattung *Homo*?

(Fortsetzung)

Tab. 7.1 (Fortsetzung)

Gattung, Art	Alter (Mio. Jahre)	Fundregion	Besonderheiten
Homo habilis	2,4–1,4	Ostafrika, Südafrika	Werkzeugherstellung
Homo ergaster	1,9–1,5	Ostafrika, Südafrika	Auch „früher" oder „afrikanischer *Homo erectus*"
Homo georgicus	1,8	Westasien	Auch „früher *Homo erectus*"
Homo erectus	1,5–0,1 (?)	Ostasien, Südostasien, Afrika	Auch „asiatischer" oder „später" *Homo erectus*
Homo longi	0,3–0,1[a]	Ostasien	Sammelart mehrerer chinesischer Fossilfunde
Homo juluensis	0,2[a]	Ostasien	Sammelart mehrerer chinesischer Fossilfunde
Homo floresiensis	0,1[b]	Südostasien	Taxonomische Stellung unklar
Homo luzonensis	0,1	Südostasien	Taxonomische Stellung unklar
Homo naledi	0,3–0,2	Südafrika	Taxonomische Stellung unklar
Homo antecessor	0,8–0,5	Europa	Identisch mit *Homo erectus*?
Homo rhodesiensis	0,7–0,2	SO-, Süd- und Ostafrika	Identisch mit *Homo heidelbergensis*?
Homo heidelbergensis	0,6–0,1	Europa	Bindeglied zwischen *H. erectus*, Neandertaler, Denisova-Mensch?
Denisova-Mensch	0,4–0,1	Asien	Paläogenetisch entdeckt; bisher nur vereinzelte fossile Fragmente/Zähne; zu *Homo juluensis*?
Homo steinheimensis	0,4	Nur lokale Bedeutung	Keine eigene Art, nur Fundortbeschreibung
Homo neanderthalensis (auch *Homo sapiens neanderthalensis*)	0,4[c]/0,2–0,03[c]	Europa, Westasien	Bestuntersuchte Frühmenschenart
Homo sapiens (auch *Homo sapiens sapiens*)	0,3[d]/0,2–heute	Weltweit	Jetztmenschen

[a] Bae & Wu 2024; [b] Sutikna et al. 2016; [c] mit Sima de los Huesos; [d] mit Jebel Irhoud

Abb. 7.41 zeigt eine schematische Darstellung des menschlichen Stammbusches mit seinen Zweigen. Da die Identität und die verwandtschaftlichen Beziehungen vieler Gattungen und Arten nicht geklärt sind, deutet Nachbarschaft in diesem Stammbaum nicht unbedingt auf Verwandtschaft, sondern nur auf zeitliche und/oder räumliche Nähe hin.

Eine etwas übersichtlichere Darstellung ergibt sich aus Sicht der „Lumper", also derjenigen Paläoanthropolog:innen, welche die unübersichtliche Vielfalt (tatsächlicher oder vermeintlicher) Homininen-Arten in wenige Gruppen zusammenfassen (Tab. 7.2).

Noch nicht eingeflossen sind in diese Tabelle die asiatischen Fossilien, die bisher als *Homo erectus* oder „archaischer *Homo sapiens*" klassifiziert wurden und die nun als *Homo longi* und *Homo juluensis* inklusive des Denisova-Menschen zusammengefasst werden

Der menschliche Stammbaum aus heutiger Sicht

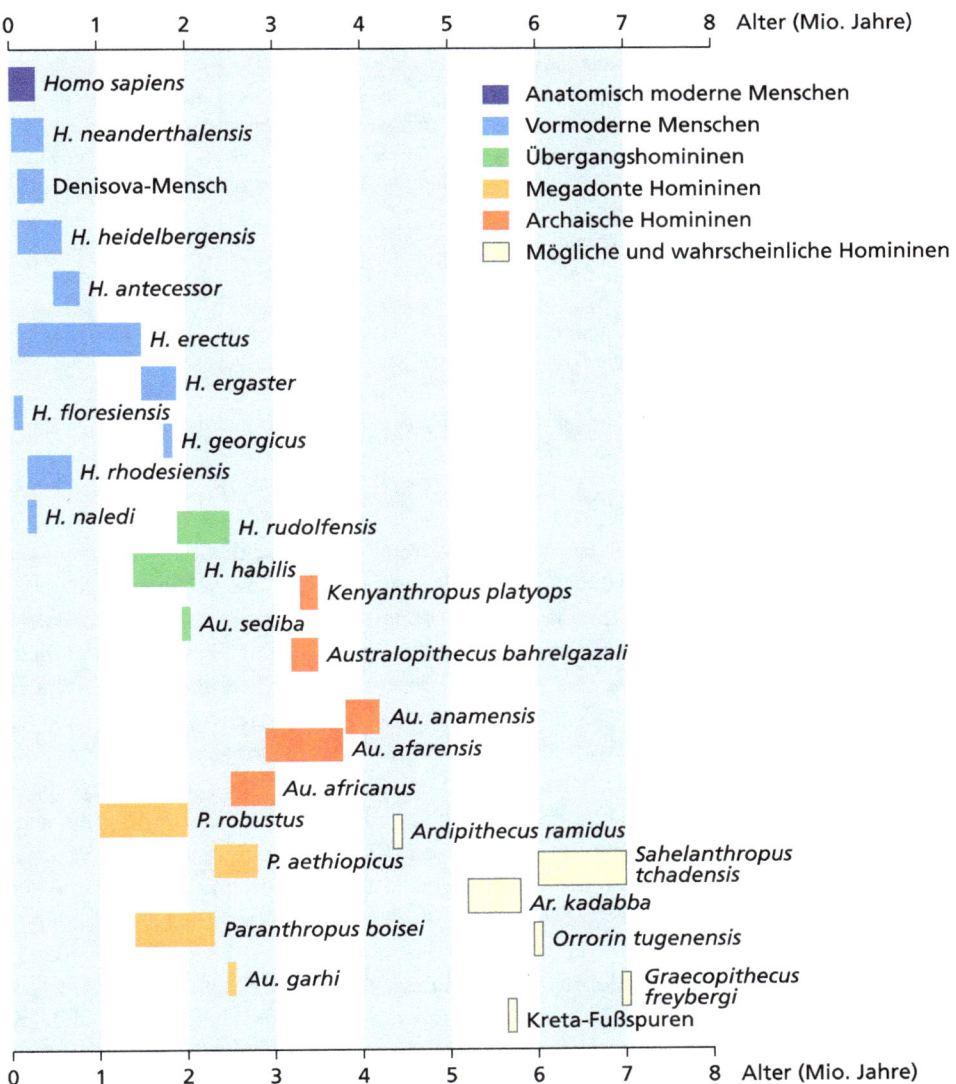

Abb. 7.41 Stammbaum des Menschen. Beginn und Ende eines Balkens bezeichnen die ältesten bzw. jüngsten Funde; die Balkenlänge enthält zudem die Spanne der jeweiligen Altersschätzungen und muss daher nicht identisch sein mit der Lebensdauer der Art. (Nach Wood und Lonergan, 2008; verändert und ergänzt; Grafik: Dr. Martin Lay)

könnten (Bae und Wu 2024). Da diese neue Klassifizierung aber auch Auswirkungen auf die mögliche Entstehungs- und Wanderungsgeschichte des *Homo sapiens* haben könnte, ist diese Diskussion vermutlich nicht so schnell abgeschlossen.

Welche Einteilung ist nun die „richtige"? Hinter all diesen taxonomischen Klassifizierungen stecken auch heute noch jede Menge offener Fragen. Nach welchen Kriterien

Tab. 7.2 Alternative Übersicht über den menschlichen Stammbaum. (Nach Wood und Lonergan 2008)

Grobklassifizierung	Gattung/Art	Eingeschlossene Taxa
Mögliche und wahrscheinliche Homininen	*Ardipithecus ramidus*	*Ardipithecus kadabba, Sahelanthropus tchadensis, Orrorin tugenensis*
Archaische Homininen	*Australopithecus afarensis*	*Kenyanthropus platyops, Australopithecus anamensis, Australopithecus bahrelghazali*
	Australopithecus africanus	
Großzähnige („megadonte") Homininen	*Paranthropus boisei*	*Paranthropus aethiopicus, Australopithecus garhi*
	Paranthropus robustus	
Übergangshomininen	*Homo habilis*	*Homo rudolfensis*
Vormoderne Menschen	*Homo erectus*	*Homo ergaster, Homo floresiensis*
Anatomisch moderne Menschen	*Homo sapiens*	*Homo antecessor, Homo heidelbergensis, Homo neanderthalensis*

etwa lässt sich ein früher Hominine, also ein Vertreter des menschlichen Stammbaumes, von einem frühen Vertreter des Menschenaffen-Stammbaumes unterscheiden? Oder von einem Vertreter ausgestorbener Linien, die dem gemeinsamen Stamm von Menschenaffen und Menschen nahestanden? Wie viele Arten sollen innerhalb der Fossilienfunde unterschieden werden, ohne regionale und zeitliche Unterschiede, Lebensalter der Individuen oder Geschlechtsunterschiede bei Einzelfunden zu stark zu interpretieren? Nach welchen Kriterien sollen Verwandtschaftsverhältnisse innerhalb des Stammbaumes bestimmt oder festgelegt werden? Welche Teile beispielsweise des Schädels sollen dazu herangezogen werden? Und nicht zuletzt: Welche Kriterien sollen angelegt werden, um nicht nur eine neue Art, sondern eine neue Gattung zu definieren (Wood und Lonergan 2008, S. 364)? Alle taxonomischen Einteilungen des menschlichen Stammbaumes mit Gattungen, Arten und Verwandtschaftsbeziehungen müssen immer mit einem gewissen Vorbehalt betrachtet werden, schließlich beruhen die allermeisten Beschreibungen auf wenigen Funden – einzelnen Schädeln oder Schädelfragmenten, einem Unterkiefer mit Zähnen oder gar einzelnen Zähnen, die dazu einen Altersunterschied von einigen Hunderttausend Jahre aufweisen und möglicherweise mal zu männlichen, weiblichen oder juvenilen Individuen gehörten. Klar ist, dass es seit der Trennung der Linien von Menschenaffen und Menschen über mehrere Millionen Jahre hinweg eine deutlich erkennbare Entwicklung gegeben hat. Wo aber (wenn überhaupt) in dieser zeitlich und geografisch kontinuierlichen Entwicklung scharfe Trennungslinien zwischen einzelnen Arten und Gattungen verliefen, wird sich angesichts des spärlichen Fossilbestands vermutlich niemals mit Sicherheit sagen lassen.

Theorien der Menschwerdung

8

In der Anthropologie geht es – ebenso wie in der vorliegenden Publikation zur „Evolution des Menschen" – nicht nur um den Vergleich morphologischer Merkmale fossiler und lebender Menschen und Primaten sowie um die Ableitung eines Stammbaumes aus den Ergebnissen dieser Analysen. Es geht auch um die Frage nach dem Ursprung spezifisch menschlicher Eigenschaften wie unserer ausgeprägten Sozialstruktur, unserer Kulturfähigkeit, unserer Sprache und unserer Erkenntnisfähigkeit (Grupe et al. 2012, S. 56). Die Anthropologie muss „Antworten auf die Frage suchen, welche Wechselwirkungen zwischen plio- und pleistozäner Umwelt und den Vorfahren des *Homo sapiens* für eine Gehirnentwicklung verantwortlich waren, die in einem Intellekt resultierte, der den rezenten *Homo sapiens* zu solchen Leistungen befähigt" (Grupe et al. 2012, S. 56).

Die Savannenhypothese

Der Erwerb des aufrechten Gangs, die Reduktion unseres Haarkleids und das einsetzende Gehirnwachstum, alle diese evolutionären Neuerungen werden in der Savannenhypothese elegant als Folge einer Veränderung der Lebensweise unserer Vorfahren interpretiert: Vom tropischen Wald zogen sie in die Savanne, als das Klima an der Grenze von Plio- zu Pleistozän trockener wurde und sich Savannenlandschaften ausbreiteten. Während die Menschenaffen weiterhin im Wald lebten und bei ihren bisherigen Gewohnheiten blieben, so die Theorie, war die menschliche Stammeslinie gezwungen, sich an die neue Umgebung anzupassen. Der aufrechte Gang wäre demzufolge nötig gewesen, um über das hohe Steppengras hinwegschauen zu können, die dadurch frei werdenden Hände konnten zur Werkzeugherstellung und zur Jagd genutzt werden, und Jagd wie Werkzeugnutzung begünstigten – aufgrund der dazu nötigen höheren kognitiven Leistung – das enorme Wachstum des Gehirns auf dem Weg zum modernen Menschen. Klingt alles sehr plausibel, stimmt aber wohl nicht.

Das „Kind von Taung", das 1925 als bis dahin ältestes Exemplar eines menschlichen Vorfahren von Raymond Dart beschrieben wurde und heute als *Australopithecus africanus* bekannt ist, wurde in einer Gegend gefunden, die offenbar seit Millionen von Jahren unbewaldet war. „What could an anthropoid ape with a brain bigger than that of a chimpanzee and rivalling that of a gorilla be doing here in South Africa away from the tropical forests and jungles, out in the open, grass-covered plains and undulating, treeless lands of Transvaal?", fragte sich der neugierig gewordene Anatom (Dart und Craig 1959, S. 7). Aus dieser Einschätzung des damaligen Lebensraumes entstand die Savannenhypothese: Während die Nahrungssuche im Wald leicht und das Angebot reichlich war, waren für das Überleben in der trockenen Savanne neue Fähigkeiten und Fertigkeiten gefragt, die eine Entwicklung zu intelligenteren und geschickteren Primatenformen bevorzugten.

Auch Yves Coppens, der französische Leiter der „Lucy"-Expedition und Mitentdecker des berühmten *Australopithecus afarensis*, schlug dasselbe, scheinbar plausible Szenario vor: Vor rund 10 Mio. Jahren hätte sich aufgrund der geoklimatischen Veränderungen am ostafrikanischen Rift Valley die Trennung in eine westliche, feuchte Regenwaldzone und eine östlich des Grabenbruchs gelegene, trockene Savannenzone vollzogen, was letztlich zu einer Aufspaltung der ursprünglichen Hominidenpopulation in die Linien der Menschenaffen und der Menschen geführt hätte (Henke und Rothe 2003, S. 28).

1995 kamen erste Zweifel an dieser Hypothese auf, wurde doch der 3–3,5 Mio. Jahre alte *Australopithecus bahrelghazali* im Tschad in einer Umgebung gefunden, deren paläoökologische Befunde nicht zu einer savannenlebenden Art passen (Henke und Rothe 2003, S. 28). *Australopithecus anamensis* wurde später ebenfalls in einer Umgebung gefunden, die zu Lebzeiten des Vormenschen offenbar durch Galeriewälder und bewaldete Seeufer gekennzeichnet war (Henke und Rothe 2003, S. 29).

Aber auch generell war die Übertragung der heutigen ökologischen Umstände auf die Vergangenheit offensichtlich nicht tragfähig. Analysen der Zusammensetzung der Kohlenstoffisotope fossiler Überreste in den kenianischen Tugen Hills (genau dort, wo im Jahr 2000 mit *Orrorin tugenensis* das bis dahin älteste hominine Fossil gefunden wurde; Senut et al. 2001) ergaben, dass sich die pflanzliche Zusammensetzung und damit das Klima über die letzten 15 Mio. Jahre nicht wesentlich verändert hat: Offenes Grasland hat demnach in diesem Teil des Rift Valleys nie dominiert, jedenfalls nicht zu der fraglichen Zeit der Menschwerdung. Wenn sich die Menschheit im späten Miozän in Ostafrika entwickelt hat, tat sie dieses in einer ökologisch reichhaltigen Umgebung (Kingston et al. 1994).

Ähnlich sieht das Bild nach heutigem Wissen für den kritischen Zeitraum der Menschwerdung aus, den Übergang von Vor- zu Urmenschen. In der mutmaßlichen ostafrikanischen Heimat der Menschheit – beispielsweise rund um den Turkana-See, dem Fundort zahlreicher vor- und frühmenschlicher Fossilien – fand man in 3,6 Mio. Jahre alten Sedimentablagerungen eines vormals wesentlich größeren Sees zahlreiche fossile Überreste großer Fische und weitere Belege dafür, dass die heutige Wüstengegend früher von Graslandschaften und Bäumen geprägt war (deMenocal 2015, S. 8). Bohrkerne aus dem Meer vor der ostafrikanischen wie vor der nordägyptischen Küste zeigen, dass das Klima regelmäßig zwischen trockenen und feuchteren Phasen schwankte, wobei die Schwankungen mit einer Periode von 23.000 Jahren mit der Präzession, also der Schwankung der Erdachse in ihrer Stellung zur Sonne, zusammenfallen und vermutlich dadurch erklärt werden können (deMenocal 2015, S. 10). Noch vor 10.000 Jahren war die Sahara so feucht, dass auf dortigen Felsbildern aus dieser Zeit Elefanten, Giraffen, Flusspferde und Krokodile abgebildet sind: „Die Sahara war damals eine Gras- und Baumlandschaft mit vielen Seen" (deMenocal 2015, S. 10).

Nicht zuletzt ist der Mensch an ein Leben in der Savanne auch gar nicht angepasst – was man aber erwarten sollte, wenn unsere Vorfahren dort Millionen von Jahren gelebt hätten: Wir haben kein sonnenreflektierendes Fell; unsere Schweißdrüsen verdunsten Unmengen von Wasser (in einer trockenen Savanne nicht gerade lebensfördernd); wir können keine großen Mengen Wasser auf Vorrat trinken, wenn kurzfristig Wasser vorhanden ist; und schließlich sind unsere Nieren nicht in der Lage, den Urin so zu konzentrieren, wie savannenlebende Tiere das im Allgemeinen zweckmäßigerweise können: „Wenn unsere frühesten Vorfahren tatsächlich je Savannenbewohner waren, waren sie die schlimmsten, die verschwenderischsten Urinierer der Savanne!" (Tobias 2011, S. 9).

Eine Untersuchung der Kohlenstoffzusammensetzung fossiler Zähne liefert aber einen anderen Hinweis für den möglichen Erfolg unserer Stammeslinie: Man kann heute noch unterscheiden, ob sich Früh- und Vormenschen eher von typischen Savannengräsern oder von Gräsern feuchter Regionen und Gehölzpflanzen bzw. deren Früchten ernährt haben. Grund ist ein Unterschied im Fotosyntheseapparat: Pflanzen trockener Klimate bevorzugen den sogenannten C_4-Weg der Fotosynthese, der auch unter Wassermangel effektiv abläuft, während Pflanzen feuchterer Klimate den C_3-Weg nutzen (der Name leitet sich von dem primären Zwischenprodukt der CO_2-Fixierung ab, wobei zunächst entweder ein Produkt mit vier oder mit drei Kohlenstoffatomen gebildet wird). Die unterschiedlichen Enzyme der beiden Fotosynthesewege unterscheiden sich allerdings auch in ihrer Aktivität hinsichtlich des Einbaus des seltenen Kohlenstoffisotops ^{13}C im Verhältnis zum häufigeren und leichteren Isotop ^{12}C. Über den Vergleich von Pflanzenüberresten in Sedimenten und dem $^{13}C/^{12}C$-Verhältnis fossiler Zähne kann also sowohl auf das vorherrschende Klima als auch auf die bevorzugte Nahrung geschlossen werden. Vertreter der Gattung *Australopithecus* ernährten sich offenbar hauptsächlich von C_3-Pflanzen, die in feuchterem Klima gedeihen. Vor 2,8 Mio. Jahren entstanden dauerhaft grasbewachsene Gebiete wie die Serengeti – und *Australopithecus afarensis* („Lucy") starb nach einer 900.000-jährigen Erfolgsgeschichte aus (deMenocal 2015, S. 10). Anschließend begannen die Erfolgsgeschichten der „robusten Australopithecinen" der Gattung *Paranthropus* wie auch der ersten Vertreter der Gattung *Homo*. Während sich *P. boisei,* der „Nussknackermensch", nach Zahnanalysen vor allem von C_4-Gräsern (und offenbar gar nicht von Nüssen; deMenocal 2015, S. 10) ernährte, nutzte *Homo* ein breites Spektrum von C_3- und C_4-Pflanzen, obwohl die Vegetation immer trockener wurde. Vermutlich half die aufkommende Werkzeugkultur dabei, sich ausgewogene Nahrungsquellen (inklusive tierischer Proteine) zu erschließen und sich durch diese generalistische Flexibilität einen entscheidenden Vorteil vor *Paranthropus* zu verschaffen, dessen Stammeslinie vor 1 Mio. Jahre endete.

Das Pleistozän fällt als geologische Epoche aber neben der Schließung des Isthmus von Panama zeitlich auch mit einem ganz anderen, wahrhaft „außerirdischen" Vorkommnis zusammen: Wie Forscher anhand von Eisenisotopen in irdischen Meeressedimenten wie auch in Proben von Mondgestein nachweisen konnten, explodierten in einer Zeitspanne von 3–1,5 Mio. Jahren vor heute einige Sterne in einer Entfernung von „nur" 300 Lichtjahren von unserem Sonnensystem. Es ist natürlich nur eine Spekulation, die sich kaum beweisen lassen dürfte, aber vielleicht war die dabei frei werdende kosmische Strahlung mitverantwortlich für unsere eigene Entstehung: Durch die Ionisation von Atomen in der Erdatmosphäre könnten sich Kondensationskeime gebildet haben, die zu einer verstärkten Wolkenbildung und damit zu einer verstärkten Reflektion der Sonneneinstrahlung führten. Das Absinken der Durchschnittstemperaturen auf der Nordhalbkugel, die Vergletscherung Europas, das kältere und trockenere Klima Afrikas und die dadurch in Gang kommende Entwicklung der Gattung *Homo* wären dann letztlich durch Sternenexplosionen beeinflusst, wenn nicht gar initiiert worden (Faestermann und Korschinek 2017).

Menschliche Kooperation oder das „egoistische Gen"?

> „Bei vollkommen sozialen Tieren wirkt natürliche Zuchtwahl zuweilen indirekt auf das Individuum durch die Erhaltung von Abänderungen, welche für die Gesellschaft nützlich sind. Eine Genossenschaft, welche eine große Anzahl gut ausgestatteter Individuen umfasst, nimmt an Zahl zu und besiegt andere, weniger begünstigte, auch wenn das einzelne Glied nicht über die anderen Glieder derselben Gesellschaft hervorragt (Darwin 1908/2009)."

Eine wesentliche Voraussetzung für „die soziale Eroberung der Erde" (so auch der Titel eines der letzten Werke des kürzlich verstorbenen Soziobiologen Edward O. Wilson) durch unsere Art war vermutlich die Entwicklung einer im Tierreich in dieser ausgeprägten Form unbekannten Kooperationsfähigkeit. Wie ist es zu dieser Kooperationsfähigkeit gekommen? Dazu gab es in der wissenschaftlichen Gemeinschaft einen großen Disput zwischen Wilson und seinen Anhängern auf der einen Seite und Richard Dawkins, Verfasser des berühmten Buches *The Selfish Gene* (deutsch: *Das egoistische Gen*). Egoismus oder Nächstenliebe, Eigennutz oder Kooperation – was davon die wesentliche Triebkraft hinter der menschlichen Evolution sei, darum geht der Streit. Um die unterschiedlichen Positionen nachvollziehen zu können, betrachten wir die Kerne beider Theorien etwas genauer.

Die Idee hinter dem „egoistischen Gen" wird am deutlichsten, wenn wir uns die Zustände auf der Erde vor 3–4 Mrd. Jahren in Erinnerung rufen. Hier im Präkambrium vollzogen sich die als „chemische Evolution" bezeichneten, aber bis heute nicht völlig verstandenen Schritte der „abiogenen" Bildung organischer Moleküle aus anorganischen Stoffen, also ohne die Beteiligung von Leben in diesem Prozess, und die darauffolgende Entstehung von ersten sich selbst replizierenden „Lebewesen" (wie immer diese ausgesehen haben mögen) aus diesen abiogen gebildeten organischen Stoffen.

Atome verbinden sich – unter bestimmten energetischen Rahmenbedingungen – zu Molekülen, die mehr oder weniger stabil sein können. Der erste Schritt, die Entstehung organischer Moleküle aus anorganischen Ausgangsstoffen unter abiotischen, also unbelebten, Bedingungen ist seit den legendären Experimenten von Miller im Jahr 1953 einigermaßen verstanden und allgemein akzeptiert (Rahmann 1980, S. 78 f.): In einer einfachen „Ursuppe" aus Wasserdampf, Methan und Ammoniak, durch die er elektrische Funken leitete, konnte er nach wenigen Stunden organische Lebensbausteine wie Aminosäuren, weitere einfache organische Säuren wie Ameisensäure oder Essigsäure und Harnstoff nachweisen. Diese Experimente zeigten erstmals, dass in der Urzeit der Erde die abiogene Synthese organischer Bausteine aus einfachen anorganischen Ausgangsstoffen möglich war (Rahmann 1980, S. 78 ff.).

Wie könnte der nächste Schritt in der Entwicklung des Lebendigen ausgesehen haben? Geben wir den gerade entstandenen Lebensbausteinen ein paar Millionen Jahre Zeit, lassen wir sie in kleinen, warmen Tümpeln konzentrieren und eindicken (schon Darwin sprach 1871 von einem „warm little pond", in dem die ersten Lebensmoleküle entstanden sein könnten; DCP Lett. 7471) oder beispielsweise an Tonminerale adsorbieren und dadurch weiter konzentriert werden, miteinander reagieren und der Einwirkung von Hitze, Vulkanausbrüchen, den Gewittern der Urerde und der kosmischen Strahlung ausgesetzt sein – und wir stellen fest, dass manche davon stabiler sind als andere.

„Darwins ‚Überleben der Bestangepassten' ist in Wirklichkeit ein Sonderfall des allgemeineren Gesetzes vom *Fortbestand des Stabilen*. Das Universum ist voll von stabilen Gebilden" (Dawkins 2007, S. 52). Die weniger Stabilen zerfallen schnell wieder in ihre Bestandteile oder reagieren weiter mit anderen Atomen oder Molekülen, die Stabileren existieren vergleichsweise länger. „Die früheste Form der natürlichen Auslese war einfach eine Selektion stabiler und ein Verwerfen instabiler Formen. Daran ist nichts Geheimnisvolles. Es musste *per definitionem* geschehen" (Dawkins 2007, S. 54). Irgendwann – wir wissen weder wann noch wie – müssen dabei Moleküle entstanden sein, die in der Lage waren, sich selbst zu replizieren, also Kopien ihrer selbst herzustellen. Wer Schwierigkeiten hat, sich solch einen vermutlich seltenen „Zufall" vorzustellen, denke an die unermessliche Zeit von Millionen und Aberhunderten von Millionen Jahren, die dabei vergingen – Zeiträume, die wir Menschen schwer begreifen können. Unser Zeithorizont umfasst normalerweise unsere eigene Lebensspanne, die unserer Eltern und Kinder und vielleicht noch die unserer Großeltern und Enkel – alles in allem nicht viel mehr als vielleicht 100 Jahre. Hier müssen wir aber in Zeiträumen von 100 Mio. Jahren denken!

Die abiogene Synthese einfacher organischer Bausteine (beispielsweise Aminosäuren oder Nukleotide) ebenso wie lebenswichtiger Makromoleküle (vor allem Polypeptide bzw. Proteine und Nukleinsäuren) ist also unter den vorhandenen Bedingungen und in den zur Verfügung stehenden Zeiträumen möglich und plausibel. Auch die Bildung organisierter Systeme, mit Membranen gegen die Außenwelt abgegrenzter Kompartimente mit inneren Strukturen, ist heute experimentell nachweisbar (soll uns hier aber nicht im Detail interessieren). Und dann muss es mindestens einmal zur Ausbildung eines sogenannten

„Hyperzyklus" gekommen sein (Rauchfuß 2013, S. 263 ff.), also der Verschränkung von Proteinreplikation und der dazugehörenden Informationsspeicherung in Nukleinsäuren (vielleicht auch nur genau einmal – dass alles irdische Leben auf dem exakt identischen Vier-Basen-Code beruht, spricht dafür). Hierbei kam es durch die auch schon in dieser Phase der chemischen Evolution wirksamen Kräfte der Selektion zu einer Anreicherung stabiler und sich zuverlässig replizierender Moleküle und Strukturen. Angereichert wurden dabei genau diejenigen Molekülvarianten, die entweder besonders langlebig waren oder sich sehr schnell oder sehr genau replizierten. Der letzte Punkt betrifft das, was wir heute bei Lebewesen als Mutation bezeichnen: Bei jedem Kopiervorgang geschehen hin und wieder Fehler, durch die aus einer homogenen Molekül„population" mit der Zeit eine mehr oder weniger heterogene Molekülmischung wird. Der nächste wichtige Schritt in Dawkins' Gedankengang zum „egoistischen Gen" ist die Konkurrenz. Die Zahl der replizierenden Moleküle in der Ursuppe konnte nicht unendlich werden. Nicht der Platz oder das verfügbare Wasser der „Ursuppe" ist endlich, aber der Vorrat an abiotisch entstandenen organischen Bausteinen. Als die Zahl der „Replikatoren", wie Dawkins sie nennt, zunahm, wurden recht schnell die Bausteine knapp und zum limitierenden Faktor, das heißt, was Charles Darwin später für Pflanzen und Tiere beschrieb, setzte bereits auf der Ebene der ersten Biomoleküle ein: Der „Struggle for Life" mit dem „Survival of the Fittest" (wobei die Diskussion müßig ist, ob wir diese ersten „Replikatoren" nun als lebendig bezeichnen wollen oder nicht). Dawkins beschrieb das Szenario, das sich damals auf der Urerde abspielte, so:

> „Unter den Replikatorvarianten spielte sich ein Kampf ums Dasein ab. Sie wussten weder, dass sie kämpften, noch machten sie sich deswegen Sorgen; der Kampf wurde ohne Feindschaft, überhaupt ohne irgendwelche Gefühle geführt. Aber sie kämpften, nämlich in dem Sinn, dass jeder Kopierfehler, dessen Ergebnis ein höheres Stabilitätsniveau war oder eine neue Möglichkeit, die Stabilität von Rivalen zu vermindern, automatisch bewahrt und vervielfacht wurde. [...] Andere Replikatoren entdeckten vielleicht, wie sie sich schützen konnten, entweder chemisch oder indem sie eine Proteinwand um sich herum aufbauten. Auf diese Weise mögen die ersten lebenden Zellen entstanden sein. Die Replikatoren fingen an, nicht mehr einfach nur zu existieren, sondern für sich selbst Behälter zu konstruieren, Vehikel für ihr Fortbestehen. Es überlebten diejenigen Replikatoren, die um sich herum die besten ‚Überlebensmaschinen' bauten. Die ersten Überlebensmaschinen bestanden wahrscheinlich aus nicht mehr als einer Schutzschicht. Aber in dem Maße, wie neue Rivalen mit besseren und wirkungsvolleren Schutzhüllen entstanden, wurde das Leben immer schwieriger. Die Überlebensmaschinen wurden größer und perfekter, und der Vorgang war kumulativ und progressiv (Dawkins 2007, S. 62 f.)."

Der vorläufige Höhepunkt dieser Entwicklung, wir ahnen es, ist der weltweit verbreitete Mensch: Unsere Replikatoren heißen heute Gene – und wir sind ihre Überlebensmaschinen ... Dawkins selbst zog aus dieser Geschichte der „egoistischen", nur auf Selbsterhaltung bedachten Replikatorgene den Schluss, dass wir Menschen „egoistisch geboren" seien: Wer „eine Gesellschaft aufbauen möchte, in der die Einzelnen großzügig und selbstlos zugunsten eines gemeinsamen Wohlergehens zusammenarbeiten, kann [...]

wenig Hilfe von der biologischen Natur erwarten" (Dawkins 2007, S. 38). So weit der Hauptvertreter der Theorie der egoistischen Gene. Betrachten wir nun die Position der Anhänger der Gegenseite.

Für den (laut Klappentext) „berühmtesten Biologen unserer Zeit", den 2021 verstorbenen US-Amerikaner Edward O. Wilson, war unsere Kooperationsfähigkeit der alles entscheidende Faktor, der uns geholfen hat, uns erfolgreich über die ganze Erde auszubreiten und zur beherrschenden Art des Planeten Erde zu werden. Das Sozialverhalten des Menschen müsse sich dabei, so Wilson, ähnlich entwickelt haben wie an anderer Stelle im Tierreich. Die komplexesten Gesellschaften entstanden dabei durch „Eusozialität", also „echte" Sozialität, worunter man Gemeinschaften versteht, die ihre Nachkommen über Generationengrenzen hinweg gemeinsam aufziehen und dazu arbeitsteilig organisiert sind: Während einige Individuen am „Nest" oder Lager zurückbleiben und den Nachwuchs umsorgen, unternehmen andere Streifzüge zur Nahrungssuche (Wilson 2015, S. 15 ff.). In der menschlichen Entwicklungslinie war dieser Punkt vor etwa 2 Mio. Jahren erreicht, als offenbar eine der bis dahin vegetarisch lebenden *Australopithecus*-Arten, vermutlich in Zeiten der Not, Fleisch als attraktive Alternative entdeckte: „Damit eine Gruppe so energiereiche, aber weit verstreute Nahrungsquellen erschließen konnte, zahlte es sich nicht aus, als lose organisierter Verband von Erwachsenen und Jungtieren umherzustreifen wie heute Schimpansen und Bonobos. Viel effizienter war es, ein Lager zu belegen […] und Jäger auszusenden, die Fleisch nach Hause brachten" (Wilson 2015, S. 19 f.). Diese Einrichtung von Lagerstätten und organisierter Jagd und die dazu nötige Kommunikation und Kooperation führte „wie eine Art Dauerschachspiel" (Wilson 2015, S. 20) rund um „Chancen und Folgen von Bündnissen, Bindungen, sexuellem Kontakt, Rivalitäten, Dominanz, Betrug, Treue und Verrat" (Wilson 2015, S. 21) zu einem enormen Schub in der mentalen Entwicklung mit der entsprechenden Zunahme des Gehirnvolumens (dabei spielte sicher auch die energiereiche Fleischnahrung eine wichtige Rolle, aber das ist eine andere Geschichte, mit der wir uns später beschäftigen).

Nun setzt sich nach der Evolutionstheorie im Wechselspiel zwischen Variabilität, Mutation und Selektion diejenige Neuerung durch, die sich in einer erhöhten Nachkommenzahl niederschlägt. Wie aber kann etwas Abstraktes wie „Kooperationsfähigkeit" die Nachkommenzahl beeinflussen, damit von der Selektion bevorzugt werden und sich in der Population ausbreiten? Wilson schlug dafür einen Mechanismus vor, den er „Multilevel-Selektion" nannte. Diese läuft auf zwei Ebenen ab: einerseits auf der Individual-, andererseits auf der Gruppenebene. Die Individualselektion verläuft nach den bekannten Regeln des „Survival of the Fittest" und steht nicht im Widerspruch zur Theorie des „egoistischen Gens".

Neben unserer Existenz als Individuum sind wir als soziale Wesen aber immer auch Teil einer Gruppe, die uns noch dazu enorm wichtig ist: Vom Klatsch und Tratsch am Lagerfeuer der Wildbeuter bis hin zu aktuellen Zeitschriftentiteln mit Neuigkeiten und Belanglosigkeiten aus den Fürstenhäusern dieser Welt, von der Gemeinschaft eines Fußballvereins bis hin zum nationalistisch motivierten Krieg – die Zugehörigkeit zu einer Gruppe, der wir gern angehören und die wir anderen Gruppen als grundsätzlich überlegen betrachten, bestimmt unser Leben und unseren Alltag maßgeblich. Nun ist klar: Je besser eine solche Gruppe kooperiert, ob auf der Jagd oder im Kampf, desto mehr Nachkommen werden ihre Mitglieder haben. Da auch unser Verhalten letztlich auf die Aktivität und das Zusammenspiel von Genen zurückzuführen ist, gibt es also vermutlich Gene, die förderlich für kooperatives Verhalten sind. Entsprechende Gene für „Kooperationsfähigkeit" (was auch immer letztlich dazu führen mag) werden sich also in einer dadurch erfolgreichen Gruppe – oder genauer: in deren Genpool – anreichern.

Gruppenselektion belohnt also kooperatives Verhalten, auf individueller Ebene siegt das „egoistische Gen" – wie lässt sich dieser Widerspruch auflösen? Wer von beiden – Wilson oder Dawkins – „hatte Recht"? Vielleicht ist der Widerspruch, der dem öffentlichen Disput der beiden zugrunde lag, gar nicht vorhanden: Das egoistische Gen ist „bestrebt" (wenn wir ausnahmsweise dem Stilmittel des anthropomorphistischen Duktus eines Dawkins folgen wollen), sich selbst möglichst oft zu replizieren und seine „Überlebensmaschinen" für diese Aufgabe optimal auszustatten. Wenn eine erhöhte Kooperation innerhalb der Gruppe durch die vorher beschriebenen Selektionsmechanismen zu einer erhöhten Frequenz des dafür verantwortlichen Gens im Genpool der Gruppe führt, hat das Gen – ganz egoistisch betrachtet – sein Ziel erreicht. Dass dieser Erfolg nicht durch egoistisches Verhalten des Individuums, sondern durch Kooperation erreicht wird, muss keinerlei Widerspruch zur Theorie des egoistischen Gens bedeuten.

Die Großmutterhypothese

Warum hat sich im Laufe der menschlichen Evolution die weibliche Menopause entwickelt? Wo liegt der Selektionsvorteil einer altersbedingten Unfruchtbarkeit? Bei den meisten anderen Säugetieren, so auch bei den Menschenaffen, gibt es diese mehr oder weniger lange Lebensspanne jenseits der Fortpflanzungsphase nicht. Auf den ersten Blick widerspricht eine frühzeitige Unfruchtbarkeit doch eigentlich der Maximierung des Fortpflanzungserfolgs. Allerdings hängt der langfristige „Erfolg" nicht nur von der kurzfristigen Anzahl der gezeugten und geborenen Nachkommen ab, sondern noch mehr von deren mittelfristigem Überleben bis zum Erreichen der Geschlechtsreife und der wiederum erfolgreichen Fortpflanzung in der nächsten Generation. Genau hier setzt die „Großmutterhypothese" an, die der amerikanische Evolutionsbiologe George Christopher Williams erstmals im Jahr 1957 formulierte: „A termination of increasingly hazardous pregnancies would enable her to devote her whole remaining energy to the care of her living children" (Williams 1957, S. 408). Durch das Klimakterium vermeidet die Menschenfrau die Gefahr, die eine Geburt mit fortschreitendem Alter für die Mutter darstellt, genauso wie die Gefahr, die der Tod der Mutter für das Kind darstellt. Da die Entwicklung menschlicher Kinder sehr viel langsamer verläuft als die Entwicklung von Gorillas oder Schimpansen, die Geburt aber wegen des größeren Babys sehr viel gefährlicher ist (eine Menschenfrau mit 65 kg Körpergewicht bringt 3,5 kg schwere Kinder zur Welt; das Kind eines 90 kg schweren Gorillaweibchens wiegt nur 1 kg!), hat es sich offenbar unter

Selektionsgesichtspunkten ausgezahlt, drei bereits geborene, aber noch abhängige Kinder großzuziehen, als bei der Geburt eines vierten, fünften oder weiteren Kindes das eigene Leben zu riskieren. „Die sich verschlechternden Aussichten führten wahrscheinlich durch natürliche Selektion zum Klimakterium und zum Ende der weiblichen Fruchtbarkeit, um die früheren Investitionen der Mutter zu schützen. Da die Geburt von Kindern für Männer nicht mit einer Todesgefahr verbunden ist, entwickelte sich bei ihnen kein Klimakterium" (Diamond 2014, S. 172 f.).

Die Großmutterhypothese wurde in den Anfängen der Anthropologie allerdings lange angezweifelt – Frauen spielten in den Augen der frühen (meist männlichen) Biologen und Anthropologen offenbar keine große Rolle in der Evolution des Menschen: Die Funktion einer Frau bestand für sie lediglich darin, die Kinder eines Mannes zu gebären und aufzuziehen – Frauen, die keine Kinder mehr bekommen konnten, galten daher als „irrelevante Gestalten", die sich aufgrund ihrer Gebrechlichkeit und ihrer geringen Restlebenserwartung nicht mehr nützlich machen konnten (Hrdy 2010, S. 332 f.). Spätere ethnologische Untersuchungen, welche die demografischen Verhältnisse in Wildbeuterkulturen untersuchten, stellen jedoch fest, dass die durchschnittliche Lebenserwartung generell zwar nur bei 30 Jahren lag, dass dies jedoch vor allem auf die hohe Kindersterblichkeit zurückzuführen war: Personen, die das 15. Lebensjahr erreichten, erreichten mit 60 %iger Wahrscheinlichkeit auch das 45. Lebensjahr. Diejenigen, die 45 Jahre überlebten, hatten gute Chancen, noch wesentlich älter zu werden – 8 % der Gemeinschaft wurden 60 Jahre und älter (Hrdy 2010, S. 333).

Nach Untersuchungen der amerikanischen Anthropologin Kristen Hawkes über den Beitrag älterer Frauen sowohl zur Nahrungsbeschaffung wie zur Kinderbetreuung wurde die Hypothese von Williams über die Unterstützung der Kinder mit dem positiven Einfluss der Großmütter auf das Überleben ihrer Enkel erklärt (Hawkes 2004). Waren es also die Vorteile, die erwachsene Kinder durch die erhaltene familiäre Hilfe erfuhren, die zur Verlängerung unserer Lebensspanne bei gleichzeitiger Unfruchtbarkeit der Frau führten? Eine mathematische Modellierung konnte zeigen, dass das Versorgen der eigenen Kinder und Enkel unter Verzicht auf weitere eigene Kinder bei einem Lebensalter, wie wir Menschen es erreichen, zu mehr Nachkommen führt. Bei einem Lebensalter, wie Menschenaffen es durchschnittlich erreichen, ist hingegen die fortgesetzte Fruchtbarkeit und Produktion eigener Nachkommen die erfolgreichere Strategie (Kim et al. 2014).

Vielleicht ist die Erklärung der weiblichen Menopause beim Menschen aber auch viel einfacher: Eine über die Fruchtbarkeit hinausgehende Lebenserwartung ist außer beim Menschen beispielsweise auch von einigen Grindwalen oder dem Afrikanischen Elefanten bekannt. Wale und Elefanten legen – wie der Mensch – schon während der Entwicklung des weiblichen Embryos einen Eizellenvorrat an, der für die gesamte Lebenszeit des heranwachsenden Weibchens ausreichen muss. Nach rund 50 Jahren ist dieser Vorrat aufgebraucht. Möglicherweise ist die Menopause also gar keine Anpassung mit irgendwelchen Selektionsvorteilen, sondern einfach eine biologische Begrenzung, die sich aus der kontingenten Entwicklungsgeschichte ergeben hat (Voland et al. 2004).

Dennoch können ältere Frauen auch und gerade jenseits der Fruchtbarkeitsphase entscheidend zum Erfolg einer menschlichen Gemeinschaft beigetragen haben. Bis heute weiß niemand genau, was den Anstoß gegeben hat, dass sich aus oder neben dem kleinen, leichten Vormenschen *Australopithecus* und dem Urmenschentyp des *Homo habilis* der größere, schwerere Typ des *Homo erectus* entwickelt hat. Klar ist, dass *Homo erectus* neue Wege finden musste, den höheren Energiebedarf seines schwereren Körpers und seines größeren Gehirns zu decken. Neben den Früchten, die im zunehmend kühleren und trockeneren Klima am Ende des Pliozäns spärlicher und weniger zuverlässig zur Verfügung standen, und dem Fleisch, das vermutlich auch nicht ständig auf dem Speiseplan stand, konnten unterirdische Knollen diese Energie liefern. Savannen bewohnende Paviane und Schimpansen graben mit Stöcken nach solchen Knollen. Unsere Vorfahren könnten also ebenfalls ihr Nahrungsangebot mit diesen zuverlässig vorhandenen, aber schwer zugänglichen Energielieferanten angereichert haben, gerade in Krisenzeiten, wenn weder Früchte noch Fleisch zur Verfügung standen. „Wenn jeder Sammler ein Botaniker ist – jemand, der genau weiß, welche Pflanzen essbar und welche giftig sind und wo und wann die essbaren Pflanzen vorkommen –, sind ältere Frauen besonders sachkundige Botaniker" (Hrdy 2010, S. 353). Unter den Lebensbedingungen unserer Jäger- und-Sammler-Vorfahren konnte das Wissen eines einzigen 70-jährigen Clanmitglieds über das Überleben oder Verhungern der ganzen Gruppe entscheiden (Diamond 2014, S. 159). „Besonders vor der Verbreitung der Schrift dienten sie [die Älteren] als Träger von unentbehrlichem Wissen", so der amerikanische Anthropologe und Evolutionsbiologe Jared Diamond (2014, S. 172).

Hinzu kommt noch die Vermittlung von anderen Formen traditionellen Wissens: über wirksame Heilkräuter bei verschiedenen Krankheiten, über Umweltgefahren oder weit entfernt lebende andere Gruppen.

„Abgesehen vom Menschen werden Informationen und Fertigkeiten jedoch hauptsächlich durch praktisches Vorführen vermittelt, nicht durch Unterrichten oder durch intentionales Teilen von Wissen. Leiden Schimpansen beispielsweise an Durchfall, suchen sie nach einer bestimmten Pflanze, die Eingeweideparasiten hemmt. Aber soweit ich weiß, behandeln Schimpansen nur sich selbst. Es war die geschickte Nutzung neuer Nahrungsquellen und Technologien in der Gattung *Homo*, in Verbindung mit der wachsenden Bedeutung von Teilen und Unterrichten, die neue Möglichkeiten der verwandtschaftlichen Unterstützung zwischen den Generationen und für die Veränderung des Kosten-Nutzen-Verhältnisses der Anwesenheit älterer Gruppenmitglieder eröffnete (Hrdy 2010, S. 354)."

Unabhängig davon, ob es nun einen Selektionsvorteil hinsichtlich der Entwicklung einer Menopause und der „Entstehung" der Großmutter gab oder nicht, steht offensichtlich eines fest: Nur mit dieser neuen, kooperativen Art der Aufzucht unter Mithilfe anderer Gruppenmitglieder war es den frühen Homininen möglich, trotz der wesentlich längeren, betreuungsintensiven Kindheitsphase in kürzeren Abständen als die übrigen Menschenaffen Kinder auf die Welt zu bringen und erfolgreich bis zum Erreichen der Pubertät großzuziehen (Hrdy 2010, S. 51).

Wat-, Wasseraffen- und verwandte Hypothesen

Mit der Wat- oder Uferhypothese versuchte der deutsche Anatom und Evolutionsbiologe Carsten Niemitz eine völlig neue Erklärung für die Entwicklung des aufrechten Gangs zu finden: Die Bipedie des Menschen entwickelte sich demnach beim Waten zur Nahrungssuche im flachen Wasser, wo unsere Vorfahren beispielsweise nach Muscheln und Fischen gesucht hätten (Niemitz 2004).

Die Hypothese der Entstehung des aufrechten Gangs im flachen Wasser des Uferbereichs bietet in der Tat Erklärungsansätze, Vorteile im Sinne der Selektion liegen hier auf der Hand: Fisch steht – im Gegensatz zum Fleisch der Großtierherden – ganzjährig zur Verfügung. Die biomechanische Belastung des Aufrichtens wird durch die Auftriebskraft des Wassers reduziert. Ein aufgerichteter Hominide wird beim Spähen durch die Wasseroberfläche wesentlich weniger durch Spiegelungen gestört als ein Hominide auf vier Beinen mit dem Gesicht knapp über dem Wasser; daraus ließe sich sogar ein positiver Selektionsdruck auf die Entwicklung unserer verlängerten Beine (verglichen mit unseren äffischen Verwandten) erklären. Auch solche ethologischen, also aus der Verhaltensforschung stammenden Hinweise sind durchaus ernst zu nehmen, vor allem, wenn sie weltweit und kulturübergreifend zu beobachten sind: Die Vorliebe des Menschen für Urlaub am Meer oder das Statussymbol einer Immobilie mit Seeblick – ein Zufall? Oder uraltes kollektives Erbe unserer Entwicklung?

Auch die Parasitologie liefert wertvolle Hinweise auf verwandtschaftliche Beziehungen: Wirtsspezifische Parasiten weisen auf eine enge Beziehung verschiedener Arten hin, auch wenn die gemeinsamen Wirte – wie beispielsweise Eis- und Braunbären oder die altweltlichen Kamele und die neuweltlichen Lamas – heute getrennte Lebensräume haben (Thenius 1979). Wenn wir uns typische auf den Menschen als Wirt spezialisierte Parasiten anschauen, dann finden wir auch hier Hinweise auf eine lange, gemeinsame Koevolution in Wassernähe (Aspöck und Walochnik 2007): Der Malariaerreger *Plasmodium* ist beispielsweise zwingend auf den Menschen als Wirt angewiesen und nutzt dazu Stechmücken als Übertragungsvehikel – diese können sich aber nur in der Nähe stehender Gewässer vermehren. Ein weiteres Beispiel stellen die Pärchenegel *Schistosoma mansoni*, Erreger der Darmbilharziose, dar. In ihrem Generationszyklus sind sie auf Süßwasserschnecken als Zwischenwirt angewiesen. Wie hätte sich so eine Abhängigkeit entwickeln können, wenn unsere Vorfahren sich nicht ständig in Wassernähe aufgehalten hätten?

Welche weiteren Indizien sprechen für diese Hypothese, um sie plausibel zu untermauern? Zunächst einmal wurden viele der bekannten Homininenfossilien in (ehemaligen) Uferregionen gefunden: *Sahelanthropus tchadensis* fand man in der Flachwasserzone des ehemaligen Tschad-Sees, zusammen mit den Resten von Fischen und Krokodilen, Antilopen und Schweinen (Niemitz 2004, S. 159). Auch Bezeichnungen wie *Homo rudolfensis* („der Mensch vom Rudolfsee") oder „Turkana Boy" für den *Homo ergaster*, der 1984 am Ufer des Turkana-Sees gefunden wurde (Walker und Shipman 2011), sprechen für sich. Und schließlich wurde neben dem bereits oben erwähnten *Australopithecus anamensis*, der nach „anam", dem Turkana-Wort für „See", benannt wurde, auch die berühmte „Lucy" (*Australopithecus afarensis*) im Afar-Gebiet an einem Zufluss des Awash-Flusses gefunden (Niemitz 2004, S. 160). Auch Menschenaffen bewegen sich heute noch aufrecht auf zwei Beinen, wenn sie Wasser durchqueren (Breuer et al. 2005).

Alles in allem bietet die Wathypothese einige elegante Erklärungsmöglichkeiten für die Entwicklung des aufrechten Gangs, die sich – im Gegensatz zu möglichen Szenarien der Savannenhypothese – unmittelbar in Selektionsvorteilen niederschlagen. Zusammen mit den anderen Hinweisen aus Ethologie oder Parasitologie lässt das zumindest eine entwicklungsgeschichtliche Nähe von Mensch und Wasser plausibel erscheinen.

Weiter als die Wathypothese geht die Wasseraffenhypothese, die erstmals im Jahr 1960 formuliert wurde (Hardy 1960). Auffällig ist, dass (zumindest die meisten) Menschen im Gegensatz zu ihren nächsten tierischen Verwandten ausgezeichnete Schwimmer und Taucher sind und viele Kilometer im Wasser zurücklegen können. Daraus leitete der britische Meeresbiologe Alister Hardy die These ab, dass der Mensch in seinen Anfängen eng mit dem Wasser verbunden gewesen sein müsste, was zur Ausbildung unserer besonderen Anatomie geführt und den Übergang vom Baumleben zum aufrechten Gang erleichtert hätte. Strände und Flussufer sind reich an Kleintieren. Beim Sammeln dieser leicht zu erbeutenden Nahrung nach dem ersten Verlassen der Wälder, so die Theorie, hätten sich unsere fernen Vorfahren in der Warmzeit des Pliozäns nach und nach immer tiefer ins seichte Wasser begeben und sich schließlich über den langen Zeitraum von 10 Mio. Jahren an das amphibische Leben im Wasser angepasst. Dabei habe sich der menschliche Körper so verändert, dass der aufrechte Gang ermöglicht wurde; auch konnten die erlernten Formen der Wasserjagd erfolgreich auf die Großwildjagd an Land übertragen werden – ab diesem Zeitpunkt deckt sich die menschliche Entwicklung gemäß der Wasseraffenhypothese mit der allgemein anerkannten Auffassung von der Menschwerdung (Morris 1978, S. 294).

Hauptargument gegen diese Theorie ist, dass es für die angebliche amphibische Phase des Menschen keine Hinweise gibt und die Annahme einer solchen Phase daher für die Erklärung der Menschwerdung auch nicht nötig sei. Als Argumente führen die Verteidiger der Wasseraffenhypothese nicht nur die Schwimm- und Tauchfähigkeit des Menschen an, sondern beispielsweise auch die erstaunliche Tatsache, dass neugeborene Säuglinge schwimmen können und unter Wasser reflexhaft die Luft anhalten – eine Fähigkeit, die sich erst einige Wochen nach der Geburt wieder verliert. Zudem sei unsere nackte Haut vergleichbar der von Delfinen, Walen und Seekühen (aber, so die Gegner der Theorie, nicht vergleichbar mit dem wasserdichten Fell von Biber, Otter, Seehund und Seelöwe), die übriggebliebene Körperbehaarung weise sogar einen Haarstrich auf, der die Wasserströmung beim Schwimmen nicht beeinträchtige, im Gegensatz zum Haarstrich der übrigen Primaten (Morris 1978, S. 296 f.). Manche dieser Argumente sind nicht von der Hand zu weisen, der Mensch ist unbestreitbar ein wasserliebendes Lebewesen – „allerdings verbringt er auch viel Zeit damit, in der Luft zu fliegen und unter der Erde zu graben. Daraus ist nicht unbedingt zu schließen, dass er während seiner Evolution eine Phase des Fliegens oder des Wühlens durchgemacht hat, sondern lediglich, dass er erfinderisch und neugierig bis an die Grenzen seiner Möglichkeiten geht" und die Wasserliebe und Schwimmfähigkeit vielleicht einfach nur „die Eroberung eines weiteren Teils seiner Umwelt widerspiegelt" (Morris 1978, S. 295 f.).

Noch weiter reichende Verbindungen zwischen der menschlichen Evolution und dem Wasser brachte der südafrikanische Paläoanthropologe Phillip Vallentine Tobias in die Diskussion (Tobias 2011): Menschen brauchen ständig Wasser, sei es zum Trinken oder zur Kühlung – die Nähe zum Wasser war also sicher ein wichtiger, wenn nicht der wichtigste Faktor für einen Lebensraum der sich entwickelnden menschlichen Population (Tobias 2011, S. 3). Ohne Wasser sterben Menschen in einem heißen, tropischen oder subtropischen Klima innerhalb von Tagen. Auch bei der Besiedelung der Erde spielte Wasser eine Rolle: Inseln wie Flores, die offensichtlich von *Homo erectus* oder gar früheren Homininen erreicht wurden, hatten nie eine Verbindung zum asiatischen Festland – unsere Vorfahren müssen die Insel schwimmend oder mit einfachen Schwimmkonstruktionen, vielleicht auch auf Elefanten reitend, erreicht haben. Kamen auf diesem Weg auch die Vorfahren von *Homo antecessor* vor 1 Mio. Jahre aus Nordafrika nach Spanien? Sie hätten sich auf diese Weise zumindest den weiten Weg rund um das Mittelmeer und die Überquerung der Pyrenäen gespart (Tobias 2011, S. 4).

„Man the Toolmaker" – der Mensch als Werkzeughersteller

Eng verknüpft mit der Entwicklung der menschlichen Hand und ihrer Manipulationsfähigkeit ist, wie in Kap. 7 beschrieben, der Gebrauch und später auch die Herstellung von Werkzeugen. Diese Werkzeugherstellung galt lange als der entscheidende Unterschied zwischen Tier und Mensch, als entscheidender Schritt auf dem Weg der Menschwerdung. Beeinflusst wurde diese Meinung vor allem durch das Werk *Man the Toolmaker* des britischen Paläontologen Kenneth P. Oakley von 1963. Oakley sah den Menschen als „soziales Tier", unterschieden durch seine Kultur: „Durch die Fähigkeit, Werkzeuge herzustellen und Ideen zu kommunizieren", wobei Ersteres das „wichtigste biologische Merkmal" des Menschen sei (Oakley 1972, S. 1). Auch vermutete Oakley eine dadurch einsetzende, mittels Rückkopplung beschleunigte weitere Entwicklung: „Als die unmittelbaren Vorfahren des Menschen die Fähigkeit erlangten, gewohnheitsmäßig aufrecht zu gehen, wurden ihre Hände frei, Werkzeuge herzustellen und handzuhaben – Tätigkeiten, die zunächst von entsprechenden geistigen und körperlichen Koordinationsfähigkeiten abhängig waren, die diese Fähigkeiten umgekehrt aber vielleicht auch steigerten" (Oakley 1972, S. 1). Im Gegensatz zur Veränderung körperlicher Eigenschaften durch die biologische Evolution, die auf Veränderungen der Umwelt im Zeitraum von Millionen von Jahren reagiere, könne ein Werkzeug als „außerkörperliche Ausrüstung eigener Herstellung" (ebd., S. 1) schnell verworfen oder den Umständen angepasst werden – und mache den Menschen damit zur „anpassungsfähigsten aller Kreaturen" (ebd., S. 1).

Durch die Herstellung und Verwendung von Werkzeugen soll es in einem „autokatalytischen" Prozess zu einer positiven Rückkopplung zwischen vier Hauptkomponenten gekommen sein (Grupe et al. 2012, S. 57): der Verkleinerung der Eckzähne, dem aufrechten Gang, den dadurch von der Fortbewegung befreiten Händen mit der Fähigkeit zur Werkzeugherstellung und dem einsetzenden Gehirnwachstum. Die Theorie des „Menschen als Werkzeugmacher" wurde aber auch kritisiert. Die Überbewertung technologischer Errungenschaften stand vermutlich unter dem Eindruck der industriellen Revolution und beeinflusste auch wissenschaftliche Theorien. Aber auch paläoanthropologische Befunde sprechen dagegen: Die Befunde über frühe Hominen mit aufrechtem Gang sind offenbar wesentlich älter als die ältesten Werkzeuge, sodass die Idee von Autokatalyse und Rückkopplung bei diesem zeitlich getrennten Auftreten hinfällig wurde (Grupe et al. 2012, S. 57).

Wie schon Oakley feststellte, stellt die Definition des Menschen als das „Werkzeug herstellende Tier" die Frage nach dem Zeitpunkt der Menschwerdung aber völlig neu: Dieser wird dann definiert durch das geologische Alter der ältesten absichtsvoll geformten Artefakte (Oakley 1972, S. 3). In den 1950er-Jahren suchten Mary und Louis Leakey in der Olduvai-Schlucht in Tansania jahrelang nach fossilen Hominidenresten, die zu den dort gefundenen Steinwerkzeugen passen, um deren Urheber zu identifizieren. Als sie 1961 (bzw. ihr Sohn Jonathan; Leakey 1981, S. 65) endlich homine Überreste fanden, waren sie überzeugt, den ersehnten ersten Werkzeughersteller gefunden zu haben – und benannten die neue Art folgerichtig als *Homo habilis,* den *geschickten Menschen.* Zwar war das Gehirn deutlich größer als das der bisher gefundenen *Australopithecus*-Arten (*A. boisei,* ebenfalls aus der Olduvai-Schlucht, und *A. africanus* aus Südafrika), dennoch bleibt die Einordnung in die Gattung *Homo* bis heute umstritten. Da dieser Vor- oder Ur„mensch" jedoch als der erste Werkzeugmacher galt, musste er nach damaligem Verständnis die Tier-Mensch-Grenze überschritten haben, die alternative Einordnung als *Australopithecus habilis,* die aus anatomischen Überlegungen ebenfalls infrage käme, konnte sich nicht durchsetzen.

Während diese Diskussion noch lief, wurden knapp 3,3 Mio. Jahre alte *Australopithecus*-ähnliche Fossilien gefunden, die als neue Art *Kenyanthropus platyops* bezeichnet wurden. Als älteste sicher datierte Steinwerkzeuge galten zu dieser Zeit in Äthiopien gefundene Geröllwerkzeuge vom Oldowan-Typ (so bezeichnet nach den ersten Funden aus der Olduvai-Schlucht), die ein Alter von 2,6 Mio. Jahren aufwiesen. Da diese Oldowan-Werkzeuge jedoch bereits Spuren gezielter Bearbeitung aufweisen, wurde vermutet, dass es noch ältere, einfachere Vorläufer geben müsste. Wo waren die Zeugnisse der ersten Versuche zur Werkzeugherstellung unserer Vorfahren?

2009 wurden in Äthiopien 3,3 Mio. Jahre alte Knochen mit Einkerbungen gefunden, die sich bei näherer Untersuchung als Bearbeitungsspuren herausstellten – offensichtlich hatte jemand das Fleisch mit scharfen Steinwerkzeugen von den Knochen geschnitten, und zwar von der Rippe eines kuhgroßen Huftieres und dem Oberschenkel eines ziegengroßen, jungen rinderartigen Tieres (McPherron et al. 2010). Bei diesem Alter der Funde musste also bereits *Australopithecus* Werkzeuge hergestellt und verwendet haben!

Aufgrund dieser Entdeckungen machte sich eine Forschergruppe gezielt auf die Suche nach Steinwerkzeugen, und zwar in den Bodenschichten der Fundstelle Lomekwi 3, in der ein Typusexemplar von *Kenyanthropus platyops* gefunden worden war. Und tatsächlich fanden sie dort nicht nur hammer- und ambossartige Steine, die auf ein Alter von 3,3 Mio. Jahre datiert werden konnten, sondern auch weitere Reste von *Kenyanthropus platyops* (Harmand et al. 2015). Damit war der „Mensch" der Gattung *Homo* als der erste Werkzeugmacher endgültig entthront.

Auch bei Gorillas wurde Werkzeuggebrauch beobachtet: So richtete sich ein wildlebendes Gorillaweibchen einen Stock passend her, um beim Durchqueren eines Tümpels damit einerseits die Wassertiefe vor sich auszuloten und sich andererseits darauf abzustützen; ein anderes rammte einen Stock tief in das morastige Ufer eines Tümpels, um sich daran festzuhalten, während es nach Wasserpflanzen fischte (Breuer et al. 2005).

War die Herstellung von Werkzeugen, einhergehend mit unserer Intelligenz, tatsächlich der ursächliche Grund, dass *Homo sapiens* zur beherrschenden Spezies des Planeten aufstieg? Der israelische Historiker Yuval Noah Harari hat daran Zweifel: „Wenn wir auf die Geschichte blicken, erkennen wir keine direkte Korrelation zwischen der Intelligenz und den Werkzeugmacherfähigkeiten einzelner Menschen und der Macht unserer Art als Ganzer" (Harari 2017, S. 182). Unsere Vorfahren verfügten vor 20.000 Jahren über eine höhere Intelligenz und bessere Fertigkeiten beim Werkzeugbau als der Durchschnittsmensch von heute, vermutet Harari (2017, S. 182): „In der Steinzeit stellte einen die natürliche Auslese in jedem einzelnen Moment jedes einzelnen Tages auf den Prüfstand, und wenn man bei einem dieser zahlreichen Tests durchfiel, konnte man gar nicht so schnell schauen, wie man ins Gras biss." Und doch blieben sie noch Tausende von Jahren „unbedeutende Geschöpfe mit wenig Einfluss auf das Ökosystem um sie herum". Damit sich die Menschen tatsächlich aufmachen konnten, die Welt zu erobern, musste noch etwas anderes hinzukommen: das soziale Gehirn und die damit einhergehende Möglichkeit, in großer Zahl flexibel zu kooperieren.

„Man the Hunter" – der Mensch als Jäger

> „If among all the members of our primate family the human being is unique, even in our noblest aspirations, it is because we alone through untold millions of years were continuously dependent on killing to survive (Ardrey 1976)."

Australopithecus war sicher kein Jäger. Mit seiner schmächtigen Gestalt, von der Größe etwa mit einem heutigen Schimpansen vergleichbar, war er vermutlich öfter Opfer von Beutegreifern wie Löwen, Hyänen und Säbelzahnkatzen, aber auch Krokodilen (Hart und Sussman 2005). Auch große Greifvögel gehörten zu den Jägern der Vormenschen, wie Berger und McGraw am berühmten Schädel des „Kindes von Taung", einem jungen *Australopithecus africanus* und Typusexemplar der Art, nachweisen konnten (Berger und McGraw 2007).

Die Theorie von „Man the Hunter", also dem Menschen – und dabei vorrangig dem Mann – als Jäger, geht letztlich auf Darwin zurück und kam in den 1960er-Jahren als grundlegende Erklärung für einen wesentlichen Schritt der Menschwerdung auf. Das gleichnamige Symposium 1965 und der daraus entstandene Tagungsband sprechen sogar von einem „single, crucial stage of human development", also einem einzelnen, entscheidenden Stadium der menschlichen Entwicklung (Lee und DeVore 1968). Die Theorie vom Menschen als Jäger ist eine Weiterentwicklung der Theorie des Menschen als Werkzeughersteller („Man the Toolmaker") und beschreibt die Jagd als neue Ernährungsstrategie, die zudem eine Basis für die Entwicklung von Planung, Arbeitsteilung und Kooperation innerhalb der frühmenschlichen Populationen darstellte (Grupe et al. 2012, S. 57). Die Hypothese, die offenbar vor allem bei männlichen Autoren beliebt war, geht davon aus, dass der Fleischkonsum beim Übergang zum Savannenleben immer wichtiger und damit die von Männern ausgeübte Jagd zu einem wesentlichen Element für die Evolution wurde – die daraus entstandenen Männerbündnisse seien die Grundlage sich herausbildender sozialer Systeme geworden.

Mit dem aufkommenden Feminismus der 1970er-Jahre wurde die Theorie vom „Mann als Jäger" zunehmend kritisiert, sprach sie doch allein dem Mann die treibende Rolle in der menschlichen Evolution zu – diese Überbewertung männlicher und Unterbewertung weiblicher gesellschaftlicher Rollen war sicher Ausdruck des zeitgenössischen patriarchalischen Denkens, da auch wissenschaftliche Theorien außerwissenschaftlichen Einflüssen aus der Gesellschaft unterliegen (Grupe et al. 2012, S. 57).

> „Die Ansicht, dass der Verzehr von erjagten Großtieren zur Formung der physischen und sozialen Umwelt der frühen Hominiden beitrug und jene Merkmale selektierte, die für den Hominisationsprozess entscheidend waren, war mehr von Mythen und sexistischen Vorurteilen sowie der Projektion gegenwärtiger Lebensformen auf archaische Bevölkerungen geprägt, als dass es das Ergebnis einer fundierten interdisziplinären Analyse gewesen wäre (Henke und Rothe 1994, S. 355)."

Aber auch unter biologischen Gesichtspunkten hat die Theorie Mängel: Die natürliche Selektion wirkt auf beide Geschlechter, die genetische Rekombination „summiert das Leben beider Geschlechter" (Pinker 2011, S. 246). Vielleicht war die Jagd eine Domäne der Männer, aber wahrscheinlich trugen die Frauen als Sammlerinnen einen großen Teil der Kalorien in Form von pflanzlicher Nahrung bei, wobei das Finden, Erkennen und Weiterverarbeiten der Pflanzen ebenfalls kognitive und handwerkliche Intelligenz verlangte. Dennoch war die Jagd sicher eine wichtige Triebkraft in der Evolution des Menschen: Entscheidend ist dabei aber „nicht, was der Geist zur Jagd beiträgt, sondern was die Jagd für den Geist leistet. Sie liefert von Zeit zu Zeit eine kräftige Portion konzentrierter Nährstoffe" (Pinker 2011, S. 246). Wann aber setzte der regelmäßige Verzehr von Fleisch bei unseren Ahnen ein?

Zwar werden Verdauungssysteme, die uns heute Auskunft über die Ernährung der Vormenschen geben könnten, nicht fossil erhalten, aber die relativ kleinen Zähne – eines der wesentlichen Unterscheidungsmerkmale von fossilen Affen- und Menschenüberresten – zeigen, dass *Australopithecus* sich wohl hauptsächlich von Früchten ernährt haben muss: Da diese frühen Homininen weder über Steinwerkzeuge verfügten, um tierische Jagdbeute zu zerlegen, noch das Feuer beherrschten, um Fleisch weich zu kochen, und ihre Zähne offensichtlich nicht die von Fleischfressern waren („Intestines do not fossilize, but teeth make up a good portion of the fossil remains of australopithecines and their dentition is not that of a carnivore"; Hart und Sussman 2005, S. 23), konnten sie mit Fleisch offensichtlich nicht viel anfangen. Warum also hätten sie jagen sollen?

Die amerikanischen Anthropologen Hart und Sussman kommen daher in ihrem bewusst provokant betitelten Buch *Man the Hunted* zu dem Schluss, dass es nicht die Jagd, sondern vielmehr die Rolle als Opfer anderer großer Fleischfresser war, die die Evolution des Menschen vorantrieb: Nur mit geistiger Überlegenheit und zunehmender Kooperation hätten es unsere Vorfahren geschafft, zu überleben – nicht, weil er jagte, wurde der Mensch zum Menschen, sondern weil er Millionen Jahre lang gejagt wurde!

„Killer Ape" – der Mensch als Killeraffe

> „They were murderers and flesh hunters; their favourite tool was a bludgeon of bone, usually the thighbone or armbone of an antelope. [...] I concluded that Australopithecus too had used sharp penetrating tools, such as the ends of horns and the sharp ends of broken bones, as daggers (Dart und Craig 1959)."

Der „Mensch als Killeraffe" ist eine spezielle Variante der „Man the Hunter"-Theorie: Nach gehäuften Funden von zertrümmerten Tier- und *Australopithecus*-Knochen in der Makapansgat-Höhle, der größten Fundstelle früher Homininen in Südafrika, durch den südafrikanischen Anthropologen Raymond Dart stellte dieser die Theorie auf, die Knochenanhäufungen seien Reste blutiger Stammesfehden und Schlachtorgien: Unsere Vorfahren seien aggressive Jäger gewesen, die die Knochen, Zähne und Krallen ihrer Jagdbeute wiederum als Jagdwaffen oder sogar gegen ihre eigenen Artgenossen eingesetzt hätten (Dart und Craig 1959). Für diese „osteodontokeratische Kultur", die der Kultur der Steinwerkzeuge vorausgegangen wäre, gibt es allerdings keinerlei archäologische Nachweise. Nach heutigem Wissen stammen die Überreste vermutlich von Leopardenmahlzeiten, bei denen offensichtlich auch Australopithecinen verspeist wurden (Grupe et al. 2012, S. 57; Hart und Sussman 2005, S. 28). Schon zuvor hatte der Londoner Professor Carveth Read im Jahr 1925 die These vertreten, dass unsere Urahnen eher Wölfen geähnelt hätten, die in großen Rudeln blutige Jagden veranstalteten – *Lycopithecus*, „Wolfsaffe", war der Name, den er für die frühen Homininen vorschlug (Hart und Sussman 2005, S. 27).

Populär wurde die Theorie der „Killeraffen" durch Bücher des amerikanischen Anthropologen, Theaterdramaturgen und Drehbuchautors Robert Ardrey, der ab 1950 mehrere Jahre in Afrika unterwegs war, die Ideen Darts aufnahm und die Eindrücke dieser Reisen in mehreren sehr erfolgreichen Büchern veröffentlichte (Ardrey 1976, 1989). Auch die gerade erlebten Schrecken des 2. Weltkrieges hatten sicherlich außerwissenschaftlichen Einfluss auf die Ansicht, der Mensch habe „eine stammesgeschichtlich verankerte Tendenz zum Töten und zur Grausamkeit" (Grupe et al. 2012, S. 57). 1963 legte der

Verhaltensforscher Konrad Lorenz mit seinem Buch *Das sogenannte Böse* sogar eine „Naturgeschichte der Aggression" vor (Lorenz 1998). Der angeborene „Aggressionstrieb" sollte dabei angeblich der „Erhaltung der Art" dienen, wobei das Konzept der Arterhaltung allerdings seit den 1970er-Jahren empirisch und spätestens seit Erscheinen des „egoistischen Gens" von Dawkins 1976 (Dawkins 2007) auch theoretisch widerlegt ist.

> „Die Mitglieder einer Spezies verhalten sich derart, dass Kopien der eigenen Gene in möglichst großer Zahl an die nächste Generation weitergegeben werden, und das oft zum Nachteil der Artgenossen. [...] Tiere und Menschen im Naturzustand wurden im Verlauf der Stammesentwicklung daraufhin ‚selektiert', den eigenen Lebenszeit-Fortpflanzungserfolg (bzw. den der Verwandtschaftsgruppe) zu maximieren, mit der Konsequenz, dass das Leben wilder Tiere (und anderer frei lebender Organismen) voller Konflikte ist (Rivalitätskämpfe mit Todesfolge, Geschwister-Konkurrenz, Mutter-Kind-Streitereien usw.) (Kutschera 2009, S. 93 f.)."

Der Mensch als Killeraffe wäre also keine Besonderheit unserer Art, sondern der Normalfall im Tierreich – mit der gleichen Logik, mit der Löwenmännchen bei der Übernahme eines Rudels vorhandene Jungtiere töten, auf dass die Weibchen wieder fortpflanzungsbereit werden und die Nachkommenschaft des neuen Männchens mehren können (Kutschera 2009, S. 93 f.).

Allerdings scheint den Menschen doch eher seine Fähigkeit zur friedlichen Zusammenarbeit als seine Blutrünstigkeit auszuzeichnen. *Die soziale Eroberung der Erde,* so der Titel eines Buches des amerikanischen Evolutionsbiologen Edward O. Wilson (2016), gelang uns aufgrund unseres sozialen Gehirns und unserer einzigartigen Fähigkeit zur Kooperation in großer Zahl, auch mit fremden Individuen, selbst wenn wir einen gewissen Egoismus natürlicherweise vermutlich nicht ablegen können.

„Woman the Gatherer" – die Frau als Sammlerin

Die Vertreter:innen der „Woman the Gatherer"-Hypothese wiesen richtigerweise darauf hin, dass die Jagd von „Man the Hunter" nicht die entscheidenden Impulse der Menschwerdung hätte bringen können, da Funde von Vor- und Urmenschen älter sind als entsprechende Funde von Steinwerkzeugen und Waffen – der Mensch musste offenbar bereits vor der Erfindung der Jagd entstanden sein. Alternativ, so die Ersatztheorie, hätten unsere Vorfahren schon vorher Pflanzen und Kleintiere gesammelt, eine Tätigkeit, die Ethnolog:innen bei heutigen Jägern und Sammlern nur bei Frauen beobachten. Zudem mussten die Frauen neue Techniken entwickeln, um beim Sammeln gleichzeitig ihre Kinder zu tragen (die sich aufgrund des aufrechten Ganges ihrer unbehaarten Mütter nun ja nicht mehr mit Greiffüßen in deren Fell festhalten konnten) – Tragehilfen oder andere Vorrichtungen, die vermutlich aufgrund ihres organischen Ursprungs nicht im archäologischen Befund erhalten sind. Frauen standen also auf einmal im Zentrum der menschlichen Evolution – als wesentliche Beschafferinnen von Nahrung, als Erfinderinnen, als aktive Betreiberinnen des Wandels (Hager 1997, S. 6). Die Kritik der amerikanischen Anthropologinnen Nancy Tanner und Adrienne Zihlman (Tanner und Zihlman 1976) griff zweifellos noch einen anderen wichtigen Schwachpunkt der bisherigen Hypothesen auf: In allen männlich dominierten Hypothesen ging es um Wettbewerb, Aggression, Sex, Jagd und Fleisch. Nicht nur, dass diese Hypothesen männlich dominiert waren – das Verhältnis zwischen den Geschlechtern spielte in diesen Theorien kaum eine Rolle. Sicherlich bieten Hypothesen über den Einfluss des Sozialverhaltens zwischen Männern und Frauen ganz andere Erklärungsansätze, die zielführend sind: Homininenweibchen haben keine primatenübliche Brunst, sondern sind das ganze Jahr empfängnisbereit. Da die Homininenweibchen also potenziell immer an Sex interessiert waren, dürfte es für die Männchen vorteilhaft gewesen zu sein, sich dauernd um die Weibchen und ihren Nachwuchs zu kümmern. Vermutlich hatten Weibchen mehr Sex mit Männern, die häufiger da waren und gelegentlich Fleisch und Pflanzennahrung teilten (Tanner 1997).

Das Nahrungsteilungsmodell

Das Nahrungsteilungsmodell wurde 1978 von dem südafrikanischen Archäologen und Paläoanthropologen Glynn Isaac vorgestellt (Isaac 1978), der ab 1983 in Harvard lehrte und forschte und bereits 1985 jung verstarb. Isaac stellte das systematische Teilen von Nahrung, das eine exklusiv menschliche Eigenart sei, in den Mittelpunkt seiner Theorie der Menschwerdung – seiner Meinung nach ein sparsameres Modell, um die menschliche Evolution zu erklären, als andere Hypothesen, da es mit einer einzigen evolutionären Triebfeder auskommt. Letztlich beruht das Modell auf der Rekonstruktion und Interpretation zweier Fundorte mit Ansammlungen von Knochen und Zähnen verschiedener Tierarten sowie Steinwerkzeugen (Grupe et al. 2012, S. 59).

Die Kooperation als Basis menschlicher Kulturfähigkeit sei demnach aus dem altruistischen Teilen von Nahrung als Keimzelle einer arbeitsteiligen Gemeinschaft entstanden, in der Männer jagten und Frauen sammelten. Das Modell berücksichtigt damit sowohl pflanzliche wie auch tierische Nahrung bei den Ernährungsstrategien früher Homininen und bezieht auch Aspekte der sozialen Organisation ein. Allerdings beschreibt es diese Verhaltensweise lediglich und setzt einen kooperierenden Sozialverband voraus, ohne eine evolutionsbiologische Begründung für dessen Entstehung durch denkbare Selektionsvorteile oder -mechanismen zu liefern (Grupe et al. 2012, S. 58). Da es sich ausschließlich auf die Gattung *Homo* bezieht, ist es zudem nicht in der Lage, das Beziehungsgefüge von Organismengemeinschaften in ihren Lebensräumen als Ganzes zu beschreiben (Henke und Rothe 1994, S. 356). Nicht zuletzt fehlt dem Modell auch eine soziobiologische Begründung: Es gibt Befunde bei heute lebenden Primaten, dass „das Teilen von Nahrung die Paarungschancen der männlichen Individuen steigert …, aber warum sollten Frauen ihre Nahrung mit den Männern teilen?" (Henke und Rothe 1994, S. 358).

Das Aasfressermodell

Sollten wir uns tatsächlich statt mit dem angeblich königlichen Löwen eher mit der als Aasfresserin verschrienen Hyäne identifizieren? Die Fähigkeiten der Jagd, so eine weithin anerkannte Theorie, waren ein wichtiger Faktor in unserer Entwicklung zu Werkzeug und Waffen schwingenden „Herren der Welt". Das Aasfressermodell der amerikanischen Anthropologen Robert Blumenschine und John Cavallo sieht den Wettbewerb mit Hyänen und anderen Aasfressern um die Kadaver verlassener Löwenbeute als Triebfeder der menschlichen Evolution (Blumenschine und Cavallo 1992, S. 90).

Aas als Nahrungsquelle wurde in den Theorien zur Menschwerdung bis dahin nicht in Betracht gezogen. Aasfressen wurde als „zufällig, risikoreich und – was unausgesprochen blieb – als eines frühen Hominiden unwürdig betrachtet" (Henke und Rothe 1994, S. 355). Angesichts von Schnittspuren an Knochen teilweise sehr wehrhafter Beutetiere stellten sich Blumenschine und Cavallo die Frage, wie die frühen Homininen ihre Beutetiere getötet haben könnten – und kamen zu dem Schluss, dass diese in den Uferwaldzonen die Reste von Großkatzenbeute und ertrunkenen Tieren als Nahrungsquelle nutzten. Diese ökologische Nische bot ebenso Zufluchtsmöglichkeiten wie die Möglichkeit, die Kadaver vor Geiern zu verstecken. Sofern die Homininen die Gewohnheiten ihrer Fressfeinde beachteten, war die Aasverwertung in Uferwaldzonen vermutlich nicht gefährlicher als die Suche nach pflanzlicher Nahrung (Henke und Rothe 1994, S. 363). Schwierig ist allerdings die regelmäßige Versorgung auf Aasgrundlage, das Nahrungsangebot wäre stark schwankend (Grupe et al. 2012, S. 58). Als Allesfresser blieb den frühen Homininen natürlich immer das saisonale Ausweichen auf Pflanzennahrung (Henke und Rothe 1994, S. 363). Bleibt die Frage der potenziellen Gesundheitsgefährdung durch den Verzehr von Aas: Beobachtungen an heutigen Jägern und Sammlern wie den Hadza in Tansania oder den San in Namibia belegten, dass gewohnheitsmäßiger Verzehr von Aas aber durchaus möglich ist (Henke und Rothe 1994, S. 363).

Einen essenziellen Schritt für die Menschwerdung sieht das Aasfressermodell in der Verwendung von Steinwerkzeugen zur Zerlegung der Kadaver. Auch bietet dieses Modell genug Selektionsdruck zur Entwicklung eines kooperativen, arbeitsteiligen Sozialverhaltens. Die Jagd wird durch das Aasfressermodell nicht ausdrücklich ausgeschlossen, bleibt aber zunächst auf Kleintiere beschränkt und gewinnt erst mit der Entwicklung von Distanzwaffen eine evolutionsökologische Bedeutung (Henke und Rothe 1994, S. 363).

Laut Blumenschine und Cavallo könnten bereits *Australopithecus*-Populationen zu Zeiten des globalen Klimawandels die Aasfresser-Nische für sich erschlossen haben. Hinweise auf die Entdeckung von Aas als Nahrungsquelle gibt auch das Aussterben mehrerer Hyänenarten vor rund 2 Mio. Jahren und der afrikanischen Säbelzahnkatzen vor 1,5 Mio. Jahren – die frühen Werkzeugmacher wären nach dieser Hypothese den aasfressenden Großsäugern in dieser ökologischen Nische einfach überlegen gewesen (Henke und Rothe 1994, S. 364).

Das Paarbindungsmodell

Nach dem Paarbindungmodell des amerikanischen Paläoanthropologen Owen Lovejoy (1981) waren es nicht Nahrungsstrategien oder die Kunst der Werkzeugherstellung, die den Mensch zum Menschen machten, sondern die Entstehung einer sozialen Organisation durch neuartige Paarungsstrategien (Grupe et al. 2012, S. 59): Die stärkere Einbindung des Vaters in die Familie führte zu einer nachhaltigen Steigerung des Reproduktionserfolges.

Das Jagdmodell geht von gemeinschaftlich jagenden, miteinander kommunizierenden und kooperierenden Männerbünden aus, ohne zu erklären, wie diese sich gebildet haben könnten – die Bildung rein männlicher Verbände in gemischtgeschlechtlichen Primatengruppen stellt aber eine große Ausnahme dar (Grupe et al. 2012, S. 69). Das Paarbindungsmodell versucht im Gegensatz dazu, eine evolutionsökologische Betrachtung unter Einbeziehung des Paarungs- und Reproduktionsverhaltens zu liefern.

Allerdings liefern die Fossilfunde früher Homininen starke Hinweise auf einen Sexualdimorphismus, also Unterschiede im Körperbau von männlichen und weiblichen Individuen – bei Primaten ist Monogamie stets damit verbunden, dass Männchen und Weibchen annähernd gleich groß sind, während deutliche Unterschiede in der Körpergröße eher auf Polygamie hinweisen (Grupe et al. 2012, S. 70). Und vielleicht ist die monogame Kleinfamilie auch eher eine typische Erscheinung westlicher Industrienationen, die nicht so einfach auf unsere entwicklungsbiologische Vergangenheit übertragen werden kann (Grupe et al. 2012, S. 59).

Der Mensch als „Mängelwesen"

> „Der kleine Mensch kommt in einem so hilflosen, sozusagen nachembryonalen Zustand zur Welt, dass sich zuerst die meisten Reize einfach störend auswirken und mit Unlustreaktionen beantwortet werden (Gehlen 2009)."

Der Philosoph und Soziologe Arnold Gehlen, Mitbegründer der philosophischen Anthropologie, bezeichnete in seinem Hauptwerk *Der Mensch* von 1940 den Menschen als „Mängelwesen". Während die Umwelt für die meisten Tiere ihr nicht auswechselbares Milieu ist, an das sie mit ihrem spezialisierten Organbau angepasst sind und in dem sie mit artspezifischen, angeborenen Instinkten überleben, so sei der Mensch „weltoffen": „Er *entbehrt* der tierischen Einpassung in ein Ausschnitt-Milieu" (Gehlen 2009, S. 35). Gehlen weiter: „Die physische Unspezialisiertheit des Menschen, seine organische Mittellosigkeit sowie der erstaunliche Mangel an echten Instinkten" sowie die „ungemeine Reiz- oder Eindrucksoffenheit gegenüber Wahrnehmungen, die keine angeborene Signalfunktion haben, stellt zweifellos eine erhebliche Belastung dar, die in sehr besonderen Akten bewältigt werden muss" (Gehlen 2009, S. 35). „Es muss die bloße Existenzfähigkeit eines solchen Wesens fraglich sein, und die bare Lebensfristung ein Problem, das zu lösen der Mensch allein auf sich gestellt ist, und wozu er die Möglichkeiten aus sich selbst herauszuholen hat" (Gehlen 2009, S. 36).

Aber die „Sonderstellung des Menschen in morphologischer Hinsicht" besteht, wie Gehlen ebenfalls feststellt, in einem Mangel an hochspezialisierten, an die Umwelt angepassten Organen und ist daher als Unspezialisiertheit zu betrachten (Gehlen 2009, S. 86). Gehlen bezeichnete diese Unspezialisiertheiten als „Primitivismen" – eine Abstammung des Menschen von spezialisierten Großaffen schien ihm daher nicht möglich („Spezialisierte Zustände sind dagegen Endzustände der Entwicklung, und es widerspricht jeder biologischen Vorstellung, dass primitive Organe aus schon spezialisierten sich zurück entwickelt hätten"; Gehlen 2009, S. 86), sodass er den Menschen als „hocharchaisches Wesen, welches seit frühesten Zeiten den Weg zur Spezialisierung vermieden hat" betrachtete und ihm daher eine Sonderstellung und einen Sonderweg der Entwicklung zuwies.

Der Wiener Neurologe Franz Seitelberger zäumte das Pferd genau von der anderen Seite her auf: Der Mensch zeichne sich durch seine zunehmende Entspezialisierung aus. Die durch den aufrechten Gang frei werdende Hand, das durch Werkzeuggebrauch und Kochen entlastete Gebiss mitsamt Gesichtsschädel, der Verlust des Haarkleids oder die immerwährende sexuelle Bereitschaft seien demnach als rückgängig gemachte Spezialisierungen anzusehen. Gleichzeitig gingen die spezialisierten, genetisch programmierten Verhaltensweisen zunehmend verloren und wurden durch individuell erworbene, also gelernte und sozial weitergegebene Verhaltensweisen ersetzt (Seitelberger 1984, S. 174). Allerdings wurde der Mensch dadurch nicht zum „Mängelwesen", die Entspezialisierung erwies sich „vielmehr als eine höchst fruchtbare Quelle neuer Fähigkeiten, die durch ein Gehirn gewährleistet wurden, das fähig war, angemessenes Verhalten in selbstregulierten Instruktionen zu erlernen" (Seitelberger 1984, S. 174).

Der Fortschritt wurde in der menschlichen Evolution also nicht durch Spezialisierung, sondern durch Entspezialisierung in Kombination mit einer „universellen adaptiven Spezialisierungsfähigkeit" (Seitelberger 1984, S. 174) erreicht. Diese einzigartige, flexible Spezialisierungsfähigkeit, die nur den Menschen auszeichnet, ermöglichte es unserer Spezies, die ganze Welt mit den unterschiedlichsten Lebensräumen zu besiedeln, von unserer afrikanischen Urheimat bis in die Polarwelt der Arktis.

„Der Wurm in unserem Herzen"

> „Wenn man zu denken anfängt, beginnt man ausgehöhlt zu werden. Die Gesellschaft spielt dabei am Anfang keine große Rolle. Der Wurm sitzt im Herzen des Menschen. Dort muss er auch gesucht werden (Camus 1942)."

> „Dem Dilemma nicht ausweichen zu können, ist das Schicksal des Menschen (Riedl 2003)."

Warum suchen Menschen gern nach dem Sinn ihres Lebens? Vermutlich plagt uns diese Frage als einziges Lebewesen auf diesem Planeten. Der Biophilosoph Hans Mohr meinte, dass dieses Grübeln mit unserer einzigartigen Fähigkeit zur vorausschauenden Planung zusammenhängt – da wir es gewohnt seien, Probleme zu erkennen, zu durchdenken und vorausschauend zu lösen, suchten wir in unserer tiefsten Überzeugung, in allen Dingen nach einem derartigen Plan:

> „Warum können wir die Fragen nach dem Sinn, nach dem Sinn unseres Tuns, unseres Lebens, nach dem Sinn der Welt, nicht verdrängen? Gehört die ‚Frage nach dem Sinn' zum Menschenleben dazu, ist sie ein notwendiger Teil unseres Denkens? – Ja, so ist es. Der Intellekt, die Fähigkeit zum richtigen teleologischen Denken und Handeln, ist das entscheidende Merkmal der Hominidenevolution. Der Homo sapiens ist zum Meister der Welt geworden, weil er teleologisches Denken und Handeln – also Zielsetzung und zielstrebige Aktion und damit ‚Technik' – weit besser entwickelt hat als seine Konkurrenten. […] Die ‚Frage nach dem Sinn' ist deshalb in unserem Gemüt nicht zu unterdrücken, weil sie ein integraler Teil unseres Intellekts, eine notwendige Folge unserer Begabung zum teleologischen Denken und Handeln ist. Das Fragen nach dem ‚Sinn' ist in uns genetisch vorprogrammiert. Es ist ein Erbstück der Hominidenevolution, nicht eine Erfindung dekadenter Kultur. Eine verbindliche Antwort auf die Frage ist hingegen nicht vorgegeben; ebenso wenig wie beim teleologischen Denken und Handeln die jeweiligen Zielsetzungen unseres Intellekts vollständig vorprogrammiert sind (Mohr 1981, S. 200)."

> „Was wir mit unseren Genen geerbt haben, ist lediglich die Fähigkeit, die Kapazität, zum teleologischen Denken und Handeln; und verbunden damit die Fähigkeit und Neigung, nach dem Sinn von Vorgängen und Ereignissen zu fragen, auch dann, wenn wir sie nicht selbst in Gang gesetzt haben. Warum geht jeden Morgen die Sonne auf? Warum muss der Mensch sterben? Warum ist etwas, und warum ist nicht nichts? (Mohr 1981, S. 201)."

Eine spannende These in Zusammenhang mit diesem Fragenkomplex stammt von dem amerikanischen Kulturanthropologen Ernest Becker: „Wir entwickeln Charakter und Kultur, um uns mit ihrer Hilfe vor dem niederschmetternden Gewahrwerden unserer grundsätzlichen Hilflosigkeit und der Furcht vor unserem unausweichlichen Tod zu schützen" (Solomon et al. 2016, S. 8). Menschen strebten in erster Linie deshalb nach einem sinnerfüllten Leben, weil sie dadurch ihre Todesfurcht in Schranken halten können (Solomon et al. 2016, S. 10). Hauptkritik an dieser These war allerdings, dass sie nicht beweisbar sei. Wird der Mensch in seinen Handlungen tatsächlich von seiner Todesangst gesteuert? Die drei amerikanischen Psychologie-Professoren Sheldon Solomon, Jeff Greenberg und Tom Pyszcynski haben es auf sich genommen, diese These experimentell zu beweisen, und kamen dabei zu überzeugenden Ergebnissen (Solomon et al. 2016). Anscheinend lässt sich unser Wunsch, einer sinnhaften Gruppe oder Organisation anzugehören (sei es eine Nation oder ein Fußballverein, ein Arbeitgeber oder das „christliche Abendland"), unter anderem damit erklären, dass wir zu *irgendetwas* gehören möchten, das unseren Tod überdauert. Wir benötigen die Geborgenheit in einer Kultur, die sinnstiftend wirkt, und das Gefühl, in dieser Kultur eine bedeutende Rolle zu spielen und somit ein wertvoller Teil davon zu sein. Die drei Psychologen konnten in zahlreichen Experimenten nachweisen, dass beispielsweise Richter:innen härtere Strafen wegen moralischer Verfehlungen verhängten, wenn sie kurz zuvor unauffällig an den eigenen Tod erinnert worden waren – das Einhalten kultureller Normen und Regeln wurde von den Richter:innen unterbewusst zumindest kurzfristig höher bewertet.

Kinder begreifen irgendwann, dass der Tod unausweichlich ist – und beginnen, sich an ihre Kultur zu klammern: Während Siebenjährige noch keinen Unterschied nach Nationalität oder Ethnie machen, wenn sie aus einem Stapel Fotos potenzielle neue Freunde heraussuchen sollen, tun Elfjährige dies sehr wohl. Die Hypothese lautet: „Sobald sie realisiert haben, dass der Tod unausweichlich und unumkehrbar ist, schwören sie sich auf ihre Kultur ein und verhalten sich diesen Werten gegenüber loyal" (Solomon et al. 2016, S. 53).

So, wie es aufwachsenden Kindern ergeht, erging es nach Meinung der Autoren möglicherweise auch dem erwachenden Bewusstsein unserer Art. Seiner selbst bewusst, ausgestattet mit technischen Fertigkeiten, um auftretende Probleme zu lösen und Träume Wirklichkeit werden zu lassen, gefiel es dem Menschen „sicher nicht, miterleben zu müssen, wie der Zahn der Zeit ein einst aktives, lebenspralles Familienmitglied in einen gebrechlichen, geistig umnachteten Schatten seines vormaligen Selbst verwandelte, und die eigene unausweichliche Zukunft im Licht dieser Verwandlung zu bedenken. Kurz: Der Tod gefiel ganz und gar nicht" (Solomon et al. 2016, S. 104). Leidenschaftliche Hingabe an einen Stamm oder eine Nation erfüllen uns mit Stolz und Stärke – und lassen uns gleichzeitig glauben, „dass unsere Gruppe für immer und ewig existieren wird" (Solomon et al. 2016, S. 178).

Dieses Wissen um unsere Sterblichkeit und die daher rührende Suche nach einer Unsterblichkeit als wertvoller Teil einer sinnstiftenden Gemeinschaft sei es, so die drei Urheber der Hypothese, die die menschliche Zivilisation antreibe – von der Gründung religiöser Mythen bis zur Erschaffung von Nationen und Weltreichen, vom Bau der Sieben Weltwunder des Altertums bis zur Komposition großer Opern: „Das Wissen, dass wir sterben müssen, nicht der Tod selbst, ist der Wurm in unserem Herzen. Es ist dieses Wissen, das uns menschlich macht und unsere ewige Suche nach Unsterblichkeit angestoßen hat – eine Suche, die den Gang der menschlichen Geschichte massiv beeinflusst hat und bis heute anhält" (Solomon et al. 2016, S. 305 f.).

Zu einer ganz ähnlichen Erkenntnis kam schon Jaques Monod, als er über Zufall und Notwendigkeit in der Evolution nachdachte:

> „Einige hunderttausend Jahre lang stimmte das Schicksal eines Menschen mit dem Los seiner Horde, seines Stammes überein, außerhalb dessen er nicht überleben konnte. Der Stamm konnte nur überleben und sich verteidigen durch seinen Zusammenhalt. Deshalb hatten die Gesetze, mit deren Hilfe die Geschlossenheit des Stammes organisiert und garantiert wurde, eine so ungeheure Gewalt über die einzelnen. [...] Durch diese Evolution musste nicht nur die Bereitschaft gesteigert werden, das Stammesgesetz zu akzeptieren; sie musste auch das *Bedürfnis* wecken, es durch eine mythische Erklärung zu begründen und dadurch Herrschaftsgewalt zu verleihen. Wir sind die Nachfahren dieser Menschen. Von ihnen haben wir zweifellos das Bedürfnis nach einer Erklärung geerbt – jene Angst, die uns zwingt, den Sinn des Daseins zu erforschen. Diese Angst ist die Schöpferin aller Mythen, aller Religionen, aller Philosophien und selbst der Wissenschaft (Monod 1975, S. 146)."

War diese Angst vielleicht sogar die treibende Kraft, die unsere Vorfahren dazu brachte, Afrika zu verlassen und sich aufzumachen, die Welt zu erobern? Wurde der Mensch zu dieser Zeit zum Menschen? Vermutlich überdehnt diese Hypothese die Aussagekraft der Befunde – und ist zudem noch außerwissenschaftlich-kulturell beeinflusst:

> „What could be more human, especially from the Western European point of view that forms the basis of traditional paleoanthropology, than the ability to conquer new and harsher habitats? Impressive as this first human diaspora was, however, it was not unique. [...] As *erectus* emerged from Africa, other, nonhuman species were making exactly the same trek, including lions, leopards, hyenas, and wolves, pushed forward by ecological imperatives that have nothing to do with intelligence. [...] We must concede that this hominid, like its predecessors, was not governed by any particular human destiny, but was instead responding, much like other large carnivores, to a shift in environmental conditions (Shreeve 1996, S. 20)."

Mosaiksteine der Menschwerdung 9

Unser aufrechter Gang

Der aufrechte Gang ist eines der auffälligsten Merkmale des Menschen, lange wurde er als entscheidende Entwicklung auf dem Weg der Menschwerdung gesehen. Die vorherrschende Lehrmeinung war über viele Jahrzehnte, Bipedie (also „Zweifüßigkeit"), Werkzeuggebrauch und vergrößertes Gehirn seien gleichzeitig aufgetaucht, hätten sich gegenseitig bedingt und den Vormenschen quasi über Nacht zum Menschen gemacht. Doch nach und nach tauchten fossile Funde auf, die die „Erfindung" des aufrechten Gangs immer weiter zurück in unsere Vergangenheit verlegten: Schon vor mindestens 3,5 Mio. Jahren gingen Australopithecinen auf zwei Beinen, wie die versteinerten Fußspuren von Laetoli zeigen, wo eine Gruppe Vormenschen offensichtlich zweibeinig durch die Vulkanasche schritt – Primaten, die noch mindestens 1 Mio. Jahre lang ein Gehirnvolumen von unter 500 cm^3 aufwiesen, wenig mehr die Gehirngröße heutiger Schimpansen. Auch *Homo habilis*, dem lange Zeit als „geschicktem Menschen" die erste Herstellung und Nutzung von Werkzeugen zugeschrieben wurde (und der damit den namensgebenden, entscheidenden Schritt vom „Südaffen" *Australopithecus* zum Menschen machte), tauchte erst 1 Mio. Jahre später auf. (Nach der Entdeckung von Werkzeugen, die älter sind als *Homo habilis* (Harmand et al. 2015), gerät dieses Alleinstellungsmerkmal des Menschen ins Wanken, aber davon später mehr). *Sahelanthropus tchadensis*, ein früher Hominide, dessen fossiler Schädel in der Sahelzone des Tschad entdeckt wurde (daher der Name „Sahel-Mensch aus dem Tschad") und der vielleicht zu den Vorfahren unserer Stammeslinie gehörte, lebte sogar bereits vor 7 Mio. Jahren – und ging offenbar bereits aufrecht.

Wie kann man überhaupt an einem fossilen Schädel erkennen, ob sein Träger sich aufrecht auf zwei Beinen oder auf allen Vieren vorwärts bewegte? Hinweise hierauf gibt das Foramen magnum, das Große Hinterhauptsloch, durch welches das Rückenmark der

Wirbelsäule in den Schädel eintritt und dort in die Medulla oblangata des Gehirns übergeht. Wie man nun an der Lage des Hinterhauptsloches bei *Australopithecus africanus* erkennt, bewegte dieser sich vorwiegend aufrecht: Die Öffnung liegt unter dem Schädel, dieser balancierte offensichtlich auf einer eher senkrecht stehenden Wirbelsäule. Menschenaffen hingegen, deren Kopf von einer fast waagrechten Wirbelsäule getragen wird, besitzen ein Hinterhauptsloch, das deutlich nach schräg-hinten zeigt. Im Vergleich dazu liegt diese Öffnung beim Jetztmenschen mittig unter der Schädelbasis (Abb. 9.1, 9.2 und 9.3).

Aber auch andere fossile Knochen verraten Fachleuten eine Menge. So gibt es beispielsweise am menschlichen Becken eine Führungsrinne für den Hüftlendenmuskel (Musculus iliopsoas), welcher der bedeutendste Laufmuskel des heutigen Menschen ist. Diese Führungsrinne findet sich auch schon am Becken des *Australopithecus afarensis* – und ist somit ein deutliches Zeichen für die Fortbewegung auf zwei Beinen über zumindest längere Zeiträume und Entfernungen.

Was also bewog unsere Vorfahren, sich auf zwei Beine aufzurichten? Vor allem: Was brachte sie dazu – wie der Evolutionsbiologe Niemitz (2007) richtigerweise fragt –,

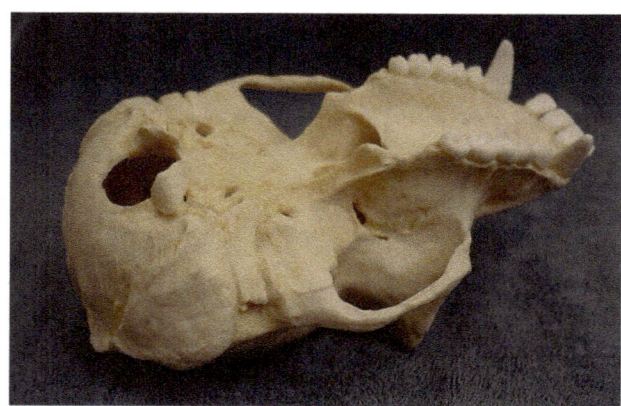

Abb. 9.1 Hinterhauptsloch (Foramen magnum) beim Schimpansen

Abb. 9.2 Hinterhauptsloch (Foramen magnum) bei *Australopithecus africanus*

Abb. 9.3 Hinterhauptsloch (Foramen magnum) beim modernen Menschen *(Homo sapiens)*

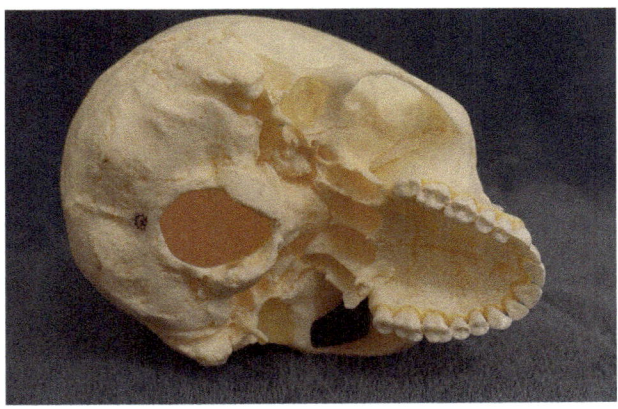

anschließend aufrecht stehen zu bleiben? Die ursprünglichen Gründe für die Entwicklung des aufrechten Gangs dürfen nicht verwechselt werden mit den späteren Vorteilen wie den frei werdenden Händen, die dadurch zum Tragen von Nachwuchs oder Nahrung oder zum Werkzeuggebrauch zur Verfügung standen. Diese „konstruktiven Vorbedingungen" (Schrenk 2008, S. 32) boten im tropischen Waldrandgebiet noch keine Selektionsvorteile und wurden erst bei der Besiedlung der Savanne vorteilhaft nutzbar.

Ein ebenso wichtiges wie etwas überstrapaziertes Zitat des großen Genetikers, Zoologen und Evolutionsbiologen Theodosius Dobzhansky stellt fest: „Nothing in biology makes sense except in the light of evolution" (Dobzhansky 1973). Leicht variiert könnte man auch sagen: Nichts in der Evolution ergibt einen Sinn – außer im Lichte eines Selektionsvorteils. Wo also lag der Selektionsvorteil für unsere Vorfahren, wenn sie sich aufrichteten? Zu einem Zeitpunkt wohlgemerkt, zu dem ihre Körper überhaupt noch nicht richtig auf den aufrechten Gang ausgerichtet waren! „Die wichtigste Grundbedingung, der landlebende Säugetiere bei allen evolutionären Abwandlungen konstruktiv gewachsen sein müssen, ist die Schwerkraft. Über 200 Mio. Jahre lang hat sich das Konstruktionsprinzip vierfüßiger terrestrischer Tiere bewährt, denn es ermöglichte ebenso sichere wie schnelle Fortbewegung" (Niemitz 2007, S. 71). Welchen Vorteil hatte es, sich auf zwei Beine aufzurichten und sich aufrecht zu bewegen? Einen Vorteil, wohlgemerkt, der sich auch in der Währung der Evolution auszahlte, nämlich mehr Nachkommen großzuziehen als andere?

Entwickelt hat sich die Bipedie aus der bei Affen üblichen „arborikal-quadrupeden" Fortbewegungsweise, also aus einem vierfüßigen, vornüber geneigten Gang über Baumäste. Eine plausible Zwischenstufe bildet die „suspensorische", unter Ästen hangelnde Fortbewegung. Die entsprechenden Umgestaltungen an Armen, Beinen und Rumpfskelett lassen sich bei Fossilien aus dem Miozän nachweisen und könnten unsere Vorfahren langsam auf den aufrechten Gang vorbereitet, diesen körperlich überhaupt erst ermöglicht haben (Henke und Rothe 1999). Unsere heutige zweibeinige Fortbewegungsart ist zwar deutlich energiesparender als der Vierfüßergang der Menschenaffen und damit heute natürlich ein messbarer Vorteil – dies gilt aber nur in Verbindung mit unserer veränderten Beckenanatomie, dem voll entwickelten Fußgewölbe und all den anderen Anpassungen, über die unsere Vorfahren noch nicht verfügten, als sie sich zum ersten Mal aufrichteten. Worin bestand der Vorteil damals? Zunächst einmal ergab sich durch einen aufrechten Gang bei nicht angepasster Anatomie eher eine ganze Reihe von Nachteilen.

Die Befreiung der Hände von der Fortbewegung galt lange als gutes Argument für den aufrechten Gang, wurde dadurch doch schließlich erst die Herstellung und der Gebrauch von Werkzeug möglich. Das aber kann nicht der Selektionsvorteil gewesen sein, der sich in einer vergrößerten Nachkommenschaft niedergeschlagen hat – schließlich gingen Hominiden Jahrhunderttausende lang auf zwei Beinen, ohne dass sie Werkzeuge gefertigt hätten. Zumindest haben wir bisher keine Werkzeuge dieses Alters gefunden. Zudem setzen sich Tierprimaten „wie übrigens auch der Mensch" (Niemitz 2007, S. 71) beim Einsatz der Hände zur Feinmanipulation hin – und stehen dazu nicht auf.

Lange diente die „Savannenhypothese" als anerkannte Erklärung, die sich auch heute noch in Schulbüchern findet (zum Beispiel Bayrhuber und Kull 2005): „Bei aufrechter Körperhaltung konnten die Individuen ein größeres Gebiet überblicken und daher Nahrung besser ausfindig machen." Schon Darwin hatte vermutet, der Mensch sei in Afrika entstanden, vermutlich, als Änderungen des Verhaltens oder der Umwelt ihn zwangen, „weniger baumbewohnend" zu werden („As soon as some ancient member in the great series of the Primates came to be less arboreal, owing to a change in its manner of procuring subsistence, or to some change in the surrounding conditions, its habitual manner of progression would have been modified"; Darwin 1908/2009). Der erste in Afrika entdeckte Vormensch, das „Kind von Taung", schien diese These zu bestätigen. Der 1925 im heutigen Südafrika entdeckte fossile Schädel eines *Australopithecus africanus* wurde in einer Landschaft gefunden, die nach damaliger Lehrmeinung seit Jahrmillionen waldfrei war. Was für eine scheinbar großartige Bestätigung der Savannenhypothese! Auch Coppens, der Mitentdecker des *Australopithecus afarensis* (mit dem berühmten Fossilfund „Lucy"), bestärkte die Savannenhypothese durch die Skizze „einer Umwelt, die ihre schützenden Bäume verlor" (Coppens 1987).

Soweit scheint das Szenario also plausibel – allerdings stellt sich die Frage, warum Wesen weiterhin stehen bleiben sollten, nachdem sie sich aufgerichtet und sich einen Überblick verschafft haben. Ist es nicht vernünftiger (und unter Selektionsgesichtspunkten auch erfolgreicher), sich anschließend wieder im hohen Gras zu verbergen? Schließlich wird man selbst ebenfalls weithin gesehen, wenn man aufrecht in der Grassteppe steht – Löwen oder Hyänen könnten sich im hohen Gras bequem an aufrecht stehende Vormenschen anpirschen, die sich hervorragend in der Landschaft abzeichnen … Gleiches gilt für einen anderen angenommenen Vorteil, den der besseren Erreichbarkeit von Nahrung. Sicherlich lassen sich in aufrechter Position Früchte von Bäumen oder Sträuchern pflücken, die sonst unerreichbar wären – aber wieder stellt sich die Frage, warum unsere Ahnen nach dem Einsammeln der Früchte weiter hätten stehen bleiben sollen. Aus der Freilandprimatologie ist jedenfalls bekannt, dass heutige Savannen bewohnende Primaten nicht länger in aufrechter Haltung verharren als unbedingt nötig. (Niemitz 2004, S. 21).

Der Evolutionsbiologe Reichholf versucht noch eine steinzeitliche „Geierbeobachtung" als mögliche Erklärung einzuführen – *Homo habilis* spurtete danach aufrecht durch das hohe Gras, um vor allen anrückenden Löwen und Hyänen bei einem durch kreisende Geier markiertem Kadaver zu sein. Der aufrechte Gang gestattete dabei „die Übersicht zu bewahren, auch während schneller Fortbewegung" (Reichholf 1997). Eine interessante Hypothese, für die es allerdings keine Hinweise und wohl auch keine Möglichkeiten der Überprüfung gibt.

Gegen die Savannenhypothese wiegen aber Tatsachen aus ganz anderen Disziplinen, der Paläoklimatologie und der Evolutionsökologie, noch schwerer. Paläobotanische und paläozoologische Befunde rund um den 4,2–3,9 Mio. Jahre alten Fund eines *Australopithecus anamensis* – der mit einer Mischung aus ursprünglichen und menschenähnlichen Schädelmerkmalen und einem Skelett, das offensichtlich gleichermaßen zur Bipedie wie zum Klettern befähigte, vermutlich einen Vertreter der frühen Hominisationsphase darstellt – sprechen für ein Leben abseits der Savanne und lassen eher für Galeriewälder und bewaldete Gewässerufer als Lebensraum schließen (Henke und Rothe 2003).

Dieses Lebensraumszenario passt nun sehr überzeugend zu zwei anderen Hypothesen: der bereits ausführlich beschriebenen „Wathypothese" (siehe „Wat-, Wasseraffen- und verwandte Hypothesen"; Niemitz 2004, 2007), wonach sich der aufrechte Gang in flachen Ufergewässern entwickelt, wo er sofort deutliche Vorteile bot, und der Hypothese, dass sich der aufrechte Gang bereits bei baumlebenden Menschenaffen entwickelt hat, wo er dünnere Äste begehbar und damit die süßesten Früchte erreichbar machte (Thorpe et al. 2007).

Welche Indizien sprechen für diese Hypothesen, um sie plausibel zu untermauern? Zunächst einmal wurden viele der bekannten Hominidenfossilien in (ehemaligen) Uferregionen gefunden: Die Bezeichnungen *Homo rudolfensis* („der Mensch vom Rudolfsee"), „Turkana Boy" für den *Homo erectus* vom Ufer des Turkana-Sees oder *Australopithecus anamensis,* benannt nach „anam", dem Turkana-Wort für „See", wurden neben einer ganzen Reihe plausibler Selektionsvorteile bereits als unterstützende Belege für die „Wathypothese" angeführt (siehe „Wat-, Wasseraffen- und verwandte Hypothesen").

Die Hypothese, dass sich der aufrechte Gang in Bäumen entwickelt hat, wobei sich die Vorläufer heutiger Menschenaffen und Menschen mit den Armen an darüberhängenden Ästen festhielten, wird durch Freilandbeobachtungen massiv unterstützt (Thorpe et al. 2007): 3000 Beobachtungen an wild lebenden Orang-Utans, die im Laufe eines Jahres auf Sumatra gemacht wurden, belegen, dass sich die Tiere häufig auf zwei Beinen entlang der Äste bewegen und sich dabei mit den Händen festhalten oder abstützen.

Die eigentliche Neuerung wäre dann nicht die Erfindung des aufrechten Gangs durch unsere Vorfahren, sondern das Abstützen des Körpers auf den Fingerknöcheln bei der vierfüßigen Fortbewegung heutiger Menschenaffen. Wenn das aufrechte Stehen, der zweibeinige Gang tatsächlich auf Bäumen entstand, entfällt auch die Schwierigkeit der Erklärung, wie die Übergangsphase der Evolution ausgesehen haben soll: Die ersten Vormenschen, die sich in der Savanne aus einem äffischen Vierfüßergang aufrichteten, hätten diese ineffiziente (und vermutlich auch orthopädisch ungesunde) Fortbewegungsweise beibehalten müssen, obwohl sie schwere Nachteile mit sich brachte. Erst Hunderttausende von Jahren später, nachdem der Bewegungsapparat genügend Zeit zur Anpassung gehabt hätte, wären die Vorteile eines aufrechten Gangs nicht mehr durch orthopädische Nachteile zunichte gemacht worden (O'Higgins und Elton 2007). Nebenbei passt diese Hypothese auch sehr elegant zu den verhältnismäßig langen Armen wie den gekrümmten Fingern vieler fossiler Vor- und Frühmenschen, die die Forscher immer als verwirrende Mischung aus modernen menschlichen Fußformen und „alten" Armen und Händen erleben – das sind Relikte des Kletterns auf zwei Beinen, wie wir es heute noch bei Orang-Utans beobachten können (O'Higgins und Elton 2007).

Eine interessante, wenn auch gewagte Unterstützung dieser Hypothese aus ganz anderer Perspektive kommt auch aus Vergleichen der menschlichen Stammes- mit der Individualentwicklung: Nach der „Biogenetischen Grundregel" von Ernst Haeckel (früher „Biogenetisches Grundgesetz": „Die Ontogenesis ist eine kurze und schnelle Rekapitulation der Phylogenesis", Haeckel 1919/2009, Reprint 2009, S. 111) durchlaufen Lebewesen während ihrer Individualentwicklung („Ontogenese") noch einmal die Stammesgeschichte ihrer Art („Phylogenese") im Schnelldurchlauf. Menschenkinder, die das Laufen lernen, ziehen sich anfangs mit den Händen hoch zum Stand und halten sich während ihrer wackeligen Schritte an Wänden oder Gegenständen (unglücklicherweise manchmal auch an Tischdecken) fest. Entsprechend der Biogenetischen Grundregel könnte man daher vermuten, dass die Vorfahren des Menschen ebenfalls ein entsprechendes stammesgeschichtliches Entwicklungsstadium durchlaufen haben, welches Kinder in ihrer Individualentwicklung wiederholen (Bachmann 2008). Auch wenn Haeckels „Biogenetisches Grundgesetz" in dieser Grundsätzlichkeit heute als nicht mehr haltbar angesehen wird, so kann es doch immerhin generelle Hinweise auf evolutionäre Prozesse geben („Evolutionary alterations of times and rates to produce acceleration and retardation in the ontogenetic development of specific characters"; Gould 1977, S. 206). Ähnliches könnte auch für die Entwicklung der Sprache in der Stammesgeschichte gelten (siehe „Der sprechende Mensch").

Oder war doch alles ganz anders? Siehe beispielsweise die 5,7 Mio. Jahre alten Fußspuren auf Kreta! Diese lassen auch die Diskussion um den *Graecopithecus* plötzlich in einem ganz anderen Licht erscheinen. Zudem sich der aufrechte Gang nicht nur einmal, sondern mehrfach bei verschiedenen Stammeslinien der Primaten entwickelt hat, wie neue Untersuchungen zeigen (Harmon 2015). Nach der Entdeckung der aufrecht gehenden „Lucy", dem berühmten 3,2 Mio. Jahre alten *Australopithecus*-Fund von 1974 in Äthiopien, und der 3,6 Mio. Jahre alten Fußspuren von Laetoli im Jahr 1978 schien klar, dass hier der Beginn der Aufrichtung aus dem Knöchelgang der Menschenaffen und damit der Beginn der Menschheit entdeckt worden war. Doch 4,4 Mio. Jahre alte Zahn- und Knochenfunde des *Ardipithecus ramidus*, entdeckt 1992/1993 im ostafrikanischen Afar-Dreieck, warfen diese Überlegungen über den Haufen: *Ardipithecus* konnte die Hände weit im Handgelenk abwinkeln und setzte die Hände beim Gehen offenbar auf der Handfläche, nicht auf den Fingerknöcheln auf (Harmon 2015, S. 16). Die langen, gekrümmten Finger weisen darauf hin, dass diese Individuen gut klettern konnten. Fuß- und Beckenknochen sprechen allerdings dafür, dass *Ardipithecus* aufrecht gehen konnte, ebenso die Lage des Hinterhauptslochs, gleichzeitig waren die Füße aber offenbar auch noch zum Greifen geeignet. Der aufrechte Gang ist also möglicherweise gar keine „Erfindung" bodenlebender Primaten, die sich anschickten, die sich ausdehnende Savanne zu erobern, sondern wahrscheinlich wesentlich älter und ursprünglicher: Das aufrechte Laufen auf Ästen war möglicherweise schon viel länger, nämlich bereits bei baumlebenden Primaten, verbreitet. Einige 3,4 Mio. Jahre alte fossile Fußknochen aus Burtele, 2009 nur 50 km vom Fundort Lucys entfernt entdeckt, erzählen noch eine andere Geschichte: Die acht Fußknöchelchen, die (noch) keiner (neuen) Art zugeordnet werden konnten, müssen zu einer Spezies gehört haben, die sowohl aufrecht gehen konnte als sich auch in Bäumen aufgehalten hat, wie der „Burtele-Fuß" mit seitlich gerichteter Zehe vermuten lässt, und die zeitgleich mit Lucy, dem *Australopithecus afarensis,* im selben Gebiet gelebt hat (Harmon 2015, S. 20). Wie die Verwandtschaftsverhältnisse zwischen *Ardipithecus ramidus, Australopithecus afarensis* und dem „Burtele-Primaten" aussehen, ob eine oder mehrere und welche dieser Spezies zu unseren Vorfahren gehören, ist noch völlig ungeklärt – und damit auch weiterhin der Ursprung des aufrechten Gangs.

Unsere Hände und Füße

Hände

Auf den ersten Blick unterscheidet sich die menschliche Hand nicht besonders von der Hand anderer Primaten. Bei genauerer Betrachtung gibt es aber doch wesentliche Unterschiede – es sind zwar nur kleine anatomische Veränderungen, die aber das „Greifrepertoire der Hand" (Wilson 2002, S. 144) entscheidend erweitern. Könnte diese Entwicklung etwa der Schlüssel zur Menschwerdung gewesen sein? Schon Darwin erkannte, dass unsere Hände, nachdem sie nicht mehr „gewohnheitsgemäß zur Lokomotion benutzt" wurden und daher nicht mehr „das ganze Gewicht des Körpers zu tragen hatten", vollkommen genutzt werden konnten, „Waffen oder Steine und Speere nach einem bestimmten Ziele zu werfen" (Darwin 1908/2009, S. 63). Menschenaffen halten Gegenstände, wie wir einen Hammer halten: Die Finger pressen den Gegenstand in die Handfläche. Zwar sind Schimpansen in der Lage, kleine Gegenstände zwischen den Seiten von Daumen und Zeigefinger zu klemmen (Lieberman 2015a, b, S. 121), aber sie können keine Werkzeuge präzise zwischen den Kuppen des Daumens und der übrigen Fingern festhalten, so wie wir einen Bleistift halten.

Mehrere wichtige Griffmöglichkeiten zeichnen die menschliche Hand dabei aus, verglichen beispielsweise mit der Schimpansenhand (Abb. 9.4, 9.5 und 9.6): Beim „seitlichen Zangengriff" drückt die Spitze des Daumens gegen die Seite des Zeigefingers. Zwar können Schimpansen Gegenstände ebenfalls so halten, durch modifizierte Muskeln gelingt dies der menschlichen Hand aber mit wesentlich mehr Kraft und ermöglicht so einen festen Griff zur Benutzung scharfkantiger Steine als Schneidgeräte (Wilson 2002, S. 144).

Abb. 9.4 Anatomie der menschlichen Hand

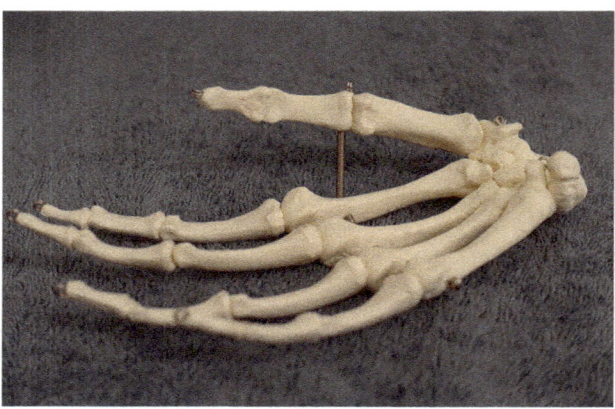

Abb. 9.5 Anatomie der menschlichen Hand: (**a**) Präzisionsgriff, (**b**) Kraftgriff

Abb. 9.6 Nachbildung einer Schimpansenhand

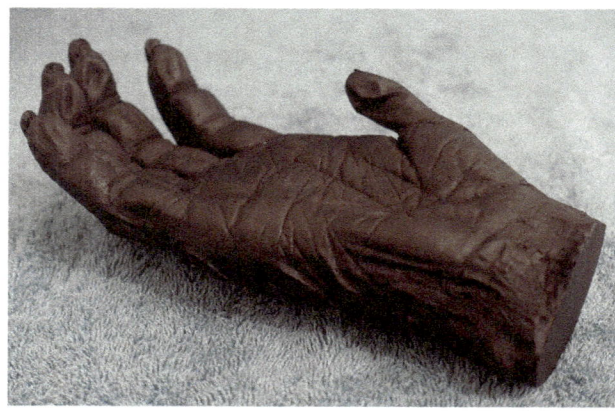

Der sogenannte Drei-Punkte-Feingriff ermöglicht es unserer Hand, Gegenstände, die zwischen Daumen sowie den Spitzen von Zeige- und Mittelfinger gehalten werden, äußerst genau zu bewegen. Zudem können mit diesem Griff unregelmäßig geformte Körper wie beispielsweise Steine ergriffen und festgehalten werden (Wilson 2002, S. 35). In Verbindung mit dem großen Gesäßmuskel (Musculus gluteus maximus) und seinen neuen Bewegungsmöglichkeiten beim Zweibeiner ermöglicht dieser Griff ein kraftvolles und zielgerichtetes Werfen – und damit einen möglichen Selektionsvorteil dieser Veränderung der Hand (Wilson 2002, S. 36). Schimpansen können hingegen nicht gezielt werfen, wie schon Darwin persönlich beobachtete (Darwin 1908/2009, S. 62). Sie werfen zwar auch mit Steinen, Ästen oder Exkrementen, aber eher, um für Unruhe und Verwirrung zu sorgen, als um gezielt zu treffen (Wilson 2002, S. 36). Der große Gesäßmuskel Gluteus maximus ist einer der Rotatoren des Oberschenkelknochens. Solange der menschliche Fuß nicht auf dem Boden steht, dreht der Gluteus das Bein so, dass die Zehen nach außen zeigen. Steht der Fuß jedoch fest auf dem Boden, dreht der Gluteus den Oberkörper in die entgegengesetzte Richtung – und beschleunigt so den Armschwung beim Wurf. Wechselt der Werfer das Standbein, so bewirkt die Kontraktion des Gluteus nun ein Abbremsen des Körpers und gibt dem Wurfobjekt dadurch zusätzlichen Schwung, wodurch sich Geschwindigkeit und Reichweite des Wurfobjektes deutlich erhöhen (Wilson 2002, S. 345 f.).

Neben den bisher genannten Griffmöglichkeiten gibt es noch den „Fünf-Punkte-Korbgriff", der es uns Menschen erlaubt, ein Objekt im Handteller zu halten, präzise zu bewegen und dabei mit der anderen Hand zu bearbeiten (Wilson 2002, S. 144). Und nicht zuletzt muss der „schräge Pressgriff" erwähnt werden, bei dem sich die Finger in Richtung des Daumenballens schließen, statt eine Faust zu ballen: In Verbindung mit der ebenfalls neu entwickelten Fähigkeit, das Handgelenk in Richtung der Elle zu beugen, ermöglicht er eine geradlinige Verlängerung des Armes durch einen gehaltenen Stock und damit eine Verstärkung von Schlägen mit einem Hammer oder einer Keule (Wilson 2002, S. 146).

Aber die anatomischen Veränderungen der Hand waren noch nicht alles: Grundlage für die menschliche „Handfertigkeit", also unsere manuelle Geschicklichkeit, war „die Entwicklung des Zentralnervensystems und nicht die Spezialisierung der Hand" (Wilson 2002, S. 177).

Diese Veränderungen der Hand und ihrer Bewegungsmöglichkeiten hatten vermutlich auch umgekehrt Auswirkungen auf die Entwicklung des Gehirns – vielleicht ist letztlich sogar die Entwicklung von Sprache mehr durch die Evolution der Hand beeinflusst worden als durch Veränderung der menschlichen Luftwege (Wilson 2002, S. 221): „Die erlernte Bewegung wird, unabhängig von den Kommunikationsabsichten des Handelnden, zum gestischen Zeichen für den Akt, den sie konstituiert" – „Grammatik ist letztlich räumlicher Natur" (Wilson 2002, S. 222). Zudem hat sich die Werkzeugherstellung vermutlich zu einem sozialen Phänomen entwickelt, wobei die Mitglieder der Gruppe die Beiträge der anderen verstehen und sogar voraussahnen konnten (Wilson 2002, S. 189). Dies führt letztlich zu einer „heterotechnischen Kooperation" mit Arbeitsteilung, Aufgabenspezialisierung, Sequenzierung der Arbeitsschritte und kollektiver Zielsetzung (Wilson 2002, S. 189), eine Kooperationsform, die es bei Schimpansen niemals gibt. Bei der „symmetrischen Kooperation" von Schimpansen erfüllen Gruppenmitglieder austauschbare Rollen bei der Verfolgung des gemeinsamen Ziels – und beenden die Zusammenarbeit alsbald wieder, sobald die Beute erlegt ist (Wilson 2002, S. 188).

Abb. 9.7 Beidseitig bearbeiteter Faustkeil der Acheuléen-Kultur. (Quelle: https://de.wikipedia.org/wiki/Acheul%C3%A9en#/media/Datei:Biface_de_St_Acheul_MHNT.jpg, CC BY-SA 4.0)

Die ersten, beidseitig bearbeiteten Proto-Faustkeile haben ein Alter von 1,76 Mio. Jahren (Lepre et al. 2011), nach neueren Untersuchungen vielleicht auch fast 2 Mio. Jahren (Mussi et al. 2023) und werden dem *Homo erectus* zugeordnet. Die Herstellung dieser Art von Faustkeilen wird als Acheuléen-Kultur oder -Industrie bezeichnet, nach dem Fundort Saint Acheul in Frankreich, wo 1838 die ersten, allerdings nur 500.000 Jahre alten Faustkeile gefunden wurden (Abb. 9.7).

Zur Herstellung dieser Faustkeile war neben einer fein- und grobmotorisch geschickten Hand sicher auch ein abstraktes Vorstellungsvermögen nötig, sodass eine Koevolution von Handanatomie, Motorik und Gehirn plausibel erscheint. Im Hinblick auf ein graduelles Fortschreiten der Evolution ist allerdings merkwürdig, dass *Homo erectus* die Acheuléen-Kultur über 1 Mio. Jahre nahezu unverändert fortführte: „The predecessors' stone tools were little more than sharp flakes or lumpish rocks with an edge whacked away. […] The trouble – from an ‚all-important' standpoint – is that the species *[H. erectus]* then goes right on making the same hand axes and other tool types for the next million years. From this point of view, the whole Acheulean period associated with *erectus* represents not the arrival of a rich and resilient intelligence but, as one archaeologist has called it, a period of ‚unimaginable monotony'" (Shreeve 1996, S. 20 f.).

Die Evolution der Primatenhand nahm ihren Anfang vermutlich bei kleinen bodenbewohnenden, insektenfressenden Primatenvorläufern, die die Baumwipfel und das dortige, reichhaltige Angebot an Früchten, Knospen und Blättern – nebst baumbewohnenden Insekten – als attraktiven Lebensraum entdeckten (Napier und Tuttle 1993, S. 82). Zudem konnten die frühen Primaten so der Nahrungskonkurrenz der Nagetiere um Insekten am Boden entkommen. Dieser neue Lebensraum stellte natürlich andere Anforderungen an die Fortbewegung und damit auch an die Hände, vor allem hinsichtlich der Körperstabilität auf schwankenden Ästen – der Selektionsdruck bevorzugte Finger mit Nägeln und tastempfindlichen Fingerkuppen statt Krallen sowie die Entwicklung eines frei beweglichen Daumens (Napier und Tuttle 1993, S. 82). Kleinere Tiere können balancierend auf Ästen laufen; für größere Primaten – wie die Menschenaffen – wird diese Fortbewegungsart schnell instabil. Die meisten größeren Primaten haben daher eine hangelnde Fortbewegungsweise entwickelt – mit dem zusätzlichen Vorteil, dass dadurch nicht nur Früchte über, sondern auch unter den Ästen erreicht werden konnten, sich das Nahrungsangebot somit verdoppelte, aber auch neue Anforderungen an die Koordination von Auge und Hand gestellt wurden (Napier und Tuttle 1993, S. 80).

Die Rückkopplung zwischen Hand und Gehirn bei zunehmend komplexer Nutzung und Werkzeugherstellung beeinflusste die weitere Gehirnentwicklung. Vielleicht waren die zum Greifen befähigten Hände aber auch bereits wesentlich früher in der Evolution ausgebildet. Der Daumen spielt bei allen dem Menschen eigenen, komplexen Griffen stets eine große Rolle, während heutige Menschenaffen relative lange Finger und einen kurzen Daumen besitzen (siehe Abb. 9.6), den sie auch nicht so drehen können, dass die weichen Daumen- und Fingerspitzen einen kraftvollen Präzisionsgriff durchführen können. Spanische Paläontolog:innen und Anthropolog:innen fanden an fossilen Daumenendgliedern morphologische und funktionale Strukturen, die auf einen kraftvollen Präzisionsgriff zwischen Daumen und Zeigefinger schließen lassen – und dies bereits an Fossilien des aufrecht gehenden, 6 Mio. Jahre alten Vormenschen *Orrorin tugenensis* und damit weit vor der Herstellung und Nutzung von Steinwerkzeugen (Almécija et al. 2010). Vielleicht also, so die Schlussfolgerung, waren die kurzfingrigen Hände mit einem langen Daumen ein eher ursprüngliches Merkmal, und die Möglichkeit zur geschickten Manipulation von Gegenständen tauchte bereits früh auf, nachdem die Hand von den Mühen der vierfüßigen Fortbewegung befreit war. Als dann bei Australopithecinen und bei *Homo habilis* das Gehirnwachstum einsetzte, konnte die bereits geschickte Hand schnell zur Herstellung von Steinwerkzeugen eingesetzt werden.

Füße

Nicht nur die Hand hat sich beim Menschen besonders entwickelt, sondern auch der Fuß. Vergleicht man den Greiffuß des Schimpansen mit seiner Hand oder der des Menschen, so erkennt man leicht, dass die Entwicklung des menschlichen Fußes ein spezieller Eigenweg ist (Abb. 9.8 und 9.9). Das Abrollen über die Fußsohlen und die Ausbildung eines Fußgewölbes ermöglichten erst einen aufrechten Gang, der energetisch günstig genug war, dass er sich durchsetzen konnte.

Als erster Nachweis des aufrechten Ganges bei Vormenschen gelten die Fußspuren von Laetoli. Biomechanische Untersuchungen dieser 3,6 Mio. Jahre alten versteinerten Fußspuren zeigen, dass die dazugehörigen Vormenschen (vermutet werden Australopithecinen) bereits eine menschenähnliche Fortbewegungsweise nutzten und sich nicht – energe-

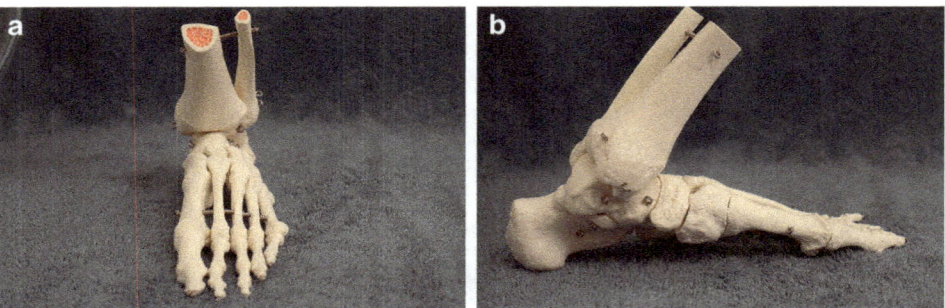

Abb. 9.8 Anatomie des menschlichen Fußes (**a**); mit Fußgewölbe (**b**)

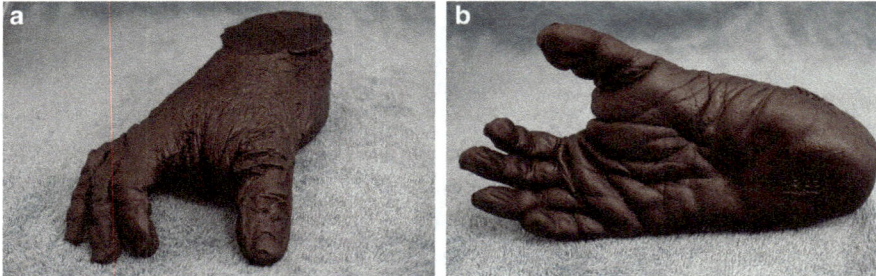

Abb. 9.9 **a**, **b** Nachbildung eines Schimpansenfußes

tisch ungünstig – wie aufrecht gehende Menschenaffen bewegten (Raichlen et al. 2010). Damit war der aufrechte „menschliche" Gang lange vor dem Erscheinen der Menschen verwirklicht, wenn man das Auftreten der Gattung *Homo* mit dem *Homo habilis* vor 2 Mio. Jahren ansetzt. Inwieweit die Wesen, die die Fußspuren hinterließen, allerdings bereits menschlich waren, ist fraglich: Vergleicht man die Fußabdrücke von Laetoli mit Füßen heutiger Schimpansen, kommen Fachleuten Zweifel. Ronald J. Clarke, ein in Südafrika lebender britischer Paläontologe, sieht in dem Fußabdruck einen opponierbaren, von den anderen vier Zehen getrennten Großzeh und ist eher der Meinung, dass auf den Hinterbeinen laufende Schimpansen in feuchtem Boden vergleichbare Spuren erzeugen würden (Tattersall und Schwartz 2001, S. 89).

Unsere Ernährungsgewohnheiten und die Beherrschung des Feuers

„Einige dieser neuen Tiere fressen Insekten und andere, nach ihnen, fressen bereits Insekten mit Obst, denn soeben sind um sie herum die ersten Blüten- und Fruchtpflanzen entstanden. Des einen, des Primaten, Glück war hier aber das Unglück der anderen, der Dinosaurier nämlich, die lediglich auf schalenlose Körner, das heißt fachlich: auf Nacktsamer, Appetit hatten – aber vielleicht ist ihnen ja tatsächlich ein tödlicher Meteorit aus dem Weltraum auf den Kopf gefallen (Coppens 2002)."

Eine große Rolle in der Entwicklung komplexer Tiere wie Säuger, inklusive der Primaten und des Menschen, spielten sicher die verfügbaren Nährstoffe. Schon im Erdaltertum stellten die sich rapide entwickelten Insekten vermutlich eine wertvolle Nahrungsquelle dar, nicht zufällig haben sich die ersten warmblütigen Tiere, nämlich Vögel und Säugetiere, jeweils aus Insektenfressern entwickelt (Reichholf 2003a, S. 74). Den fett- und proteinreichen Insekten ihrer Nahrung verdankten sie die Fähigkeit, ihren Körper auf gleichbleibenden Temperaturen zu halten – ein Umstand, der ihnen offensichtlich Entwicklungsvorteile vor den wechselwarmen Reptilien verschaffte.

Fleisch hat – neben seiner Eigenschaft als saisonunabhängiger Energielieferant – auch die höchste Dichte an Mikronährstoffen wie Vitaminen und Spurenelementen. Die beste Quelle hierfür sind Innereien wie die Leber (Biesalski 2015, S. 136 ff.). So war „der Verzehr von Fleisch, das eine konzentrierte, energetisch hochwertige, protein- und fetthaltige Nahrungsquelle darstellt", offenbar auch „eine wichtige Voraussetzung für die einsetzende Cerebralisation" (Grupe et al. 2012, S. 58). Eine interessante Beobachtung ist zudem, „dass nur Tiere, die sich omni- bzw. herbivor-polyphag ernähren, die Fähigkeit zur Traditionsbildung haben, die wiederum eine wichtige Voraussetzung für die Evolution der Kulturfähigkeit ist". Im Gegensatz zu einer mono- oder oligophagen Ernährung, die sich auf wenige Nahrungssorten beschränkt, an die die jeweiligen Organismen angepasst sind, verlangen eine omnivore „Allesfresser"-Ernährung oder eine Ernährung, die sich auf ein breites Spektrum pflanzlicher Nahrung stützt, „dass einerseits viele Informationen tradiert werden müssen und andererseits auch die Fähigkeit zum Diskriminationslernen ausgeprägt sein muss. Darüber hinaus bietet diese Ernährung zahlreiche Optionen für die Entwicklung von Techniken zur Nahrungsgewinnung, einschließlich eines vielfältigen Gebrauchs von Werkzeugen" (Grupe et al. S. 58).

„Die Menschen müssen ihre Nahrung ja nicht kochen, sie tun es aus symbolischen Gründen, um zu zeigen, dass sie Menschen sind und keine Tiere" (Edmund Leach 1971; zitiert nach Wrangham 2009, S. 18). Mit diesem Zitat irrt der Anthropologe Edmund Leach, seinen Kollegen Claude Lévi-Strauss interpretierend, wahrscheinlich, denn die Beherrschung des Feuers samt der Erfindung des Kochens war vermutlich einer der wesentlichen Mosaiksteine auf dem Weg zum modernen Menschen. „Der Gebrauch des Feuers war ein qualitativer Sprung. Seine Nutzung markierte eine klare Grenze zwischen Tier und Mensch. Kein anderes Unterscheidungskriterium erreicht in der Diskussion über unsere Abgrenzung vom Tier diese Ausschließlichkeit. Menschen sind die einzigen Lebewesen, die zusätzlich zur Nahrungsenergie weitere Energie umwandeln – und dies bereits seit Millionen von Jahren", so der Ur- und Frühgeschichtler und damalige Direktor des Neanderthal Museums, Gerd-Christian Weniger (2000, S. 99). Die Kulturanthropologie geht in ihren Aussagen sogar noch weiter, was die Bedeutung der Energiegewinnung angeht: „Menschliches Leben und menschliche Kultur sind ohne gesellschaftliche Aneignung und Umformung der in der Umwelt verfügbaren Energie nicht möglich" (Harris 1989, S. 82). „Heutzutage sind wir überall auf Feuer angewiesen. [...] Tiere brauchen Nahrung, Wasser und sichere Ruheplätze. Wir Menschen brauchen das alles auch, aber obendrein benötigen wir auch Feuer. [...] In der modernen Gesellschaft bleibt das Feuer oftmals vor unseren

Blicken verborgen, etwa im Heizkessel im Keller, im Inneren eines laufenden Benzinmotors oder in einem Kraftwerk, aber wir sind immer noch vollständig von ihm abhängig" (Wrangham 2009, S. 15).

Die ältesten Hinweise für die kontrollierte Nutzung des Feuers stammen aus Kenia und sind 1,5 Mio. Jahre alt; verbrannte Knochen aus Südafrika, die aufgrund der rekonstruierten Temperaturen sicher nicht durch Buschbrände erzeugt wurden, datieren auf 1 Mio. Jahre. . Vor 780.000 Jahren wurden im Gebiet des heutigen Israel Fische gegart, wie eine Untersuchung der Kristallstruktur hinterbliebener Fischzähne verriet, die weichgekochten Gräten und Fischknochen hinterließen dagegen keine Spuren. Da keine Kochgeräte gefunden wurden, wird eine Art Erdofen vermutet (Zohar et al. 2022). Menschliche Überreste wurden im Zusammenhang mit den Kochstellen nicht gefunden, sodass die Urheber nicht bekannt sind – es ist aber wahrscheinlich, dass bereits *Homo erectus* das Feuer beherrschte, was neben der technischen Herausforderung auch eine gesellschaftlich zu regelnde Aufgabe war. Man könnte daher für *Homo erectus* ein funktionierendes Sozialgefüge annehmen, schließlich musste der Erhalt des Feuers mit regelmäßigem Brennstoff organisiert werden (Schrenk 2008, S. 99 f.).

Aber die Bedeutung des Feuers reicht mit dem Verzehr gekochter Nahrung wohl noch viel weiter: Schließlich konnten die Frühmenschen durch den Verzehr gekochter Nahrung jede Menge Zeit sparen, die dann beispielsweise für die Jagd zur Verfügung stand. Zum Vergleich: Ein moderner Mensch braucht etwa eine Stunde am Tag, um sich 2000 oder 2500 kcal mit der Nahrung zuzuführen, bei Jägern und Sammlern sind es aufgrund der faserreicheren, härteren Nahrung zwei Stunden; Schimpansen benötigen dagegen sechs Stunden am Tag, um 1800 kcal mit ihrer Rohkost aufzunehmen – und verdauen praktisch den ganzen Tag. Auch wurden dadurch Freiräume für soziale Aktivitäten, Kommunikation und die zunehmend wichtiger werdende Weitergabe von Wissen geschaffen (Ewe 2017b, S. 23). „Gerade das abendliche Sitzen rund ums Feuer bei und nach den Mahlzeiten hat die Gattung Homo vorangebracht", meint die amerikanische Anthropologin Polly Wiesner: Während sich Gespräche noch bei heutigen Wildbeuter-Gesellschaften tagsüber hauptsächlich um wirtschaftspraktische Themen wie Fleischverteilung, die Rangordnung im Klan oder auch einen Dorn im Fuß drehen, ging es abends am Lagerfeuer um Erlebnisse und Geschichten, um falsches und richtiges Verhalten, um Vertrauen und um Abenteuer auf weiten Reisen (Ewe 2017b, S. 24). „Geschichten anhören fördert das Gedächtnis, die Fantasie und das Einfühlungsvermögen in die Gedankenwelt anderer. Diese Kulturtechniken waren so elementar für die Evolution des Menschen wie das Besänftigen knurrender Mägen" (Ewe 2017b, S. 24). Interessant ist in diesem Zusammenhang wiederum der Blick auf die Feuerstellen an Wohnplätzen der Neandertaler, die – kleiner, zahlreicher und nicht über derart lange Zeiträume genutzt wie an entsprechenden Wohnorten von *Homo sapiens* – offensichtlich hauptsächlich der Nahrungszubereitung und weniger dem sozialen Austausch rund um ein Lagerfeuer dienten (Wynn und Coolidge 2013, S. 155 ff.).

Wahrscheinlich liegt die Wahrheit aber auch in der Diskussion um Fleisch, Feuer und gekochte Nahrung wieder irgendwo in der Mitte, ist die Realität meistens komplexer, als wir es uns wünschen. Seit Darwin wurde argumentiert, dass die Jagd auf andere Wirbeltiere bis in die Frühzeit der Homininenevolution reicht und viele einzigartige Kennzeichen der menschlichen Anatomie und des Verhaltens erklären kann. Neuere Arbeiten haben stattdessen den Verzehr von Aas oder pflanzliche Nahrungsmittel wie unterirdische Knollen als des Rätsels Lösung präsentiert. Die Anatomie und die vermuteten kognitiven Fähigkeiten von *Ardipithecus, Australopithecus* und dem frühem *Homo* legen nahe, dass diese bei der Jagd oder der Inbesitznahme von Kadavern nicht so erfolgreich gewesen sind wie moderne menschliche Jäger und Sammler. Auf der anderen Seite sollten sich Einzeltheorien nicht nur auf pflanzliche Nahrungsmittel stützen, da dies die Veränderungen des frühen Homininengebisses und den bemerkenswerten demografischen Erfolg der neuen Spezies, aber auch die große Auswahl an verfügbaren Nahrungsmitteln außer Acht lässt. Jedes Ernährungsmodell, das sich zu sehr auf einen Nahrungsmitteltyp oder eine Nahrungsstrategie konzentriert, muss daher mit Vorsicht betrachtet und in eine gesamtökologische Betrachtung des damaligen Lebensraumes mit seiner Fauna und Flora eingebettet werden (Sayers und Lovejoy 2014).

Unser großes Gehirn

„Die Menschwerdung *ist* die Fulguration der kumulierbaren Tradition, und das menschliche Großhirn ist ihr Organ (Lorenz 1980)."

Der Mensch ist allen anderen Lebewesen in praktisch allen kognitiven Leistungen weit überlegen: im Lernen, aber vor allem in höheren kognitiven Leistungen wie Denken, Abstraktion, Kategoriebildung, Selbsterkennen im Spiegel, Täuschung und Gegentäuschung, Empathie oder Metakognition. In der Fähigkeit zu einer mittel- und langfristigen Handlungsplanung und in der grammatikalischen Sprache sind die Unterschiede zwischen Mensch und Tier besonders groß (Roth 2011, S. 392 f.). Wie aber kam es zur Entwicklung unseres großen Gehirns und vor allem seiner erstaunlichen Leistungen?

Exkurs: Fulguration und Emergenz
Der Begriff „Fulguratio" („Blitzstrahl") stammt aus Philosophie und Mystik des Mittelalters und meint den „Akt der Neuschöpfung" (Lorenz 1980, S. 47). Heute häufiger als „Emergenz" bezeichnet, bezeichnet das Phänomen das Auftreten (völlig) neuer Eigenschaften bei Systemen höherer Komplexität, die auf der Stufe der einzelnen Bausteine nicht zu finden sind („… so entstehen damit schlagartig völlig neue Systemeigenschaften, die vorher nicht, und zwar auch nicht in Andeutungen, vorhanden gewesen waren. Genau dies ist der tiefe Wahrheitsgehalt des mystisch klingenden, aber durchaus richtigen Satzes der Gestaltpsychologen: ‚Das Ganze ist mehr als die Summe seiner Teile.'" Lorenz 1980, S. 49). Beispiele sind das Auftreten von Schwingungen in einem elektrischen Schwingkreis, der aus einem

> Stromkreis mit Kondensator und Spule besteht – weder ein Kondensator noch eine Spule allein verursachen derartige Schwingungen in einem Stromkreis (Lorenz 1980, S. 49). Ein bekannteres, einfaches Beispiel ist das Auftreten der physikalischen Größen „Temperatur" und „Druck": Jedes Gas übt einen temperaturabhängigen messbaren Druck auf seine Umgebung aus; untersucht man aber einzelne Gasatome oder -moleküle, so findet man auf dieser Ebene keine Ansätze für die Phänomene „Druck" oder „Temperatur".
>
> Ähnliche Systemübergänge sehen Evolutionsbiolog:innen, die die synthetische Theorie mit ihrer Beschränkung auf Rekombination und Mutation, Selektion und Adaptation nicht für ausreichend erklärungsmächtig halten und diese daher erweitern möchten, auch in der Evolution am Werk (Maynard Smith und Szathmáry 1996).

Die nervöse Organisation, also die Entwicklung von Nerven und eines strukturierten Nervensystems, ist evolutionsgeschichtlich sehr alt (Seitelberger 1984, S. 169 ff.). Das Prinzip, das der „nervösen Organisation" zugrunde liegt, ist „die Vermittlung von Zuständen und Veränderungen der Umgebung an den Organismus und deren Übersetzung in sein angepasstes Verhalten in Beziehung zu den Umweltgegebenheiten" (Seitelberger 1984, S. 169): Die Nervenzellen sind empfindlich gegenüber Umwelteinflüssen und bewirken eine entsprechende Reaktion des Organismus oder seiner Teile, beispielsweise also Bewegungen des ganzen Körpers oder das Zurückziehen eines einzelnen Fortsatzes. In der einfachsten Form sind dafür nur zwei Nervenzellen nötig: eine sogenannte afferente Zelle, die Input-Informationen aufnimmt, und eine efferente Zelle für entsprechende Output-Instruktionen. Bei komplexeren Tieren treten schließlich nervöse Systeme auf, die durch Nervenzellanhäufungen (beispielsweise Ganglien) und verbindende Zellfortsätze gekennzeichnet sind. Die Fortsätze sind meist in parallelen Strängen entlang der Längsachse des Körpers angeordnet; am „oralen Pol", mit dem die Nahrung gefunden und aufgenommen wird, finden sich die größten Nervenzellgruppen, um diese lebenswichtigen Funktionen sicherzustellen (Seitelberger 1984, S. 169). In diesen komplexeren Systemen muss der eingehende Input aus vielen Nervenquellen verarbeitet und zu entsprechenden Output-Instruktionen, beispielsweise für die Muskulatur, verarbeitet werden. „Die allgemeine Funktion der Nervensysteme ist somit die Bearbeitung und Integration von Informationen für die Formierung von Instruktionen, die die Bedürfnisse des Organismus und der Umweltsituation im Sinn des angepassten Verhaltens und des Überlebens im Lebensraum erfüllt" (Seitelberger 1984, S. 170).

Im Verlauf der Evolution werden durch die Entwicklung unterschiedlichster Sinnesorgane zunehmend vielfältigere und differenziertere Informationen aufgenommen und verarbeitet – „von der Kontrolle einiger lebenswichtiger Funktionen des Organismus bis zur Sammlung und Bewertung aller verfügbaren Daten aus dem Körper und der Umwelt" (Seitelberger 1984, S. 170). Die daraus resultierende komplexere Organisation des Nervensystems führt bei den Wirbeltieren schließlich vor 400 Mio. Jahren zur Ausprägung eines Zentralnervensystems mit „einer mächtigen Konzentration von Steuerungsinstanzen in den vorderen Anteilen" (Seitelberger 1984, S. 170), also einem Gehirn.

Die biologische Evolution führt also zunächst zu einer Anpassung an die Umwelt durch Spezialisierung der Organismen und ihrer Organe. Daneben taucht das Phänomen des „Lernens" auf, das heißt, es kommt zu „Modifikationen und Erweiterungen des individuellen Verhaltens durch die Einprägung von Instruktionen aus einzelnen temporär erlebten Ereignissen und Situationen in die Verhaltensmuster" (Seitelberger 1984, S. 171). Diese Entspezialisierung durch Lernen geht einher mit einer Flexibilität bei sich verändernder Umwelt. Durch die Vorteile dieser „Einverleibung von Wirklichkeitsmustern in die nervösen Strukturen" (Seitelberger 1984, S. 172) entstand in späteren Phasen der Evolution schließlich ein Selektionsdruck auf die „physische Entspezialisierung mit verstärkter Lernfähigkeit" (Seitelberger 1984, S. 171).

> „Es lässt sich heute feststellen, dass die Evolution des Menschen seit seinen entferntesten bekannten Vorfahren sich vor allem auf die zunehmende Vergrößerung seines Schädels und damit des Gehirns erstreckt hat. Dazu war ein fortgesetzter, seit mehr als zwei Millionen Jahren ununterbrochener gerichteter Selektionsdruck nötig; ein ganz *beträchtlicher* Selektionsdruck, denn diese Entwicklung war von relativ kurzer Dauer, und ein *spezifischer* Selektionsdruck, denn in keiner anderen Abstammungslinie lässt sich etwas Ähnliches beobachten: Der Schädelinhalt der heute anzutreffenden Menschenaffen ist kaum größer als der ihrer Vorfahren von vor einigen Millionen Jahren (Monod 1975, S. 118; Abb. 9.10 und 9.11)."

Aber nicht nur der „Schädelinhalt", also die Gehirngröße, spielt eine Rolle, sondern auch die Organisation – die ausgeprägte Großhirnrinde ist eine Eigenart der Menschen. Zwei spezielle Eigenheiten der menschlichen Hirnrinde sind dabei nach Ansicht des Wiener Neurologie-Professors Franz Seitelberger entscheidend: die erstaunliche relative Größe der Gesicht- und Handrepräsentation und die Kortikalisation, also die dichte Verbindung der frontalen Großhirnrinde mit dem alten Riechhirn und dem Zwischenhirn-

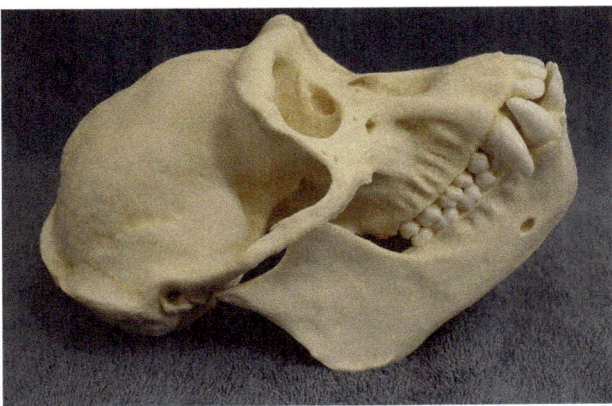

Abb. 9.10 Schädelnachbildung eines rezenten Schimpansen

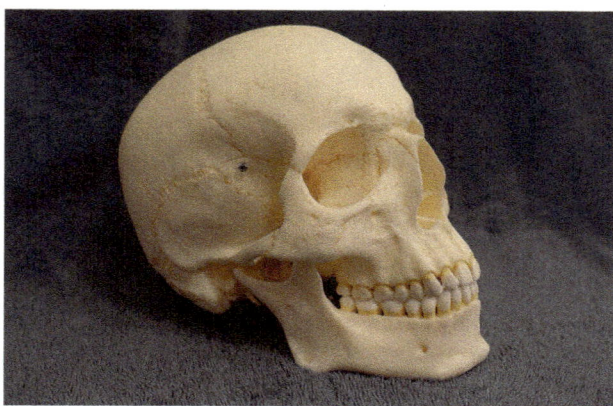

Abb. 9.11 Schädelnachbildung eines modernen *Homo sapiens*

Hypophysensystem, in dem die Steuerung unserer vegetativen Systeme und der Triebe liegen (Seitelberger 1984, S. 188).

Die gewaltige Repräsentation von Hand und Gesicht im Cortex erklärt sich laut Seitelberger aus der Entlastung der Hand von der Fortbewegungsaufgabe und aus der daher rührenden Verfügbarkeit zum Handeln, „d. h. letztlich zur schöpferischen Erzeugung von Werkzeug, Kunst und Schrift, sowie aus der damit verbundenen Befreiung des Gesichts zur Sprechmotorik und zum kommunikativen Ausdruck auf Kosten der Fressfunktion" (Seitelberger 1984, S. 188).

Die Einschaltung von Riechhirn und Zwischenhirn in das Informationsverteilungssystem des Cortex hingegen bedeutet die Kontrolle der Triebsphäre durch den „kortikalen optimierenden Entscheidungsprozess" (Seitelberger 1984, S. 188). Auch der amerikanisch-australische Sozialpsychologe Roy F. Baumeister hält den präfrontalen Cortex mit seinen exekutiven Funktionen für entscheidend, denn damit überwachen wir unsere eigenen Handlungen und können so auch spontanen Versuchungen wiederstehen. Offensichtlich ist es anderen Primaten trotz ihrer mentalen Kapazitäten nicht möglich, kontrollierte Selbstdisziplin aufzubringen; nach Expertenschätzungen können nichtmenschliche Primaten höchstens 20 min weit in die Zukunft planen: Bleibt beispielsweise nach einer ausgedehnten Mahlzeit Futter übrig, legen Schimpansen davon keine Vorräte an, sondern bewerfen sich im Spiel eher gegenseitig damit (Rauch 2017, S. 52).

Was die Wahrnehmungsfähigkeiten angeht, so gibt es offenbar keine großen Unterschiede zwischen unserem heutigen Gehirn und dem der frühen Hominiden, wohl aber in der Kortikalisation, also „der verstärkten Übernahme der Verarbeitung der Sinnessignale in vergrößerten Rindengebieten" (Seitelberger 1984, S. 189). Letztlich führte das in Verbindung mit der neuronalen Hand- und Gesichtsrepräsentation zur räumlichen Wahrnehmung (oder besser Konstruktion) der Welt, zur Entdeckung der eigenen „Leiblichkeit als Sonderobjekt", zur Subjekt-Objekt-Spaltung und damit zur Entwicklung des Individualbewusstseins (Seitelberger 1984, S. 189 f.).

„Heute ist das Gehirn des Menschen ein Extremorgan", schreibt der Wiener Evolutionsbiologe Rupert Riedl (1976, S. 242). In nur 4 Mio. Jahren habe es sein Volumen verdreifacht, die Evolution aller anderen Organe unterdrückt, die Zahl möglicher Anpassungen dadurch verringert und dirigiere daher die „letztmögliche Richtung". Während andere Extremorgane wie die überdimensionierten Geweihe der Riesenhirsche oder die überlangen Eckzähne der Säbelkatzen diese letztlich in den Untergang getrieben hätten, besitze unser Extremorgan einen vielleicht rettenden Vorzug: „Es kann sich selbst wahrnehmen, vielleicht seine Position erkennen und, wie man hoffen möchte, vielleicht etwas dagegen tun" (Riedl 1976, S. 242). Es kann sogar über den eigenen Sinn grübeln. Es kann völlig neue Formen des Sinns finden oder erfinden. Und so kam die Philosophie in die Welt, aber eben auch der Selbstmord.

Letztlich erklärt die reine Größe unseres Gehirns also noch nicht die Sonderstellung des Menschen. Andere Faktoren wie die spezielle Organisation, die besondere Verschaltung und die Emergenz des Bewusstseins mussten noch dazukommen.

Unser „soziales Gehirn"

> „Hätten die Menschen nicht gelernt, in großer Zahl flexibel zusammenzuarbeiten, würden unsere schlauen Hirne und flinken Hände noch immer Feuersteine spalten und nicht Urankerne (Harari 2017)."

Ein entscheidender Faktor für die „Eroberung der Welt" durch den Menschen war wohl die Fähigkeit, viele Individuen unter einer gemeinsamen Idee zusammenzubringen. Zwar kooperieren auch Ameisen und Bienen schon seit Millionen von Jahren in großer Zahl, doch fehlt es ihrer Zusammenarbeit an Flexibilität. So können Bienen eben nicht ihr Gesellschaftssystem umstürzen, „die Königin enthaupten und die Republik ausrufen" (Harari 2017, S. 183). Schimpansen und andere soziale Tiere kooperieren dagegen flexibel, aber nur mit einer kleinen Zahl von Familienangehörigen und Freunden; die Zusammenarbeit beruht auf persönlicher Bekanntschaft. Der Mensch hingegen kann friedlich mit einer großen Zahl ihm unbekannter Individuen interagieren – man denke an einen Einkaufssamstag in der Fußgängerzone, an einen voll besetzten Urlaubsflieger oder an eine Fabrikhalle voller Arbeiterinnen und Arbeiter. Darauf, so die Theorie des sozialen Gehirns, beruht unsere Herrschaft über den Planeten Erde.

Zusammengefasst sagt die „Theorie des sozialen Gehirns" aus, dass der entscheidende Punkt in der Entstehung der Gattung *Homo* die Zunahme der Gruppengröße gewesen sei: Die Homininen mussten in einer offeneren Landschaft leben als ihre zuvor waldbewohnenden Vorfahren; zum Schutz vor Fressfeinden, aber auch anderen Gruppen und zur verlässlichen Versorgung mit Nahrung in dieser unwirtlicheren Umgebung mussten die Gruppen wachsen und über größere Entfernungen und längere Zeiträume hinweg tätig werden. Für die Organisation dieses neuen Lebensstils war ein größeres Gehirn von Vorteil (Gamble et al. 2016, S. 182). Die Theorie des sozialen Gehirns wurzelt letztlich in der

Beobachtung, dass Klein- und Menschenaffen im Verhältnis zur Körpergröße ein viel größeres Gehirn haben als andere Tiere und in der Idee, ob die Ursache dafür das Leben in komplexen Gemeinschaften sein könne (Gamble et al. 2016, S. 11). Die Komplexität der Primatengesellschaften entsteht – im Unterschied zu der chemischen Verhaltenssteuerung eines Bienenstocks – durch die individuellen Interaktionen ihrer Mitglieder. In den 1990er-Jahren wurde zudem nachgewiesen, dass die durchschnittliche Größe der sozialen Gruppe einer Spezies mit ihrer Gehirngröße oder genauer der Größe des Neocortex, der Hirnrinde, korreliert (Gamble et al. 2016, S. 13): Offenbar beschränkt die Größe der Großhirnrinde die Größe der sozialen Gruppe (Gamble et al. 2016, S. 15). Während die maximale Gruppengröße bei Schimpansenpopulationen 50 Individuen beträgt (Gamble et al. 2016, S. 143), liegt diese Zahl beim Menschen bei 150, die nach ihrem Erstbeschreiber auch als „Dunbar-Zahl" bezeichnet wird (Gamble et al. 2016, S. 17). Überraschenderweise lässt sich zeigen, dass selbst im Zeitalter von Internet und „Social Communitys" die durchschnittliche Zahl von Facebook-„Freunden" eines Menschen bei 150 liegt. „Offensichtlich erreichen wir mit der Zahl 150 die Grenzen unserer kognitiven Fähigkeit, uns zu erinnern und auf einheitliche, zwischenmenschlich produktive Weise zu reagieren" (Gamble et al. 2016, S. 24).

Unser soziales Gehirn leistet aber noch etwas anderes, im Tierreich vermutlich Einmaliges: Menschen können nicht nur objektive und subjektive Realitäten unterscheiden, sondern auch intersubjektive Realitäten erschaffen. Die Schwerkraft beispielsweise ist objektiv Realität: „Es gab sie schon lange vor Newton, und sie betrifft Menschen, die nicht daran glauben, genauso wie diejenigen, die daran glauben" (Harari 2017, S. 198). Subjektive Realitäten wie beispielsweise Schmerzen können wir dagegen selber als sehr real empfinden, auch wenn kein Arzt einen objektiven Befund feststellen kann. Intersubjektive Wirklichkeiten, als dritte Möglichkeit, hängen dagegen eher von der Kommunikation zwischen Menschen ab – und können erstaunliche Wirkungen haben: „Wenn viele Menschen an Gott glauben, wenn Geld die Welt regiert und wenn der Nationalismus Kriege anzettelt und Großreiche errichtet – dann sind diese Dinge nicht einfach nur subjektive Überzeugungen meinerseits. Bei Gott, Geld und Nationen muss es sich folglich um objektive Realitäten handeln" (Harari 2017, S. 199). Diese intersubjektiven Realitäten spielten und spielen eine wesentliche Rolle für die Bildung menschlicher Zivilisationen: Bis zu einer Gruppengröße von 150 Individuen können wir unsere Gruppen durch „Klatsch und Tratsch" sozial zusammenhalten. Aber zur Bildung von Städten mit Zehntausenden von Einwohnern oder Riesenreichen mit Millionen von Bürgern sind gemeinsame Mythen notwendig. „Dass ‚primitive Menschen' ihre Gesellschaft zusammenhalten, indem sie an Geister glauben und bei Vollmond um ein Feuer herumtanzen, verstehen wir sofort. Dabei übersehen wir gern, dass die fortschrittlichsten Institutionen unserer modernen Gesellschaft keinen Deut anders funktionieren" (Harari 2015, S. 41).

Mit diesen „intersubjektiven Realitäten" lassen sich eine ganze Reihe von menschlichen Phänomenen erklären, von der Wissenschaft bis zu Religion und Aberglaube. „Im Rahmen des Erforschlichen", schrieb schon der Wiener Evolutionsbiologe Rupert Riedl, führen unsere Ideen „zur Bildung von Theorien; im Rahmen des Unerforschlichen führen sie zur nicht minder nötigen Rundung jeweils irgendeines der denkbaren Weltbilder" (Riedl 1976, S. 235). „Bleibt einer mit seinen ‚Weltgesetzen' allein, so wird er zum Eigenbrötler. ... Finden solcherlei ‚Weltgesetze' aber große Verbreitung, so gewinnen sie ... eine neue, gruppeneinende Funktion und werden damit zu Selbstverständlichkeiten; das heißt, sie werden nicht nur zum Ersatz für das Denken, sondern auch zum Ersatz für mangelnde Erfahrung" (Riedl 1976, S. 235 f.). Dabei entsteht ein weiteres Privileg des Menschen: „das Glauben reinen Unsinns" (Riedl 1976, S. 241). Alle erblichen „Hypothesen", festgelegt in neuronalen Schaltungen oder Molekülen, mussten im Laufe der Evolution eine rigorose Selektion überstehen. Die vererbten „Verrechnungsapparate" der Tiere müssen zwangsläufig, wie gut auch immer, die Welt im Großen und Ganzen richtig wiedergeben und können daher nicht falsch sein – „falsche" Verrechnungen führten zum Tod des Individuums und zum Ende der Stammeslinie. Erst unser Denken kann, mithilfe des Bewusstseins, Hypothesen bilden, die so falsch sein können, wie sie wollen – kein evolutionärer Mechanismus wacht über ihre Richtigkeit. Als das jüngste Produkt der Evolution hat das Bewusstsein auch die größte Freiheit. „Wie widersprüchlich diese Hypothesen auch von Population zu Population sein mögen, sie werden zu Überzeugungen geprägt und tradiert, ohne dass zunächst eine Selektion zwischen ihnen richtete. [...] Aber törichterweise erheben derlei Systeme, wenn sie sich vertiefen, Anspruch auf unumstößliche Richtigkeit. Drei Jahrmilliarden kognitiver Prozesse auf der Grundlage als wahr genommener Hypothesen machten das wohl nötig" (Riedl 1976, S. 241).

… und unser kleiner Darm

Die Geschichte unseres großen Gehirns wäre allerdings nicht vollständig, würden wir nicht auch einen Blick auf unseren relativ kleinen Darm werfen. Was hat das Gehirn mit dem Darm zu tun? Nun, Gehirngewebe ist das mit Abstand „teuerste" Gewebe unseres Körpers: Um elektrische Signale zu erzeugen und weiterzuleiten, müssen Ionenpumpen ständig arbeiten und elektrische Potenziale über Zellmembranen aufrechterhalten; diese Ionenpumpen verbrauchen eine Menge Energie (Dunbar 1998, S. 159). Auch die Herstellung von Neurotransmittern, also den Botenstoffen, die chemische Signale zwischen den Nervenzellen vermitteln, ist sehr aufwändig. Der „Betrieb" von Nervengewebe ist etwa zehnmal so teuer wie die Erhaltung von anderen Geweben; das Gehirn macht etwa 2 % unseres Gewichts aus, benötigt aber 20 % der gesamten zugeführten Energiemenge. Wie schaffen wir es also, ein derart aufwändiges Organ zu unterhalten?

Es gibt noch einige andere „teure" Organe in unserem Körper: Gehirn, Herz, Nieren, Leber und Darm benötigen zusammen 85–90 % der Gesamtenergie unseres Organismus. An Herz, Nieren oder Leber ist nicht zu sparen, denn ein kleineres Herz würde nicht genügend Blut pumpen, kleinere Nieren oder eine kleinere Leber würden die nötige Entgiftung des Körpers nicht mehr bewerkstelligen. Wo es Einsparpotenzial gäbe, wäre der Darm – vorausgesetzt, der Körper hätte Nahrung zur Verfügung, die erstens nährstoffreicher und zweitens leichter zu verdauen ist als bisher (Dunbar 1998, S. 160). Und wie es der Zufall so wollte, waren diese Voraussetzungen gegeben, als Menschen sich der Fleischnahrung zuwandten und durch die Beherrschung des Feuers nicht nur tierische, sondern auch pflanzliche Nahrung kochen und damit für die Verdauung besser aufschließen konnten.

Die meisten Primaten ernähren sich von Blättern und Früchten. Das Verdauen von Blättern ist eine aufwändige Sache: Um die Zellulose der Blätter aufzuschließen, benötigen Säugetiere die Hilfe von vergärenden Bakterien in Magen und Darm, und um größere Mengen von Blättern zu vergären, ist ein großer Darm vonnöten: „Das Blätterfressen ist mit einem kleinen Darm nicht zu machen" (Dunbar 1998, S. 162). Zudem braucht der Organismus viel Ruhe, damit die Bakterien Zeit für den Gärvorgang haben, Zeit, die für soziale Aktivitäten fehlt. Besser sieht es bei Früchten als Nahrung aus, die Paviane und Schimpansen in größerem Umfang verzehren. Doch Nahrung in Form von Fleisch liefert wesentlich mehr Energie – darum haben Fleischfresser in Relation zur Körpergröße einen kleinen Darm. Und so wurden vor 2 Mio. Jahren Ressourcen frei für das einsetzende Gehirnwachstum.

Unser außergewöhnlich großes Gehirn wurde also vermutlich dadurch begünstigt, dass unsere Vorfahren häufiger Fleisch auf den Speiseplan nahmen. Das größere Gehirn erlaubte das Zusammenleben in größeren Gruppen, was wiederum die Eroberung größerer Gebiete möglich machte. Und auf diese Weise besiedelte der Mensch schließlich die ganze Erde (Dunbar 1998, S. 164).

Geist, Bewusstsein und Intelligenz

„Es handelt sich darum zu wissen, wie rein physische Ursachen und folglich einfache Beziehungen zwischen verschiedenen Arten von Stoffen das hervorbringen können, was wir Ideen nennen, wie diese Beziehungen aus einfachen oder direkten Ideen komplexe Ideen bilden können, mit einem Wort, wie diese Beziehungen aus Ideen, welcher Art sie auch sein mögen, so wunderbare Fähigkeiten erzeugen können, wie diejenigen zu denken, zu urteilen, zu analysieren und Schlüsse zu ziehen (Lamarck 1809)."

„Wenn der menschliche Geist ein keineswegs wundersames Produkt der Evolution ist, dann ist er notwendigerweise ein technisches Gebilde, und alle seine Fähigkeiten lassen sich letztlich „mechanisch" erklären. Wir stammen von Makros ab und bestehen aus Makros, und nichts, was wir tun können, liegt außerhalb der Fähigkeiten einer riesigen Anordnung von Makros (die sich in Raum und Zeit angesammelt haben) (Dennett 1997)."

Der Mensch zeichnet sich, zumindest soweit wir wissen, nicht nur durch ein großes Gehirn, sondern auch durch ein besonderes (Selbst-)Bewusstsein und einen „Geist" mit besonderer Intelligenz, aus. Was ist eigentlich dieses „Bewusstsein"? Und wie misst man Intelligenz?

„Eine Schwierigkeit für die psychologischen Wissenschaften liegt in der Vertrautheit der Phänomene, die sie behandeln" (Chomsky 2017, S. 45). Die Entdeckungen der Physik beispielsweise sind tatsächliche „Entdeckungen", die dem Alltagsverstand des Menschen nicht von allein zugänglich sind. Doch Psychologen können bei Untersuchungen des Geistes kaum Neuigkeiten entdecken – was „Geist" und „Bewusstsein" sind, ist jedem Menschen intuitiv klar, auch wenn wir es nicht in Worte fassen können (Chomsky 2017, S. 45). Klar ist, dass der menschliche Geist aus einem komplexen System der neuronalen Informationsverarbeitung entsteht, das sich unter bestimmten Anforderungen entwickelt und als vorteilhaft erwiesen hat: „Er baut mentale Modelle der physischen und sozialen Umwelt auf und verfolgt Ziele, die letztlich mit Überleben und Fortpflanzung in einem vormodernen Umfeld zusammenhängen" (Pinker 2011, S. I). Und nicht mehr. Womöglich liegt darin der tiefere Grund, dass der menschliche Geist zwar viele Fragen stellen kann, aber nicht auf alle eine Antwort findet. Oder die Antworten, die die Natur ihm gibt, nicht versteht oder nicht alle Antworten auf seine eigenen Fragen begreifen kann (Pinker 2011, S. V). Auch heute noch ist uns unser eigenes Bewusstsein ein Rätsel: „Wie kann ein Vorgang in den Neuronen dafür sorgen, dass sich Bewusstsein ereignet? Wozu ist das Bewusstsein gut? Das heißt: Was trägt die Empfindung von Rot als solche zu der Kette billardähnlicher Vorgänge bei, die in unserem neuronalen Computer ablaufen? Alle *Auswirkungen* der Wahrnehmung von Rot – es vor einem grünen Hintergrund zu bemerken, laut zu sagen; ‚Das ist rot'; an den Nikolaus oder die Feuerwehr zu denken, nervös zu werden – können durch reine Informationsverarbeitung zuwege gebracht werden, die durch einen Sensor für Licht mit langer Wellenlänge in Gang gesetzt wird. Ist Bewusstsein ein wirkungsloser Nebeneffekt, der über den Symbolen schwebt wie die Lichter, die an einem Computer blinken, oder wie der Donner, der den Blitz begleitet? Und wenn Bewusstsein nutzlos ist" – wenn also ein Geschöpf ohne Bewusstsein in der Welt genauso gut zurechtkäme wie eines mit Bewusstsein –, „warum hat dann die natürliche Selektion das Wesen mit einem Bewusstsein begünstigt?" (Pinker 2011, S. 168).

Einer der grundlegendsten Aspekte unseres Denkens ist die Fähigkeit zur Kombination (McGinn 2004, S. 72): Wir denken uns „komplexe Entitäten als Resultat des Arrangements einfacherer Teile." „Dinge werden in ihre Bestandteile zerlegt, und auf diese Weise erkennen wir, wie manche Dinge aus anderen abgeleitet werden. Wir verstehen etwas, wenn wir die Atome kennen, aus denen es besteht, und die Gesetze, nach denen es zusammengefügt wurde" (McGinn 2004, S. 72). Diese kombinatorische Art des Denkens macht einen großen Teil unserer Wissenschaft aus. Vielleicht kombinieren wir hierbei die räumliche Struktur unserer visuellen Wahrnehmung („eine ungeheure dreidimensionale Vielfalt, die Objekte in determinierten räumlichen Beziehungen untereinander stehen lässt"; McGinn 2004, S. 73) mit der Struktur unserer Sprache (ein „Apparat zur Bildung regelhafter Sequenzen aus [atomaren] Untereinheiten"; McGinn 2004, S. 73). Wenn wir über unser Gehirn nachdenken, stellen wir uns ein Objekt aus neuronalen Untereinheiten vor, die räumlich zu einer dreidimensionalen Struktur vernetzt sind und in dessen Innerem elektrische Prozesse und chemische Vorgänge ablaufen. Unser Geist ist aber kein einfaches kombinatorisches Produkt des Gehirns, unser Bewusstseinszustand besteht nicht aus neuronalen Bestandteilen. Der amerikanische Philosoph Colin McGinn meint, dass das kombinatorische Denkmuster daher bei der Lösung des Körper-Geist-Problems versagen muss. „Dieser Art zu denken verdanken wir aber samt und sonders unser wissenschaftliches Bild von der Welt" (McGinn 2004, S. 75). „Unsere Fähigkeit, Wissenschaft zu betreiben, hat demnach die falsche ‚Grammatik' zur Lösung des Problems" (McGinn 2004, S. 76).

Kann der menschliche Geist, der unsere naturwissenschaftlichen Erklärungsschemata entwickelt hat, überhaupt durch eben diese erklärt werden? Der Wissenschaftsphilosoph Michael Elsfeld bezweifelt das aus grundlegenden wissenschaftstheoretischen Überlegungen: „Das naturwissenschaftliche Wissen als solches kann nicht den Geist, der dieses Wissen hervorbringt, erfassen" (Elsfeld 2017, S. 18). Der amerikanische Wissenschaftsphilosoph Daniel C. Dennett widerspricht allerdings vehement und nennt dieses Argument „pseudobiologisch": „Prinzipiell können wir die Möglichkeit nicht ausschließen, dass der eine oder andere Bereich unserem Geist kognitiv versperrt ist." Wir können

> „sogar sicher sein, dass es Bereiche mit zweifellos faszinierenden und wichtigen Kenntnissen gibt, in die unsere Spezies nie eindringen wird, aber nicht, weil wir mit dem Kopf gegen die Wand der schieren Verständnisunfähigkeit laufen, sondern weil der Wärmetod des Universums uns einholt, bevor wir dort angelangt sind. […] Richtig angewandtes darwinistisches Denken legt genau das Gegenteil nahe: Falls wir unsere derzeitige, selbstverursachte Umweltkrise überleben, wird unsere Verständnisfähigkeit weiterhin wachsen, und zwar um Beträge, die für uns heute völlig unbegreiflich sind (Dennett 1997, S. 534 f.)."

Kognitionspsycholog:innen glauben heute, dass der menschliche Geist aus verschiedenen Modulen aufgebaut ist, von denen jedes seine eigene, spezielle kognitive Aufgabe erledigt. So gibt es offensichtlich linguistisch arbeitende Module und soziale, praktische und theoretische, abstrakte, räumliche oder emotionale „Untereinheiten" des Geistes (McGinn 2004, S. 55); der Geist ist also offensichtlich ebenso strukturiert wie der Körper mit seinen Organen. Einzelne dieser Module können fehlerhaft sein, ohne dass die generelle Intelligenz von Betroffenen darunter leidet: So können Dyslexiker keine Buchstaben erkennen und können daher kaum lesen und Prosopagnostiker können keine Gesichter erkennen, während ihr Sehvermögen als solches in keinster Weise eingeschränkt ist (McGinn 2004, S. 55). Offenbar sind viele unserer geistigen Strukturen angeboren – und das in einem größeren Ausmaß, als uns oftmals bewusst wird, wie Forschungen zur intellektuellen Ähnlichkeit einieiger Zwillinge zeigen. So gehen manche Zwillinge, auch wenn sie getrennt aufgewachsen sind, rückwärts oder nur bis zu den Knien ins Wasser, werden Zugführer bei der freiwilligen Feuerwehr, spülen die Toilette vor und nach der Benutzung, hinterlassen ihrer Frau kleine Zettel mit Liebesgrüßen, wenn sie das Haus verlassen oder niesen zum Spaß in überfüllten Aufzügen (Pinker 2011, S. 33).

„Der Geist ist eine im Lauf der Evolution entstandene Schachtel voller Spezialwerkzeuge zur Lösung von Problemen, die für die Bedürfnisse des jeweiligen Organismus relevant sind" (McGinn 2004, S. 56). Wie konnten Menschen dann mit diesem Geist Kunst und Musik, Philosophie und Wissenschaft und unsere ganze Kultur erfinden? Vermutlich handelt es sich um Nebenprodukte von Fähigkeiten, die sich zu ganz anderen Zwecken herausgebildet haben. Dass Balletttänzer:innen auf den Zehenspitzen tanzen können, kommt sicher nicht daher, dass Ballett irgendeinen biologischen Nutzen hätte, sondern daher, dass besondere motorische Fähigkeiten bei Flucht und Beutefang hilfreich waren (McGinn 2004, S. 56). Nach Steven Pinker ist der menschliche Geist ein neuronaler Computer, „den die natürliche Selektion mit kombinatorischen Algorithmen für kausale und probabilistische Schlussfolgerungen über Pflanzen, Tiere, Objekte und Menschen ausgestattet hat. Er wird von Zielen gesteuert, die die biologische Fitness in urzeitlichen Umgebungen gefördert haben, wie Nahrung, Sex, Sicherheit, Elternschaft, Freundschaft Status und Wissen" (Pinker 2011, S. 650). Unsere Intelligenz besteht „aus Modulen für Schlussfolgerungen über die Funktionsweise von Objekten, Artefakten, Lebewesen, Tieren und anderen Menschenhirnen". Aber auch Pinker sieht die Einschränkung, dass der menschliche Geist zwar Fragen nach den Anfängen des Universums stellen kann oder dazu, was mit unseren Gedanken und Gefühlen passiert, wenn wir sterben, möglicherweise aber gar nicht dazu ausgerüstet sei, diese Fragen zu beantworten, selbst wenn es Antworten gäbe: „Falls der menschliche Geist ein Produkt der natürlichen Selektion ist, sollte er nicht die wundersame Fähigkeit besitzen, zu allen Wahrheiten Zugang zu haben. Er sollte einfach in der Lage sein, Probleme zu lösen, die ausreichende Ähnlichkeit mit den profanen Herausforderungen im Überlebenskampf unserer urzeitlichen Vorfahren besitzen" (Pinker 2011, S. 652).

Lässt sich aber aus all diesen Modulen das Geheimnis unseres Geistes, das Mysterium unseres Bewusstseins erklären? Offensichtlich stoßen wir hier auf grundlegende strukturelle Schwierigkeiten unseres Denkens, die uns zwar in die Lage versetzen, Physik zu betreiben, aber vielleicht zum Verständnis unseres eigenen Bewusstseins gänzlich ungeeignet sind (McGinn 2004, S. 72):

„Gegenstände bestehen aus Elementarteilchen, die sich nach denselben Gesetzen bewegen und kombinieren, die auch die Grundkräfte des Universums regeln. Dieses kombinatorische Bild spiegelt sich auch in unserer Sprache wider; Sprache ist selbst ein System aus Einheiten (Worten, Lauten), die sich nach den Regeln der Grammatik zu größeren Einheiten zusammenfügen lassen. Und auch das Gehirn wird als Objekt aus neuronalen Untereinheiten gesehen, die räumlich zu einem dreidimensionalen Gitter vernetzt sind und in dessen Innerem gewisse Prozesse ablaufen, beispielsweise das Umherschieben anderer Einheiten (Chemikalien) von einem Ort zum anderen. [...] Die große Frage ist folgende: Lässt sich die Herleitung des Geistes aus dem Gehirn mit einem solchen kombinatorischen Modell verstehen? ... Die Antwort lautet eindeutig ‚Nein' (McGinn 2004, S. 73 f.)."

Dummerweise verdanken wir dieser kombinatorischen Art zu denken unser gesamtes wissenschaftliches Bild von der Welt.

„Unsere Fähigkeit, Wissenschaft zu betreiben, hat demnach die falsche ‚Grammatik' zur Lösung des Problems. Aus eben diesem Grund empfinden wir das Problem als besonders tief gehend, als existentiell, als entschieden philosophisch. Und deshalb ist der Versuch, Bewusstsein zu verstehen, mehr als nur ein Projekt innerhalb der normalen Wissenschaft. Wir benötigen nicht nur einen ‚Paradigmenwechsel', um mit dem Bewusstsein klarzukommen, wir brauchen vielmehr eine grundlegend neue Struktur des Denkens (McGinn 2004, S. 76)."

Für Steven Pinker ist das Gefühl der Rätselhaftigkeit des menschlichen Bewusstseins

> *„selbst* ein psychologisches Phänomen, das wichtige Aufschlüsse über die Funktionsweise des menschlichen Geistes liefert. Insbesondere lässt es darauf schließen, dass der Geist komplexe Phänomene unter dem Gesichtspunkt regelgelenkter Wechselbeziehungen zwischen einfacheren Elementen begreift; deshalb ist er frustriert, wenn er auf Probleme wie Empfindungsfähigkeit und andere ewige Rätsel der Philosophie stößt, die einen ganzheitlichen Anstrich haben (Pinker 2011, S. VI)."

Der Philosoph Karl Popper erklärte schließlich: „Wir können also über die Entscheidungsbedingungen des Bewusstseins nur spekulieren. Klar ist jedoch, dass es etwas Neues und Unvorhersagbares ist: Es ist emergent, es taucht auf" (Popper und Eccles 1982, S. 54).

Wenn ein Bewusstsein solche Selektionsvorteile bietet, wie es bei der Menschwerdung offenbar der Fall war, warum haben dann nicht mehr Organismen im Lauf von Millionen Jahren der Evolution ein vergleichbar hoch entwickeltes Bewusstsein entwickelt? Weil ein Bewusstsein und das dazu nötige, große Gehirn auch eine Menge Nachteile mit sich bringt. Ein großes Gehirn ist „klobig", der Kompromiss aus großem Säuglingsgehirn und Beckenkonstruktion macht die Geburt mühsam, gefährlich und nicht selten tödlich. Zweitens braucht solch ein Gehirn überproportional viel Energie: Wie schon erwähnt, macht unser Gehirn nur 2 % unseres Körpergewichts aus, verursacht aber 20 % unseres Energiebedarfs (Pinker 2011, S. 195). Drittens erfordert es enorm viel Zeit, die Benutzung eines solchen Gehirns zu erlernen – wir verbringen einen Großteil unseres Lebens damit, entweder selbst Kind zu sein oder für unsere Kinder und Enkel zu sorgen. Und viertens macht unsere hochverschaltete Gehirnstruktur die einfachen Dinge ziemlich langsam: Insekten schaffen es, innerhalb 1 ms zuzubeißen; soll der Mensch dagegen beispielsweise möglichst schnell auf ein lautes Geräusch reagieren, vergehen 75 ms – „da läuft diese ganze Denkerei ab" (Pinker 2011, S. 195 f.). Wenn diesem Aufwand, diesen Nachteilen kein entsprechender Nutzen gegenübersteht, „lohnt" sich die Investition nicht im Sinne zählbarer Reproduktionsvorteile. „Der Geist ist ein biologischer Apparat. Wir besitzen ihn, weil seine Konstruktion Ergebnisse ermöglicht, deren Nutzen im Leben afrikanischer Primaten im Plio-/Pleistozän schwerer wog als ihre Kosten" (Pinker 2011, S. 196).

Oder kann man das Geheimnis des menschlichen Bewusstseins doch begreifen? Der amerikanische Wissenschaftsphilosoph Daniel C. Dennett meint das ganz entschieden und erklärt das Bewusstsein in seiner *Philosophie des menschlichen Bewusstseins* (Dennett 1994; Originaltitel: *Consciousness Explained*) auf über 600 Seiten, mit 200 aktualisierenden Ergänzungsseiten zwei Jahrzehnte später (Dennett 2007). Die Erkenntnisse hier in wenigen Absätzen zusammenzufassen, scheint aussichtslos, die eine, leicht begreifbare Metapher gibt es offensichtlich nicht.

> „Wenn wir verstehen, dass der einzige Unterschied zwischen Gold und Silber in der Zahl subatomarer Teilchen ihrer Atome besteht, dann mögen wir uns betrogen fühlen und ärgern – Physiker haben unsere Vorstellung zerredet. Die ‚Goldheit' des Goldes ist verschwunden. Und wenn die Physiker Farben in elektromagnetischen Begriffen erklären, dann scheinen sie das für uns eigentlich Bedeutsame zu übersehen. […] So kann nur eine Theorie, die Bewusstseinsereignisse in Begriffen unbewusster Ereignisse erklärt, das Bewusstsein überhaupt erklären. Gibt es in einem Modell, das Schmerz als das Resultat von Gehirnaktivitäten erklärt,

noch eine Schachtel mit der Aufschrift ‚Schmerz', dann hat dieses Modell noch gar nicht begonnen, Schmerz zu erklären, und wenn ein Modell des Bewusstseins noch das magische Moment, in dem ‚ein Wunder geschieht', zulässt, dann steht es noch gar nicht am Anfang einer Erklärung von Bewusstsein (Dennett 1994, S. 571)."

Wer sich detailliert mit den Geheimnissen des menschlichen Bewusstseins auseinandersetzen möchte, konsultiere Daniel Dennett und seine ebenso unterhaltsamen wie lehrreichen Publikationen.

Der israelische Historiker und Bestsellerautor Yuval Noah Harari meint zum aktuellen Stand der Bewusstseinsforschung, dass das Bewusstsein „möglicherweise tatsächlich großen moralischen und politischen Wert besitzt, dass es aber keinerlei wie auch immer geartete biologische Funktion erfüllt. Bewusstsein ist sozusagen das biologisch nutzlose Nebenprodukt bestimmter Gehirnprozesse" (Harari 2017, S. 163) und zieht als Vergleich die Untersuchung eines Flugzeugtriebwerks heran: Über den Sinn und Zweck, warum dieses Triebwerk so viel Lärm produziere, könne man sich auch trefflich den Kopf zerbrechen, solange man das Gesamtkonstrukt nicht kenne oder verstehe. Und das tun wir offensichtlich noch nicht, womöglich geht unsere Suche sogar in eine falsche Richtung: Der heutigen Interpretation des menschlichen Gehirns und unserer Psyche als datenverarbeitendes, computerähnliches Organ stellt Harari die Vorstellungen des 19. Jahrhunderts entgegen, in denen Körper und Geist analog zur Funktion einer Dampfmaschine erklärt wurden – mit Röhren und Schläuchen, mit Zylindern, Ventilen und Kolben, die Druck aufbauen, ablassen und regulieren. Sogar die Psychologie Freuds bediente sich dieser Bilder, wenn sie von aufgestautem sexuellen Druck und der dadurch freigesetzten Aggression sprach (Harari 2017, S. 164). Heute kommen uns diese Vergleiche etwas naiv vor, aber im 19. Jahrhundert war die zum Vergleich herangezogene Dampfmaschine die modernste Technologie, die allerorten zunehmend Verkehr und Industrie in Schwung brachte. Vielleicht sehen unsere Erklärungsversuche des Bewusstseins mit Analogien der aktuellen Computertechnologie in 100 Jahren ebenso naiv aus?

Zum Schluss noch ein verstörender Gedankengang des israelischen Historikers und Bestsellerautors Yuval Noah Harari: *Homo sapiens* hält sich für die am höchsten entwickelte Spezies der Erde – und leitet daraus ab, dass das Leben eines Tieres weniger wert ist als das eines Menschen. Wie kommen wir eigentlich zu dieser Ableitung? „Setzt Macht ins Recht?", fragt Harari (2017, S. 141). Wenn wir das Leben eines Menschen über das einer Kuh oder eines Schweins stellen, dann sehen wir darin mehr als nur eine ungleiche Machtverteilung. „Wir wollen glauben, dass menschliches Leben tatsächlich auf grundsätzliche Weise höherwertig ist" (Harari 2017, S. 142). Die monotheistischen Religionen erklären diesen Unterschied natürlich damit, dass der Mensch über eine unsterbliche Seele verfügt, das Tier hingegen nicht. Kann diese Annahme heute, in unserem aufgeklärten Zeitalter, tatsächlich immer noch so wirkmächtig sein? „Die Überzeugung, Menschen hätten eine unsterbliche Seele, während Tiere nur über einen vergänglichen Körper verfügen, bildet einen zentralen Pfeiler unseres rechtlichen, politischen und wirtschaftlichen Systems. Sie erklärt, warum es beispielsweise völlig in Ordnung ist, wenn Menschen Tiere töten, weil sie etwas zu essen brauchen oder weil sie einfach nur Spaß daran haben" (Harari 2017, S. 142). Wenn aber der Mensch auch nur ein Tier wie alle anderen Tiere ist, woher nehmen wir dann die Legitimation, Tiere als rechtlose „Sachen" zu behandeln? Ein Gedankengang, der des weiteren Nachdenkens wahrlich wert ist …

Und was ist Intelligenz? Einem alten Psychologenwitz zufolge das, was der IQ-Test misst. Beim Menschen ist Intelligenz tatsächlich gut definiert und messbar, „nämlich als Lösen unbekannter bzw. neuartiger Probleme unter Zeitdruck" (Roth 2011, S. 8). Sind wir tatsächlich die intelligenteste Spezies unseres Planeten?

> „Es gibt keinen sinnvollen und allgemeinen Begriff von Intelligenz, der es uns ermöglichen würde, eine Art als ‚intelligenter' zu bezeichnen denn eine andere, wenn wir mit Intelligenz die Fähigkeit bezeichnen, die einem Organismus gesteckten Ziele zu erreichen. Wenn die reine Überlebensfähigkeit zum Maß der Intelligenz erkoren wird, dann liegen Ameisen, Schaben und sogar Viren weit vor uns. Sie müssen kein Raketenspezialist sein, um eine evolutionäre Nacht durchzustehen (McGinn 2004, S. 54 f.)."

Unser Becken und die Auswirkungen auf die Geburt

Der aufrechte Gang und der zweibeinige Stand haben natürlich auch Auswirkungen auf andere Teile unseres Körpers. Enorme anatomische Um- und Neukonstruktionen waren nötig, derer wir uns meistens gar nicht bewusst sind – es sei denn, Rückenschmerzen oder „Hexenschuss" erinnern uns schmerzhaft daran …

So musste sich auch die Anatomie des Beckens im Laufe der Humanevolution als Anpassung an den aufrechten Gang verändern: Anders als bei unseren Vorfahren und Verwandten, die sich vierbeinig fortbeweg(t)en, muss das Becken beim aufrechten Gang die Eingeweide stützen, die durch die Schwerkraft nach unten drängen, zudem sollten die Hüftgelenke möglichst nah an der Körperachse unterhalb des Körperschwerpunktes liegen, um die aktiv nötige Haltearbeit der Hüft- und Oberschenkelmuskulatur zu reduzieren – „eine wesentliche Bedingung für eine energetisch wirkungsvolle obligat bipede Fortbewegungsweise" (Henke und Rothe 1999, S. 106), also die Form des ständigen und nicht nur gelegentlichen aufrechten Gangs, wie man ihn beispielsweise von Schimpansen kennt. Das Becken hat im Laufe dieser Anpassungen seine Form drastisch verändert (Abb. 9.12, 9.13 und 9.14).

Allerdings erforderte die Evolution des aufrechten Ganges vermutlich anfangs keinen radikalen Umbau des Körpers, sondern konnte auf vorhandene Variationen innerhalb der bestehenden Population zurückgreifen. So findet man heute in jeder Schimpansenpopulation bei rund der Hälfte der Tiere drei Lendenwirbel, bei der anderen Hälfte vier – und bei einem sehr geringen Anteil der Tiere fünf Lendenwirbel (Lieberman 2015a, b, S. 66). „Wenn fünf Lendenwirbel einigen Menschenaffen vor ein paar Millionen Jahren beim Stehen und Gehen einen geringfügigen Vorteil verschafften, wurde die entsprechende genetische Variante mit größerer Wahrscheinlichkeit an die Nachkommen weitergegeben" (Lieberman 2015a, b, S. 66). Auch die Zahl der keilförmigen Lendenwirbel, über die

Abb. 9.12 Beckenmodell eines rezenten Schimpansen

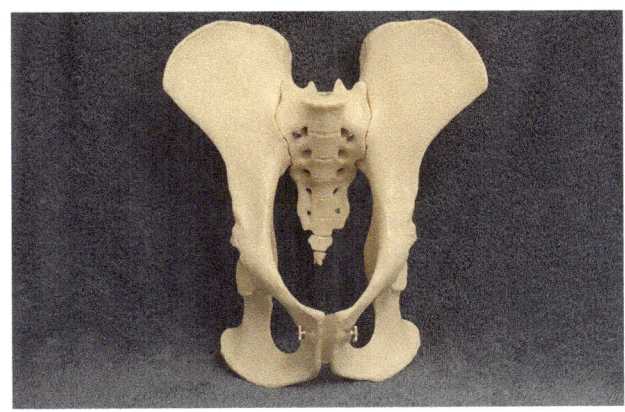

Abb. 9.13 Rekonstruktion eines Beckens von *Australopithecus afarensis*

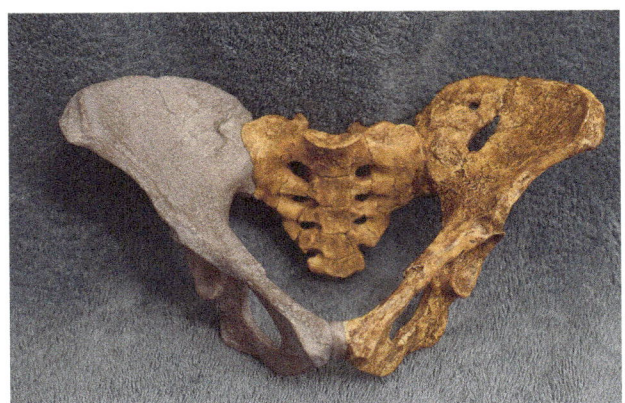

Abb. 9.14 Beckenmodell eines modernen *Homo sapiens*

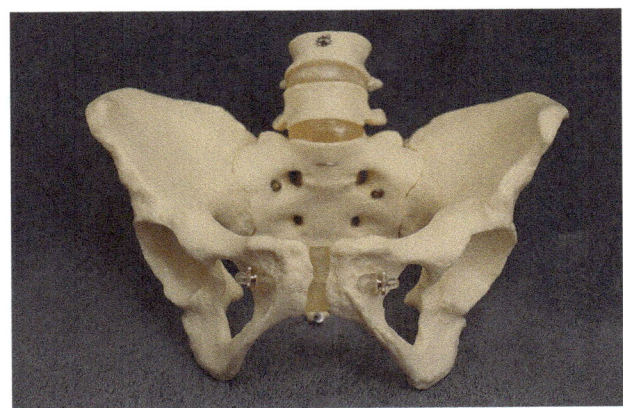

schwangere Frauen die Gewichtsbelastung beim aufrechtem Gang besser über die untere Wirbelsäule verteilen können, passte sich offenbar über diesen Selektionsmechanismus an die aufrechte Fortbewegungsweise an: Frauen haben heute drei dieser keilförmigen Lendenwirbel, Männer nur zwei (Lieberman 2015a, b, S. 68).

Mit der Konstruktion der Hüftgelenke und dem Tragen der Eingeweide sind die Aufgaben des Beckens aber noch nicht erschöpft: Auch der Geburtskanal verläuft bei Säugetieren durch das Becken. Da sich Größe und Form des Beckens während des Menschwerdung nun derart drastisch änderten, hatte das auch dramatische Folgen für die Entwicklung des heranreifenden Kindes und für die Geburt – man nimmt an, dass die Anpassungen, die zur Optimierung der Bipedie geführt haben, durch die Verkleinerung des Beckens zu einem Hindernis für die Entfaltung des Neocortex wurden, die doch eben charakteristisch für die Entwicklung des Menschen sein sollte (Henke und Rothe 1999, S. 304). „Lucy", der *Australopithecus afarensis,* hatte aus dieser Konstellation aber vermutlich selten Komplikationen während der Geburt zu erwarten, da das starke Wachstum des Gehirns erst später in der Stammeslinie des Menschen, bei *Homo habilis,* einsetzte (Henke und Rothe 1999, S. 303).

Im Laufe der fortschreitenden Humanevolution musste bei den aufrecht gehenden Homininen also ein Kind mit einem immer größer werdenden Kopf bei der Geburt durch den sich zunehmend verengenden knöchernen Geburtskanal (Abb. 9.15 und 9.16). Die ganze Geburt – ein unter evolutionären Gesichtspunkten natürlich zentraler Vorgang für die Arterhaltung – wurde zunehmend zu einem Risiko für Mutter und Kind. Die Lösung für dieses Problem war ein dramatischer „Strategiewechsel" mit weitreichenden Folgen.

Biologisch gesehen, kommen menschliche Babys wesentlich zu früh auf die Welt (Leakey und Lewin 1998, S. 170), als „physiologische Frühgeburt" (Portmann 1956, S. 49). Verglichen mit anderen Primaten und unter Berücksichtigung unseres Gehirnvolumens müsste die menschliche Schwangerschaft eigentlich 21 und nicht nur 9 Monate dauern, wollten wir voll entwickelte Neugeborene auf die Welt bringen. Allerdings wird die Größe des Kopfes bei der Geburt (und damit natürlich auch diejenige des Gehirns) durch die

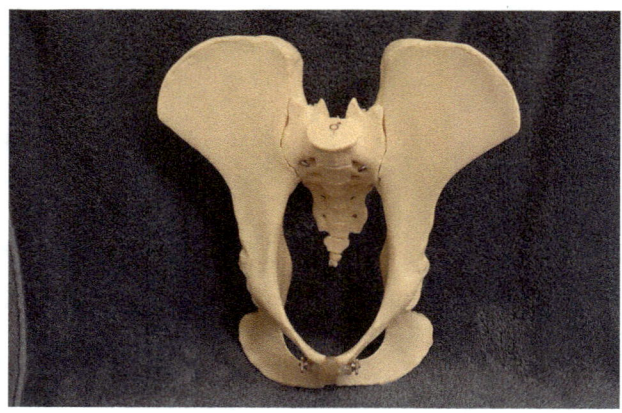

Abb. 9.15 Beckenmodell eines rezenten Schimpansen mit Blick in den Geburtskanal

Abb. 9.16 Beckenmodell eines modernen *Homo sapiens* mit Blick in den Geburtskanal

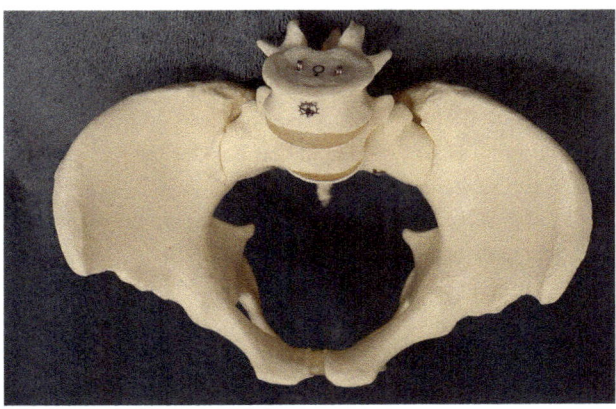

Weite des Geburtskanals im weiblichen Becken beschränkt. Offensichtlich ist der Geburtskanal im Laufe der menschlichen Evolution größer geworden und passte sich somit an das Hirnwachstum an; dennoch wurde der Kanal aber offenbar nicht groß genug, um ein ausgereiftes Kind mit einem vollentwickelten Gehirn passieren zu lassen. Der Grund dafür sind mechanische Beschränkungen, die mit den Erfordernissen des aufrechten Gangs einhergehen: Damit dieser so stabil und energieeffizient ablaufen kann, dass er evolutionäre Vorteile bietet, müssen die Oberschenkel unterhalb des Beckens verbleiben und können nicht beliebig weit nach außen versetzt werden, ohne einen energieaufwendigen „Watschelgang" zu verursachen.

Ein Ausweg war die Entwicklung kooperativer, altruistischer Geburtshilfe durch andere Gruppenmitglieder, vorwiegend Frauen – ein unter nichtmenschlichen Primaten, aber auch anderen Säugetieren einzigartiger Vorgang, der sich bei Menschengruppen aller Kulturen findet (Rosenberg 1992). Menschliche Babys kommen also mit einem relativ unfertigen Gehirn auf die Welt und sind daher während des ersten Lebensjahres viel hilfloser als junge Affen. Die meisten Primaten sind als „Nestflüchter" bereits direkt nach der Geburt relativ selbstständig, Menschenkinder benötigen als „Nesthocker" noch monate-, wenn nicht jahrelang elterliche Unterstützung. Damit sie überhaupt überleben, ist ein stabiles soziales Umfeld nötig – was wiederum unser soziales Verhalten und damit letztlich die menschliche Kultur beförderte. Zwar sind auch beim menschlichen Kind zum Zeitpunkt der Geburt bereits alle Nervenzellen angelegt, aber noch kaum miteinander verknüpft. Die verlängerte Kindheit außerhalb des mütterlichen Körpers – in einer sozialen, fürsorglichen Gemeinschaft unter dem Eindruck einer stimulierenden Umgebung – ermöglicht es dem Neugeborenen auch erst, entsprechende kognitive Fähigkeiten zu entwickeln und das komplexe Sozialverhalten zu erlernen, das unsere Kultur und damit den Menschen ausmacht (Leakey und Lewin 1998, S. 170 f.). Als Folge der Entwicklungsverzögerung beim menschlichen Kind bleiben manche Jugendmerkmale bis ins Erwachsenenalter bestehen: So behält nur der Mensch sein ganzes Leben lang seine „weltoffene Neugier" (Vollmer 1994, S. 80).

Warum waren dann die Neandertaler nicht ebenso erfolgreich wie der *Homo sapiens*? Schließlich erreichten sie mit bis zu 1700 cm^3 sogar ein etwas größeres Hirnvolumen als der moderne Mensch. Doch offenbar ist das reine Hirnvolumen nicht unbedingt aussagekräftig, und die innere Organisation des Gehirns macht den entscheidenden Unterschied. Neugeborene Neandertaler haben bei der Geburt zwar ebenso große Gehirne wie Babys des *Homo sapiens* (Gunz et al. 2012), entwickeln sich aber im ersten Lebensjahr anders: Während bei Neandertalern (und auch bei heute lebenden Schimpansen) der Schädel seine längliche Form nach der Geburt beibehält, entwickeln menschliche Babys einen runden Kopf (Gunz et al. 2012). Auch wenn erwachsene Sapiens und Neandertaler das gleiche Hirnvolumen erreichen, verläuft die Entwicklung des Gehirns im ersten Lebensjahr offenbar deutlich verschieden – woraus womöglich entscheidende Unterschiede in Kognition und Verhalten resultierten. Der Anthropologe Jared Diamond berichtet, dass der Geburtskanal von Neandertalerinnen breiter gewesen sei als der von *Homo-sapiens*-Frauen, „sodass die Babys vor der Geburt länger im Mutterleib hätten heranwachsen und somit größer werden können. In diesem Fall hätte die Schwangerschaft statt neun Monate vielleicht ein Jahr gedauert" (Diamond 2014, S. 58). Waren es diese wenigen Wochen mehr, in denen sich die Gehirne der Kinder in dunkler, relativ ungestörter Umgebung verschalteten, die letztlich den wesentlichen Nachteil gegenüber den *Homo-sapiens*-Kindern und -Erwachsenen ausmachten, deren Hirne sich in ihren früher geborenen Trägern in einer anregungsreichen Umgebung unter sozialer Fürsorge entwickelten? Der amerikanische Paläoanthropologe Erik Trinkaus hatte in den 1980er-Jahren die These aufgestellt (Trinkaus 1984), dass Neandertalerinnen möglicherweise problemlosere Geburten hatten, zog sie aber nach dem Fund eines nahezu vollständigen Beckens in Israel wieder zurück. Zwar war der Beckenausgang des (männlichen) Neandertalers, dessen Überreste dort in einer Höhle entdeckt wurden, anders geformt, aber nicht größer als beim modernen Menschen (Trinkaus und Shipman 1993, S. 496 ff.). Eine aktuelle 3D-Rekonstruktion weiblicher Neandertalerbecken kommt zu einem ähnlichen Schluss: Zwar unterscheidet sich die Form des Geburtskanals bei Neandertalerinnen deutlich von der des modernen Menschen, was auf klimatische Unterschiede zurückgeführt wird – unter der afrikanischen Sonne war ein schmales Becken offenbar vorteilhafter, während unter eiszeitlichen Bedingungen die biomechanischen Vorteile eines breiteren Beckens obsiegten (Weaver und Hublin 2009). Letztendlich schließen die Autoren aber aus ihren Untersuchungen, dass die Geburt bei Neandertalerinnen zwar anders, aber vermutlich genauso mühsam verlief wie bei *Homo sapiens* (Weaver und Hublin 2009, S. 8154).

Für die Entwicklung des aufrechten Gangs und unserer großen Gehirne war insgesamt ein hoher Tribut zu entrichten. Unsere gesamte Fortpflanzung wurde riskanter, langwieriger, aufwändiger. War also das Lernen von sozialer Kooperation wegen der nötigen Geburtshilfe und der Kinderbetreuung überlebensnotwendig? Hat unsere einzigartige Fähigkeit zur Kooperation in großen Gruppen, die vielleicht letztlich zur sozialen Eroberung der Erde geführt hat, ihren Ursprung womöglich im engen Geburtskanal, durch den eine vorzeitige Geburt des Nachwuchses und damit eine verlässliche, jahrelange Kooperation zwischen Mutter und Kind lebensnotwendig wurde?

Der nackte Affe

„Dürfen wir dann wohl schließen, dass der Mensch von Haaren entblößt wurde, weil er ursprünglich irgend ein tropisches Land bewohnt hat? (Darwin 1908/2009)."

Moderne Menschen unterscheiden sich von allen anderen Primaten durch die außerordentlich geringe Körperbehaarung. Da bisher keine versteinerten Nachweise über die Behaarung ausgestorbener Hominini vorliegen, sind über den Zeitpunkt des Haarverlustes im Verlauf der Humanevolution keinerlei Aussagen möglich. Auch über den Grund für diesen Haarverlust kann nur spekuliert werden – ebenso wie über die Ursache oder Funktion des fast lebenslang ungebremsten Wachstums unseres verbliebenen Haupthaars, für das es ebenfalls keine Parallele unter den anderen Primaten gibt.

Die Verminderung des Fells bis zum nahezu völligen Verlust der Körperbehaarung ist kein exklusives Merkmal des modernen Menschen, man findet dieses Phänomen auch bei anderen Säugetieren wie beispielsweise Elefanten, Nashörnern oder Flusspferden. Neben der verbesserten Wärmeregulierung spielt dabei offenbar auch die Vermeidung von Parasiten wie Zecken, Läusen oder Flöhen eine Rolle. War das auch im Prozess der Menschwerdung der Fall? Die Funde von *Paranthropus robustus*, einem Zeitgenossen der ersten Menschen, stammen alle aus Höhlen – und zwar in solchen Mengen, dass *Paranthropus* dort zu den häufigsten aufgefundenen Säugetieren gehört (Sawyer und Deak 2008, S. 72). „Wenn Individuen von *Paranthropus* tatsächlich in großen Gruppen eng zusammengekauert schliefen, um sich in kalten Nächten gegenseitig zu wärmen, musste die Behaarung vermutlich verloren gehen, damit die Übertragung von Parasiten vermindert wurde", so der amerikanische Anthropologe G. J. Sawyer (Sawyer und Deak 2008, S. 74), aber das ist natürlich reine Spekulation, zur tatsächlichen Körperbehaarung von *Paranthropus* gibt es bisher keinerlei Hinweise.

Hat unsere nackte Haut vielleicht etwas mit unseren besonderen Sehfähigkeiten zu tun? Primaten haben als einzige Säugetiere drei verschiedene Rezeptortypen („Zapfen") in der Netzhaut, mit denen sie drei verschiedene „Farben" (drei verschiedene, eng begrenzte Spektralbereiche des sichtbaren Lichts) unterscheiden können, nämlich Rot, Grün und Blau. Die unterschiedlichen Pigmente in diesen Rezeptoren reagieren auf lang-, mitteloder kurzweliges Licht (Fischer 2013, S. 76), sicher ein großer Vorteil beim Erkennen roter, reifer und daher energiereicherer Früchte im grünen Blätterwald. Der Wissenschaftshistoriker und Publizist Ernst Peter Fischer mutmaßt noch einen weiteren Vorteil: Wichtiger als die erfolgreiche Nahrungssuche sei aus evolutionärer Sicht immer noch die Sexualität, und das biete daher womöglich noch stärkere Selektionsvorteile (Fischer 2013, S. 84 f.). Die nackte Haut des menschlichen Körpers stellt schließlich das größte Organ für die menschliche Lust dar. Hat die sexuelle Selektion, die schon Darwin als Mechanismus der Evolution erkannte, eine „Präferenz für enthaarte Hautpartien" (Fischer 2013, S. 165) hervorgebracht? Da beim Menschen die fruchtbaren Zeiten der Frau nicht mehr ohne Weiteres zu erkennen sind, könnte sich das trichromatische Sehen mit dem Erkennen von Rot in Verbindung mit der Reduzierung der menschlichen Behaarung positiv ausgewirkt haben: Bei nackter Haut lassen sich stark durchblutete Zonen und Organe gut erkennen – auf diese Weise sollen die frühen Homininen erkannt haben, wann „die anvisierte Dame ihrer Wahl empfängnisbereit ist" (Fischer 2013, S. 85). Allerdings zeigen unsere nächsten Verwandten, dass es auch mit Haaren geht: Bei Schimpansen- und Bonoboweibchen wird die empfängnisbereite Zeit am deutlichsten signalisiert – durch „fußballgroße Ballons am Hinterteil der Weibchen", die im Wesentlichen aus den geschwollenen Schamlippen und der ebenso geschwollenen Klitoris bestehen und „mit denen sie allen Männchen in der Nähe das strahlend rosa Signal geben, dass sie bereit sind" (de Waal 2017, S. 124).

Eine recht plausible Erklärung für unsere Nacktheit hängt mit der angenommenen Lebensweise von Aasfressern in der offenen Savanne zusammen. Zwar wurde schon in der ursprünglichen Savannenhypothese der menschliche Fellverlust als Anpassung an das Leben in der offenen Savanne gedeutet, allerdings sind andere savannenbewohnende Säuger normalerweise dicht behaart. Eine Ausnahme stellen Nashörner und Elefanten dar, die aber aufgrund ihres großen Köpervolumens, verglichen mit ihrer Körperoberfläche, viel massivere Probleme mit der Regulierung ihres Wärmehaushalts haben als ein kleiner, 40 oder 50 kg leichter Vormensch. Was diese Vormenschen – vielleicht schon vom Typ *Homo habilis* – aber auszeichnete, waren der aufrechte, energiesparende Gang und ein gutes Auge, um beispielsweise nach kreisenden Geiern zu spähen, die frisch verendete Tiere anzeigen (Reichholf 1997, S. 142 ff.). Der kräfteschonende Dauerlauf ist eine Eigenart des Menschen, die kein anderes Tier in dieser Ausdauer durchhält. Zwar ist ein Gepard oder Löwe wesentlich schneller, muss aber eine Hetzjagd nach einigen Hundert Metern wegen Erschöpfung abbrechen. Durch die Nacktheit wird der Körper, vor allem in Verbindung mit den einzigartigen Schweißdrüsen, wirkungsvoll gekühlt, da durch die Verdunstung sehr viel Wärme aus dem Körper abgeführt wird. Zum Schutz der nun nackten Haut vor der Sonne musste der werdende Mensch allerdings mehr und mehr Melanin, den bräunenden Sonnenschutz, einlagern – „Die Vorläufer des Menschen waren folglich in ihrer ostafrikanischen Heimat dunkel" (Reichholf 1997 S. 148).

Der sprechende Mensch

„War dieser Schritt [der Erwerb der symbolischen Ausdrucksfähigkeit] aber erst einmal getan, dann ist es klar, dass der Gebrauch einer wenn auch sehr primitiven Sprache den Überlebenswert der Intelligenz in beträchtlichem Umfang steigern musste und damit unvermeidlich einen mächtigen, gerichteten Selektionsdruck zugunsten der Gehirnentwicklung schuf, wie ihn eine sprachlose Gattung niemals erfahren konnte. […] Dieser Vorteil war unvergleichlich viel größer als derjenige, den die Individuen einer sprachlosen Art durch eine entsprechende Überlegenheit der Intelligenz hätten gewinnen können (Monod 1975)."

Vor mindestens 4 Mio. Jahren gingen die ersten Homininen zum aufrechten Gang über, ihre Gehirne waren zu dieser Zeit nicht größer als die heutiger Menschenaffen. Die ältesten Werkzeugfunde sind rund 3 Mio. Jahre alt, aber das Gehirn von *Homo habilis,* der nachweislich Werkzeuge herstellte und benutzte, war nur unwesentlich größer geworden als das seiner *Australopithecus*-Vorfahren (wenn es vielleicht auch größer war, als bisher gedacht; Jacob und Gunz 2015). Im Stadium des *Homo erectus,* 1 Mio. Jahre später, hatte sich das Gehirnvolumen verdoppelt – als Werkzeuge gab es inzwischen immerhin Faustkeile, die von beiden Seiten bearbeitet worden waren. Diese Faustkeile wurden für 1,5 weitere Mio. Jahre fast unverändert hergestellt; das Auftauchen von *Homo sapiens* bringt zwar ein erstes erweitertes Werkzeugsortiment zum Vorschein, aber letztlich kam es erst vor 40.000 Jahren zu einer plötzlichen Blüte von Technik, Kunst und Kultur. Kann die Zunahme des Gehirnvolumens um einen Faktor 3 tatsächlich auf eine Selektion aufgrund verbesserter technischer Fertigkeiten zurückzuführen sein? Oder war der entscheidende Faktor vielleicht doch die Evolution der Sprache? (Maynard Smith und Szathmáry 1996, S. 282).

Die soziale Lebensweise des Menschen erfordert Kommunikation. Wie unsere Primatenvettern haben wir eine ausgeprägte Körpersprache, darüber hinaus verfügt der Mensch aber auch über eine einzigartige Symbolsprache, die das Ausmaß unserer Kommunikationsmöglichkeiten ganz erheblich verstärkt hat. Nur auf dieser Grundlage konnten menschliche Traditionen und die darauf aufbauende menschliche Kultur entstehen. Die Menge der weitergegebenen Traditionen wuchs dabei über die Generationen ständig an, was nur aufgrund der verlängerten Kindheitsphase und der dem Menschen eigenen lebenslangen Neugier zu bewältigen war (Kull 1979, S. 163). Die Entstehung der Sprache war also sicherlich ein entscheidendes Steinchen im Mosaik der Menschwerdung.

Liegen die Ursprünge unserer Sprache etwa in den Gesängen zur Reviermarkierung, wie man sie von Gibbons kennt? Diese Schwinghangler besitzen die anatomischen Umgestaltungen, die für derartige Lautäußerungen zwingend nötig sind, nämlich einen flachen Brustkorb mit Schulterblättern an dessen Rückseite, der Atmung und Bewegung voneinander trennt. Bei Kleinaffen ist durch die Befestigung des Schultergürtels am Brustkorb – im Gegensatz zur Anatomie der Menschenaffen – das Atmen durch die Bewegung eingeschränkt: Sie können bei jedem Schritt nur einen Atemzug tun (Dunbar 1998, S. 171). Als die Menschenaffen zu ihrer kletternden und schwinghangelnden Bewegungsweise übergingen, wurde der Brustkorb flacher, die Schulterblätter wanderten auf die Rückseite des Brustkorbs, und das Armgelenk wurde an die Außenseite verlagert. Menschenaffen und der Mensch können daher atmen – und auch sprechen –, unabhängig davon, was unsere Arme tun (Dunbar 1998, S. 171). Entsprechende Schwinghangler in den tropischen Wäldern Afrikas, also aus unserer direkten Verwandtschaft, leben heute nicht mehr, sind aber fossil erhalten, wenn auch spärlich. Die Gattung *Dryopithecus* ist mit Funden im Alter von 12–17 Mio. Jahren aus dem mittleren Miozän in der Alten Welt nachgewiesen und wird anhand der gefundenen Zähen als Früchte und Blätter fressender, baumlebender Vorläufer der Menschenaffen beschrieben. Eine aus Spanien beschriebene Art, *Dryopithecus laietanus,* soll sich nach den dortigen Funden schwinghangelnd an Ästen fortbewegt haben (Facchini 2006, S. 62).

Womöglich hängen die Ursprünge der Sprache indirekt aber auch wiederum mit dem aufrechten Gang zusammen, wie der österreichische Neurologe Franz Seitelberger vermutete:

"Die Fortbewegung wurde den Beinen überlassen, die Arme wurden von dieser Aufgabe entlastet, für das Ergreifen und Zubereiten der Nahrung freigemacht sowie für andere Formen des Handelns, besonders für den Gebrauch und die Erzeugung von Werkzeugen. In Verbindung damit wurden Mund und Gesicht von der Fressfunktion entlastet und für Ausdrucksbewegungen und schließlich für die kommunikative Funktion der Sprache verfügbar gemacht (Seitelberger 1984, S. 173)."

Nach der Abtrennung der Hominiden von den Hominoiden, also den menschenähnlichen Affen, vor vielleicht 20–25 Mio. Jahren stießen diese auf die Aufgabe, sich in der offenen Landschaft zu orientieren. „Nachdem sie die Riecheinrichtung für die Duftmarkierung [zur Orientierung] verloren hatten, adaptierte sich ihr Gehör und ihr Lautgebesystem für die gleichen Funktionen" – Seitelberger nahm an, dass die Hominiden dazu Laute von sich gaben, um den Gruppenmitgliedern ihre räumliche Position anzuzeigen und dass diese Ansätze einer Elementarsprache schon bei *Australopithecus* vor 4 Mio. Jahren auftauchten (Seitelberger 1984, S. 173).

Die Entwicklung der Sprache war sicher eine der Voraussetzungen für die Entwicklung komplexer menschlicher Gemeinschaften. Durch die schier unendlichen Kombinationsmöglichkeiten von Lauten, Wörtern und Sätzen erhält die menschliche Sprache Möglichkeiten der Differenzierung, die anderen Lebewesen fehlen. Auch zur Weitergabe von Wissen und Erfahrungen und damit zur Tradierung einer (zunächst Werkzeug-)Kultur war Sprache sicher hilfreich. Nicht zuletzt stellt sich die Frage, ob unser komplexes, symbolhaftes Denken nicht auf Sprache beruht, ohne Sprache also gar nicht möglich wäre. Können wir über Dinge nachdenken, für die wir keine Worte haben? „Menschen bedienen sich der Sprache zur Kommunikation, aber es kann gut sein, dass die wichtigste Funktion von Sprache darin besteht, interne Repräsentationen im Gehirn zu ermöglichen" (Maynard Smith und Szathmáry 1996, S. 289).

Lässt sich die Sprachfähigkeit an Fossilien feststellen? Natürlich nicht direkt, aber es gibt Hinweise: Lange galt, dass der tiefer gelegte Kehlkopf des Menschen ausschlaggebend sei für die Entwicklung der Sprachfähigkeit und damit auch für die Möglichkeit von sprachlicher Kommunikation. Im ursprünglichen Zustand ist die Schädelbasis aller Säugetiere flach, was einen hoch sitzenden Kehlkopf mit einem kurzen Rachen bedingt – so auch bei Schädeln von Menschenaffen oder Australopithecinen (Tattersall 1997, S. 269). Beim modernen Menschen entstand dagegen durch ein Abknicken der Schädelbasis nach unten ein hoher Rachenraum, erkennbar an einer charakteristischen Neigung der Schädelbasis. Eine geringfügige, aber messbare Neigung findet sich zuerst bei *Homo ergaster;* der 125.000–300.000 Jahre alte *Homo rhodesiensis* erscheint bezüglich der Neigung seiner Schädelbasis bereits völlig modern, während eine Neigung auch bei wesentlich jüngeren Neandertaler-Fossilien kaum festzustellen sei (Tattersall 1997, S. 270). Sind das Hinweise auf den Zeitraum der Sprachentstehung in unserer Abstammungslinie?

Um die Sache von einer anderen Seite anzugehen, machte der amerikanische Anthropologe, Linguist und Elektrotechniker Philip Lieberman Abgüsse des Kehlkopfs von toten Rhesusaffen, bildete diese in Computersimulationen nach – und stellte fest, dass anatomisch keine vernünftige Artikulation möglich sei: „Man's speech output mechanism is apparently species-specific" (Lieberman et al. 1969). „Monkey vocal tracts are speech-ready", widersprach sein Landsmann, der Kognitionsbiologe W. Tecumseh Fitch (Fitch et al. 2016), an der Anatomie liege es nicht, dass Affen nicht sprechen können, wie entsprechende Computersimulationen zeigen. Eher hängt es – mal wieder – mit den Eigenschaften des außergewöhnlich großen menschlichen Gehirns zusammen: Um die Anatomie zum Klingen zu bringen, ist eine entsprechende Feinmotorik nötig, und Affen fehlen wohl einfach die notwendigen Neuronenmengen zum Erlernen von Sprache, wie auch Lieberman später selbst feststellte: „All nonhuman primates and many other species have tongues that could produce enough vowels and consonants to enable them to talk – if they only had a brain that could learn and execute the complex motor control maneuvres that are nescessary to talk" (Lieberman 2013, S. 138).

„However, it is evident that apes don't talk" (Lieberman 2013, S. 138), aber kann man es ihnen nicht beibringen? Zwar gab es Aufsehen erregende Versuche, Affen, die in menschlichen Familien aufwuchsen, einzelne Worte oder Zeichensprache beizubringen, aber mehr als vier gesprochene Worte („papa", „mama", „cup", „up") kamen nicht dabei heraus (Eccles 1989, S. 134). Dieser Fakt wurde, wie oben beschrieben, zunächst auf anatomische Unzulänglichkeiten des Sprechapparates zurückgeführt – allerdings können Menschen selbst bei schwersten Beschädigungen wie dem Totalverlust der Zunge oder des Kehlkopfes immer noch sprechen (S. 134). Mit der Zeichensprache erlernte die berühmte Schimpansin Washoe immerhin 130 Zeichen, die sie in Ketten von bis zu vier Wörtern verknüpfen konnte. Allerdings ging es bei der Kommunikation immer um Forderungen nach Nahrung oder Zuwendung, bei den Äußerungen von Menschenkindern geht es dagegen eher um Fragen, mit denen sie etwas über die Welt erfahren wollen (Eccles 1989, S. 136). Noch schwerer wiegt allerdings die Beobachtung, dass Washoe nicht begierig darauf war, die neu gewonnenen Fähigkeiten gewinnbringend einzusetzen und diese attraktive Neuerung anderen Schimpansen oder ihren Jungen beizubringen. Vermutlich verstanden die Schimpansen diese Zeichensprache gar nicht als allgemeines Mittel der Verständigung (Eccles 1989, S. 137). Die Hoffnungen, auf einem menschlichen Niveau mit Affen kommunizieren zu können, verflogen: „Es gab anscheinend nichts von Belang, was die Affen mitzuteilen wünschten. Es schien, als hätten sie nichts dem menschlichen Denken Entsprechendes" (Eccles 1989, S. 140).

Gibt es beim Menschen eine angeborene Universalgrammatik, wie der berühmte amerikanische Linguist Noam Chomsky postulierte? Chomsky verneinte die Theorie, dass die Aneignung von Sprache bei Kindern über einen Lernprozess erfolgt, und setzte seine Theorie der Entfaltung angeborener Fähigkeiten dagegen. Als Beleg dafür wies Chomsky eine angeborene „Universalgrammatik" nach, die in allen menschlichen Sprachen gleich sei und über die jeder Mensch schon bei der Geburt verfüge (Chomsky 1981). Lieberman hält das für falsch („Chomskys Theorie macht falsche Voraussagen"; Lieberman 2013) – und begründet das mit Darwins Evolutionstheorie. Evolution funktioniert über Variation und Selektion. Gäbe es eine angeborene Universalgrammatik, so gäbe es auch hier Variationen – mit der Folge, dass Kinder zur Welt kämen, deren Universalgrammatik defekt wäre und die daher nicht in der Lage wären, ihre Muttersprache zu erlernen (Lieberman 2013, S. 164 f.).

Sprache, meint der Wiener Evolutionsbiologe Rupert Riedl, ist „eine Konsequenz des Systems des Bewusstseins" (Riedl 1976, S. 228). Das Bewusstsein enthalte schließlich schon Symbole wie „rot", „süß" oder „schön" für Wellenlängen, Molekülstrukturen und Proportionen – Sprache übersetze diese inneren Symbole lediglich in äußere. Dass unsere Sprache eine Lautsprache sei, sei dagegen reiner Zufall, der auf der „zufälligen Begegnung höchstentwickelten Bewusstseins mit einem passablen Entwicklungszustand der Stimmorgane" beruhe (Riedl 1976, S. 228): Hätten Bienen oder Tintenfische ein Bewusstsein wie wir, so hätten Erstere wohl eine lautlose Zeichensprache, Letztere über veränderliche Zeichnungen der Haut womöglich sogar eine mehrdimensionale Sprache entwickeln können.

Offensichtlich ging der Entwicklung von Sprache eine generelle kognitive Höherentwicklung voraus. Diese kognitive Entwicklung ist das alleinige Merkmal des Menschen – die Frage, ob auch andere Säugetiere oder Vögel eine Symbolsprache erlernen können, sei daher sinnlos, meint der Bielefelder Biologe und Linguist Horst M. Müller (Müller 1987, S. 128): „Wären Tiere fähig, eine Sprache zu verwenden, verfügten sie gleichzeitig auch über andere kognitive Fähigkeiten, die sich zwangsläufig auch im Verhalten äußern müssten. Die Fähigkeiten der Hominiden in der Herstellung von Werkzeugen und Kunstgegenständen muss mit diesen kognitiven Fähigkeiten korrelieren. Es wird daher von einem Zusammenhang zwischen der Objektmanipulation und der Sprachfähigkeit ausgegangen." Zwei- oder Dreiwortsätze seien nach dieser Korrelation eventuell vor 2 oder 2,5 Mio. Jahren möglich gewesen, entsprechend der umfangreichen Werkzeugverwendung. Werkzeuge, bei deren Herstellung auch ästhetische Gesichtspunkte berücksichtigt wurden (so beispielsweise 200.000 Jahre alte Handäxte mit versteinerten Muscheln oder Seeigeln, die offenbar bewusst so geplant und bearbeitet wurden, dass die Schmuckelemente beim fertigen Werkzeug an zentraler Stelle erhalten blieben; Müller 1987, S. 129), lassen auf höhere konzeptuelle Fähigkeiten und damit auch auf eine fortgeschrittene Sprache schließen. Da die kulturelle Entwicklung des Menschen seit 40.000 Jahren exponentiell verläuft, ist vermutlich auch die Sprache des modernen Menschen auf dieses Alter zu datieren (Müller 1987, S. 128).

Simon Conway Morris, der Hauptvertreter der Konvergenztheorie, bestreitet aber auch hier den menschlichen Sonderweg, schließlich müsse beispielsweise „die Fähigkeit der Vögel zur Vokalisierung [...] kaum hervorgehoben werden" (Conway Morris 2008, S. 162). Conway Morris sieht „unterschätzte Gemeinsamkeiten zwischen unserer Vokalisierung und derjenigen der Vögel". Und zwar nicht nur für das Ergebnis, also den Gesang, sondern auch für neurologische Leistungen wie die Art und Weise, wie Hörerfahrungen verinnerlicht und zur Produktion von Lautäußerungen genutzt werden (Conway Morris 2008, S. 162). Er vermutet, dass „einige Vokalisierungsmethoden und Gesangstechniken in der Milchstraße weit verbreitet sein dürften" (Conway Morris 2008, S. 162) – was aber der These des Biolinguisten Müller gar nicht widerspricht, dass für komplexere Symbolsprachen kognitive Fähigkeiten nötig sind, die sich auch in anderen Verhaltensweisen zeigen würden als nur in fortgeschrittenen Gesangstechniken.

Kognitive Revolution und kulturelle Evolution

10

„Wir verstehen Wissenschaft, Philosophie und Mathematik kraft jener Art von Intelligenz, die ihren Sitz in einem Stirnhirn wie dem unseren hat, welches aus bestimmten biologischen Gründen im Lauf der Evolution entstanden ist (wenn gleich es eine Frage der Spekulation bleibt, was für Gründe dies gewesen sein mögen). Merkmale, die im Lauf der Evolution entstanden sind, haben immer ihre Nebenprodukte und Folgen, und die menschliche Intelligenz bildet keine Ausnahme von dieser Regel. Was wir so gerne als ‚Zivilisation' bezeichnen, ist, ätiologisch gesehen, im Grunde nichts anderes als ein biologisches Abfallprodukt (McGinn 2004)."

Vor rund 40.000 Jahren ging offensichtlich auf einmal alles sehr schnell, jedenfalls verglichen mit den Milliarden Jahren der Evolution des Lebens und den Millionen von Jahren der Humanevolution – mit dem Einsetzen der „kognitiven Revolution".

Mehrere Hunderttausend Jahre lang lebten *Homo heidelbergensis* und Neandertaler in Europa und Westasien, während sich in Afrika der moderne Mensch entwickelte. In Ostasien lebten der Denisova-Mensch, *Homo erectus*, *Homo luzonensis* oder *Homo floresiensis*. Werkzeuge oder Waffen hatten sich über Hunderttausende von Jahren nicht wesentlich verändert, auch das Auftauchen von Kunst und Symbolik ist über diese langen Zeiträume nirgendwo belegt. In der Fundstätte „Terra Amata" im heutigen Südfrankreich, deren Hüttenreste und Werkzeuge dem *Homo heidelbergensis* zugeschrieben werden, wurden erstmals 380.000 Jahre alte Ockerreste gefunden (Villa 1983). Bildliche Darstellungen von Mkenschen oder Tieren produzierten aber beispielsweise auch die Neandertaler während der langen Zeiträume ihrer Existenz nie – wenn sie wohl auch Bergkristalle sammelten, Muschelschalen durchbohrten und mineralische Farbpigmente verwendeten, vielleicht auch als Körperschmuck (Wynn und Coolidge 2013, S. 162 ff.). Die ersten eindeutig symbolischen Objekte – geglättete Brocken von Ockerfarbstoff, in die geometrische Muster eingeritzt worden waren – wurden offenbar von Vertretern unserer Art *Homo sapiens* vor 77.000 Jahren hergestellt, doch da gab es unsere Art schon seit mindestens 200.000

Jahren (Tattersall 2015, S. 68). Dann geschah das, was Jared Diamond den „großen Sprung nach vorn" nannte (Diamond 2014, S. 46 ff.): Trotz des kaum noch wahrnehmbaren anatomischen (und vermutlich genetischen) Wandels übertraf die kulturelle Evolution der letzten 40.000 Jahre bei Weitem alles, was an Entwicklung in den Jahrmillionen davor geschehen war: Ob Höhlenmalerei oder Bestattungsriten, ob Angelhaken oder geschnitzte Figurinen – schlagartig breitete sich das aus, was wir „Kultur" nennen, und mit ihr der Mensch auf der ganzen Erde. Als älteste Belege für symbolische Kunst in Europa gelten heute die Höhlenmalereien in der spanischen El-Castillo-Höhle mit einem Alter von rund 40.000 Jahren, der Chauvet-Höhle mit einem Alter von 34.000 bis 36.000 Jahren sowie geschnitzte Figurinen aus Mammutelfenbein aus Höhlen der Schwäbischen Alb (Abb. 10.1) mit einem Alter von 35.000–40.000, vielleicht sogar 43.000 Jahren (Conard und Kind 2019; Hiller und Kölbl 2019). Abgelöst wurde der „Rekord" für die ältesten Kunstwerke der Welt durch Höhlenmalereien auf der indonesischen Insel Sulawesi, die auf 45.500 Jahre (Brumm et al. 2021) beziehungsweise 51.200 Jahre datiert wurden (Oktaviana et al. 2024).

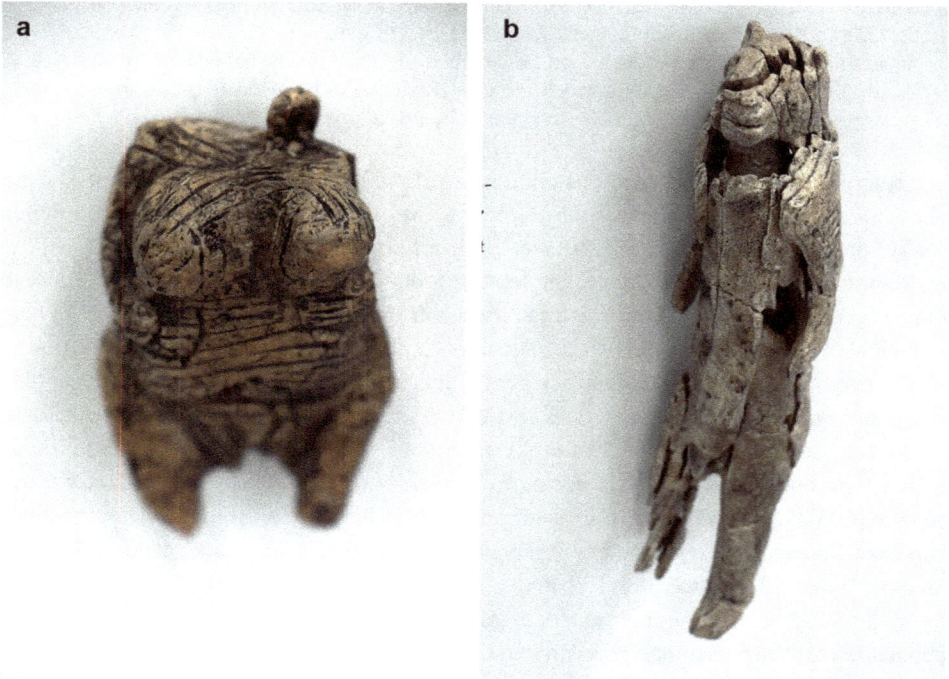

Abb. 10.1 Die älteste figürliche Kunst der Welt stammt aus den Höhlen der Schwäbischen Alb. **a** „Venus vom Hohle Fels" aus dem Hohle Fels am Rande des Achtals; **b** „Löwenmensch" aus der Stadel-Höhle im Hohlenstein des Lonetals; beide ca. 40.000 Jahre alt. (Fotos von Nachbildungen im Staatlichen Museum für Naturkunde Stuttgart)

Was war der Grund für diesen „großen Sprung"? War es vielleicht die Sprache, die die Weitergabe von Ideen unter Individuen und von Traditionen über Generationen auf eine ganz neue Stufe hob?

Es war jedenfalls die zunehmend beschleunigte kulturelle Evolution, die den Menschen schließlich aus den biologischen Zwängen des Tierreichs hinauskatapultierte. Der Evolutionsbiologe Stephen Jay Gould beklagte zwar den Begriff der „kulturellen Evolution" und schlug stattdessen die Verwendung des Begriffs „kultureller Wandel" vor, da es nur zu Unklarheiten führe, denselben Begriff für zwei derart unterschiedliche Mechanismen zu verwenden (Gould 2002, S. 268 ff.), führte aber auch an, dass die zeitlichen Wandlungen der menschlichen Kultur nach lamarckistischen Vererbungsregeln ablaufen – und damit doch nach evolutionstheoretischen Gesetzen. Wie auch immer: Der wesentliche Unterschied zwischen der darwinistischen, biologischen Evolution und der kulturellen Entwicklung liegt darin, dass in der menschlichen Kultur individuell erworbene Fähigkeiten weitergegeben und damit innerhalb der Population vererbt werden können – ein Mechanismus, den Lamarck noch für die biologische Evolution annahm:

> „Bei jedem Tier, das das Ziel seiner Entwicklung noch nicht überschritten hat, stärkt der häufigere und bleibende Gebrauch eines Organs dasselbe allmählich, entwickelt und vergrößert es und verleiht ihm eine Kraft, die zu der Dauer dieses Gebrauchs im Verhältnis steht; während der konstante Nichtgebrauch eines Organs dasselbe allmählich schwächer macht, verschlechtert, seine Fähigkeiten fortschreitend vermindert und es endlich verschwinden läßt. Alles, was die Natur die Individuen erwerben oder verlieren läßt durch den Einfluß der Verhältnisse, denen sie während langer Zeit ausgesetzt sind, und folglich durch den Einfluß des vorherrschenden Gebrauchs oder konstanten Nichtgebrauch eines Organs, das erhält sie durch die Fortpflanzung für die Nachkommen, vorausgesetzt, dass die erworbenen Veränderungen beiden Geschlechtern oder denen, die diese Nachkommen hervorgebracht haben, gemein seien (Lamarck 1809/2002, Reprint 2002, S. 185)."

Nachdem die Vererbung erworbener Eigenschaften verworfen und Lamarcks Evolutionstheorie als „Lamarckimus" oft auf diese Aussage verengt wurde, spielt die Vererbung erworbener Eigenschaften seit der Entdeckung umweltindizierter, epigenetischer Vererbungsmechanismen als „Neo-Lamarckismus" wieder eine zunehmend bedeutendere Rolle, wenn auch wohl nicht beim Menschen (Storch et al. 2013, S. 505 ff.).

Zurück zur kulturellen Evolution: Da erfolgreich erworbene Neuerungen nicht nur an die Nachkommen, sondern an alle Mitglieder der Population weitergegeben werden können, verläuft der kulturelle Wandel sehr viel schneller als der biologische. Nicht nur das, er verläuft im Gegensatz zur biologischen Evolution auch gerichtet, in Richtung einer Höherentwicklung in Form von zunehmender Komplexität. Wo die natürliche Evolution mit „Versuch und Irrtum" aus zufälligen Neuerungen diejenigen bevorzugt, die dem Überleben und einer größeren Zahl an Nachkommen zuträglich sind, aber keine gerichteten Neuerungen hervorbringen kann, kann die kulturelle Evolution erfolgreiche Neuerungen gezielt verbreiten und weiterentwickeln. Durch diese bewusst beeinflussbare Summierung erhält unsere Technikgeschichte einen Charakter, wie ihn die natürliche, darwinistische Evolution nie erreichen kann (Gould 2002, S. 272).

Anfänglich optimierte die zunehmende technische Entwicklung nur die „anthropogenen Handlungsmöglichkeiten unter den Bedingungen der natürlichen Umwelt", wie der Ur- und Frühgeschichtler Gerd-Christian Weniger schrieb (Weniger 2008, S. 215).

> „Im Zuge der voranschreitenden kulturellen Evolution wurde aus Anpassung an die Umwelt immer stärker Aneignung der Umwelt. […] Unsere technische Potenz und die mit ihr gewachsene Vorstellung von der Beherrschbarkeit der Welt hat unsere Selbstwahrnehmung verändert. Wir wähnen uns heute losgelöst vom natürlichen Geschehen der Biosphäre und weisen uns eine solitäre Position zu. Wir sind hin- und her gerissen zwischen dem Gefühl des Ausgesetztseins in der Welt und der Überzeugung, die Welt machtvoll in unseren Händen zu halten (Weniger 2008, S. 215)."

Der Evolutionspsychologe Steven Pinker hält das Bild von der kulturellen Evolution dagegen für völlig schief: „Wenn Ideen weitergegeben werden, handelt es sich nicht einfach um Kopien mit gelegentlichen Fehlern, sondern sie werden bewertet, diskutiert, verbessert oder abgelehnt." Er fegte damit Dawkins Theorie der Meme (Dawkins 2007; Blackmore 2010) vom Tisch und meinte in einer Abwandlung des Dobzhansky'schen Satzes: „Nichts in der Kultur hat einen Sinn, außer im Licht der Psychologie. Die Evolution hat die Psychologie hervorgebracht, und auf diese Weise liefert sie auch eine Erklärung für die Kultur" (Pinker 2011, S. 265).

Vielleicht ist diese kulturelle Entwicklung auch gar nicht mehr durch die Evolutionstheorie zu beschreiben: Wie der Philosoph Günter Frölich zu bedenken gab, beschreibt die Evolutionstheorie die Veränderung „biologischer Wesen" durch Anpassung an die Umweltbedingungen. Die Kulturbildung des Menschen wird aber gerade mit der Entwicklung der Umweltunabhängigkeit gleichgesetzt: „Das Kulturwesen vermag zu überleben, insofern es seine Kulturbildung dazu benutzt, die Umweltbedingungen seinen Vorstellungen entsprechend zu gestalten. […] Wenn die Umweltbedingungen aber ein entscheidendes Element evolutionstheoretischer Erklärungen sind, sind die kulturellen Erscheinungen, auch wenn sie bedeutsam für die biologische Entwicklung sind, nicht im Rahmen ihrer Begriffsbildung verhandelbar", denn „dann fällt eine Entkoppelung von dieser Umweltsituation zwangsläufig aus der Betrachtung der Theorie heraus" (Frölich 2016, S. 35 f.).

Humanevolution – Lassen die Mosaiksteine ein Gesamtbild erkennen?

11

„Wisst ihr, ich glaube, dass wir selbst schuld sind, wenn wir solche Fragen stellen. Unsere Möglichkeiten zu verstehen sind nicht dazu gemacht, die Welt zu begreifen, sondern in dieser Welt zu überleben. Man darf also nicht enttäuscht sein, wenn sich am Ende zeigt, dass man darauf keine vernünftigen Antworten mehr erhält (Riedl 2005)."

Wie lassen sich nun all die Mosaiksteine und Einzeltheorien zu einem Gesamtbild der Humanevolution zusammensetzen – wenn das überhaupt möglich ist? Gibt es eine nachvollziehbare Erklärung, wie und warum der Mensch zum Menschen wurde? Nun, das „Warum" wird sich vermutlich nie klären lassen, aber für das „Wie" scheint doch eine Kette von Ereignissen abbildbar, auch wenn sich derart komplexe, rückgekoppelte und interdependente Vorgänge nicht in der Anschaulichkeit präsentieren, wie wir uns das gemeinhin wünschen.

Vermutlich müssen wir bei der Betrachtung der menschlichen Entwicklung ziemlich weit, nämlich 200 oder gar 250 Mio. Jahre, zurückschauen, als die ersten, damals nachtaktiven Säugetiere ihre ökologische Nische zwischen den Sauriern fanden. Aus dieser Zeit stammt die Entwicklung eines ausgeprägten Gehörs und eines empfindlichen Geruchssinns, die die Orientierung in der nächtlichen Umgebung ermöglichten. Zwar spielt vor allem der Geruchssinn heute keine große Rolle mehr für uns, dennoch führte er zur Entwicklung des „Riechhirns" und damit zu neuen Organisationsformen des Großhirns, die später für andere Aufgaben zur Verfügung standen. Auch entstanden im Zusammenspiel von Seh-, Geruchs- und Gehörsinn vermutlich erstmals dreidimensionale Eindrücke der (nächtlichen) Lebenswelt im Gehirn. Dieses räumliche Vorstellungsvermögen war sicherlich von enormer Bedeutung für unsere spätere Entwicklung und kann kaum hoch genug bewertet werden. Dass unsere frühesten Vorfahren Insektenfresser waren, mag bei der späteren Entwicklung des Fleischverzehrs geholfen haben.

Nachdem mit dem Ende der Dinosaurier vor 65 Mio. Jahren auch der Tagraum zur Verfügung stand und der Sehsinn wieder Vorteile bot, entwickelte sich – zusammen mit dem stereoskopischen Sehen durch vorwärts gerichtete Augen – eine dreidimensionale Orientierung im Raum, die nicht nur den ersten Primaten den Raum der Baumwipfel als Lebensraum erschloss, sondern sich auch in entsprechenden dreidimensionalen Vorstellungsräumen widerspiegelte. Durch die glückliche Entwicklung einer dritten Zapfensorte in der Augennetzhaut konnte die Welt farbiger wahrgenommen und reife Früchte als nährstoffreiche Nahrung gezielt gefunden werden – eine wesentliche Verbesserung gegenüber einer nährstoffarmen Blattnahrung, da dadurch genug Energie für ein Wachstum des Gehirns mit den verbundenen kognitiven Vorteilen gegeben war. Mit dieser Kombination konnten sich große Primaten entwickeln, die in den tropischen Wäldern Asiens und Afrikas aufgrund ihrer relativ großen Gehirne Sozialstrukturen ausbildeten, wobei ihnen das „umgenutzte" Riechhirn nun für die dafür erforderlichen Emotionen und Gedächtnisleistungen zur Verfügung stand. Als Ergebnis stand aber auch ein Vorstellungsraum zur Verfügung, der sich nicht nur in drei Dimensionen erstreckte, sondern durch die Farbunterscheidung auch Beschaffenheiten unterschied. Die Welt – und damit auch die innere Welt im Kopf unserer Vorfahren – wurde strukturiert.

Vor 8–6 Mio. Jahren, am Ende des Miozäns, kam es zu großen klimatischen Schwankungen. In Ost- und Südafrika zog sich der Regenwald zurück, es entstanden trockene Savannen und Graslandschaften. Ob nun hervorgerufen durch den Bevölkerungsdruck in schrumpfenden Lebensräumen waldbewohnender Primaten oder durch die Isolierung von einzelnen Primatenpopulationen durch geografische Hindernisse wie den ostafrikanischen Grabenbruch – offenbar fanden sich einzelne Gruppen von Primaten auf einmal in offeneren Lebensräumen, an Waldrändern, in Bauminseln oder an Gewässerufern wieder und konnten dort nur überleben, wenn sie andere Nahrungs- und Lebensstrategien erprobten. Eine dieser neuen Strategien war der aufrechte Gang – die ersten Australopithecinen tauchten auf.

Vermutlich entstanden aus dem vierfüßigen Hangeln in Bäumen, eröffnete diese Fortbewegungsweise den dadurch frei werdenden Händen neue Möglichkeiten, obwohl die körperlichen Veränderungen mit enormen Herausforderungen verbunden waren. Damit der zweibeinige Gang energetisch akzeptabel wurde, musste das Becken so umkonstruiert werden, dass der Körperschwerpunkt beim Gehen nicht pendelt, sondern unterhalb der Körperachse bleibt. Durch die energiesparende Fortbewegungsweise wurden Erkundungen in immer größeren Radien möglich, die dabei gesammelte Nahrung konnte nun mit den freien Händen getragen werden. Diese weiträumigen Erkundungen waren aber auch überlebensnotwendig, denn Nahrung stand nicht mehr so dauerhaft und zuverlässig zur Verfügung wie im tropischen Wald mit seinem ganzjährigen Fruchtangebot. Diese Bewegungen in weiteren Radien mit der gleichzeitigen Suche nach vielfältigerer Nahrung verlangten nach höheren kognitiven Leistungen und übten damit vermutlich einen Selektionsdruck in Richtung höherer Intelligenz aus – größere Gehirne wurden noch vorteilhafter für das Überleben und die Produktion von Nachkommen.

Dann, vor 2,5 Mio. Jahren, an der Grenze vom Plio- zum Pleistozän, änderte sich erneut das Klima: War es zwischendurch wieder feuchter und wärmer geworden, wurde es nun wieder trockener und kühler. Jetzt spalteten sich die Linien der Homininen auf und besetzten zwei verschiedene ökologische Nischen. Die einen wurden Spezialisten für trockenere Nahrung wie harte Gräser und Samen, entwickelten gewaltige Kiefer, eine kräftige Kaumuskulatur und große Zähne – die Gattung *Paranthropus* entstand. Knapp 2 Mio. Jahre lang war diese Spezialisierungsstrategie erfolgreich, endete aber vor 1 Mio. Jahren mit dem Aussterben dieser Spezies. Die andere Linie besetzte eine andere Nische und konkurrierte vermutlich mit den großen Aasjägern wie Hyänen und Geiern um die Überreste großer Kadaver – seit der Entstehung der Savannen hatten sich mittlerweile große Huftierherden gebildet, die Fleischnahrung im Überfluss lieferten. Benutzten die Paranthropinen erste Werkzeuge wie beispielsweise grobe Hammersteine zum Zerstoßen harter Pflanzen, so nutzte der neu entstehende *Homo* diese Werkzeuge zum Zerschmettern von Langknochen, um an das nahrhafte Knochenmark zu gelangen. Später entdeckten *Homo rudolfensis* und *Homo habilis* auch das Schneiden mit scharfen Kanten und konnten so vermutlich Fleischstücke vor ihren Aasfresserkonkurrenten in Sicherheit bringen.

Durch die zunehmende Ernährung mit Fleisch standen mehr Energie, aber auch mehr Nährstoffe zur Verfügung, die ein zunehmendes Gehirnwachstum erlaubten. Zudem konnte der Darm sich verkleinern, da der Verzehr von zellulosehaltiger Pflanzennahrung zurückging – so stand ein noch größerer Anteil der täglichen Energiezufuhr für ein Wachsen des Gehirns zur Verfügung. Auch dieser sich positiv verstärkende Regelkreis schaukelte sich mehr und mehr auf.

Warum sind dann in der Vergangenheit die Gehirne von Fleischfressern wie Löwen nicht ähnlich gewachsen wie die des Menschen? Vielleicht, weil ein größeres Gehirn für Löwen keine unmittelbaren Selektionsvorteile mit sich gebracht hätte, verglichen mit der Alternative der Investition in eine sprintstärkere Muskulatur oder in größere Zähne, die einen schnelleren Vorteil bei der Jagd brachte. Durch evolutive Prozesse kann eine Investition in „teures" Hirngewebe nur Bestand haben , wenn diese „Ausgabe" Vorteile bringt – zumindest mehr Vorteile als eine alternative Investition. Die Homininen hatten vermutlich deshalb einen Vorteil durch ihre größeren Gehirne, weil ihre Hände nicht nur von der Fortbewegung befreit worden waren, sondern diese Hände – aus der Vergangenheit als Greifhangler – auch noch groß im Gehirn repräsentiert und daher sensorisch wie feinmotorisch bestens versorgt waren. Zusammen mit dem dreidimensionalen Vorstellungsraum wurden sie so zu mächtigen Werkzeugen, die wiederum Steinwerkzeuge und später Jagdwaffen schaffen konnten. Dieser Rückkopplungskreis aus Fleischverzehr, Gehirnwachstum und verbesserter Werkzeugherstellung bei gleichzeitiger Herausforderung der kognitiven Gehirnleistungen bekam so seine ganz eigene Dynamik.

Das Gehirnwachstum der Homininen stieß allerdings an eine Grenze, als es mit dem engen Geburtskanal kollidierte, den der aufrechte Gang mit sich gebracht hatte – die größer werdenden Gehirne der Neugeborenen machten den Geburtsvorgang zu einem lebensbedrohenden Vorgang. Der Ausweg: Menschliche Säuglinge wurden „unreif" geboren (natürlich nicht geplant, sondern zufällig, was sich aber als vorteilhaft herausstellte, sodass diese Veranlagung durch die erhöhte Zahl überlebender Mütter und Kinder verstärkt in die nächste Generation vererbt wurde) und benötigen dafür heute mindestens zwei Jahre intensiver mütterlicher (und väterlicher) Pflege, bis sie einigermaßen selbstständig sind. Diese Reifungszeit findet im Gegensatz zur Situation beispielsweise bei Schimpansen dann in einer anregenden Umgebung statt, nicht in einer dunklen, reizarmen Gebärmutter. Gleichzeitig lernt das Neugeborene durch die bedingungslose Mutterliebe den Wert von menschlicher Kooperation kennen und schätzen, auf die es in den ersten Jahren lebensnotwendig angewiesen ist. Vermutlich resultiert aus dieser „physiologischen Frühgeburt" das Beibehalten kindlicher Elemente bis ins Erwachsenenalter, die sogenannte Neotenie, zum Beispiel unsere kindliche Neugier, die viele Menschen lebenslang nicht verlieren.

Durch die zunehmenden kognitiven Fähigkeiten, gespeist aus einem größeren Gehirn, sowie einer sozialen Geburtshilfe und Säuglingspflege wurde ein soziales Zusammenleben in immer größeren Gruppen möglich, gleichzeitig konnte der Jagderfolg durch kooperatives Verhalten, Kommunikation und Koordination gesteigert und dadurch noch mehr Fleisch erbeutet werden. – Wieder kam eine jener positiven Rückkopplungen in Gang.

Schließlich kam – vermutlich bei *Homo erectus* – die Beherrschung des Feuers dazu. Der Verzehr von Fleisch ist sehr viel einfacher möglich und ungefährlicher, wenn es gekocht oder gebraten anstatt roh aufgenommen wird. Zudem werden auch Pflanzen durch das Kochen besser aufgeschlossen und können leichter verzehrt und verdaut werden. All das lieferte die Energie, die *Homo erectus* ein weiteres Wachstum des Gehirns ermöglichte. Dazu kam der soziale Aspekt von Abenden am Feuer, mehr Zeit für den Austausch in der Nacht (vorher endete der Tag zwangsläufig mit Sonnenuntergang) und schließlich – nach dem Erwerb der Sprachfähigkeit – erste „Gespräche", möglicherweise über Jagdstrategien, Werkzeugherstellung, sicher über die anderen Mitglieder der sozialen Gruppe (die Bedeutung von Klatsch und Tratsch für die Menschwerdung kann gar nicht überschätzt werden!), aber auch über Erlebnisse und Großtaten, Mythen und den Ursprung der Welt. Letztlich wurde mit der Entstehung des sozialen Gehirns schließlich auch die Bildung größerer Gruppen und damit die Entwicklung von Kooperation, Informationsaustausch und Innovation möglich – und damit setzte das ein, was wir heute als technisch-kulturelle Evolution verstehen.

Mit dem Auftreten von Bewusstsein und einer zunehmend komplexeren Sprache mit Syntax und Grammatik wurden zusammengesetzte Gedanken möglich, nicht nur in der sprachlichen Kommunikation, sondern vermutlich auch erstmals in den Vorstellungen des Individuums. Neben einer zeitlichen und räumlichen Planung und dem Nachdenken über neue Jagd- und Werkzeugtechniken kam durch einen Austausch über diese zusammengesetzten Gedanken, Planungen und Techniken eine nicht mehr aufzuhaltende Lawine ins Rollen, die durch das Entstehen gemeinsamer intersubjektiver Realitäten den Zusammenhalt zunehmend größerer Populationen ermöglichte.

Dazu kam mit der Entwicklung der Sprache auf einmal die Möglichkeit einer gerichteten Evolution auf. Die kulturelle Evolution verläuft enorm beschleunigt, verglichen mit der biologischen Evolution, da sie optimierend und überindividuell in der ganzen

Gruppe verbreitet wird: Im Gegensatz zur biologischen Evolution, in der zufällige Verbesserungen entweder wieder verschwinden oder über lange Zeiträume unverändert bleiben, bis die nächste zufällige Änderung eine weitere Verbesserung in dieselbe Richtung erbringt, können Verbesserungen beispielsweise in der Werkzeugtechnik aufmerksam festgestellt, gezielt ausgebaut, kommuniziert, von anderen Individuen aufgegriffen und ergänzt und so gezielt auf ein gewünschtes Ziel hin weiterentwickelt werden – noch später, nach der Erfindung der Schrift, sogar über Generationengrenzen hinweg.

Mit dem zielgerichteten technischen Denken begann schließlich, vielleicht auch in Verbindung mit der Erkenntnis der eigenen Sterblichkeit, die Suche nach dem Sinn des Lebens und damit auch die Suche nach den Grenzen der Welt – Menschen besiedelten, Kontinent um Kontinent, die ganze Erde. Dabei kamen neue Herausforderungen auf unsere Vorfahren zu, neue klimatische Bedingungen in anderen Erdteilen, neue pflanzliche Nahrungsquellen, andere Tiere, die neue Jagdstrategien verlangten. Der Druck zur kognitiven Weiterentwicklung stieg weiter an. Womöglich entwickelten sich in unterschiedlichen Regionen auch Menschengruppen oder Unterarten mit unterschiedlichen Fähigkeiten, die sich bei gelegentlichen Begegnungen untereinander kreuzten, sodass die Nachkommen die genetischen Vorteile mehrerer Genpools in sich vereinigen konnten. Und schließlich betrat, nach all diesen Herausforderungen, den zum Überleben nötigen Weiterentwicklungen und den möglichen Vermischungen inner- und außerhalb Afrikas, *Homo sapiens* die Bühne. Ob wir als moderne Menschen damit den Gipfel des Evolutionserfolges erreicht haben, wie wir gern glauben, oder ob die zukünftigen Probleme unserer technischen Zivilisation unsere letztlich immer noch urtümliche Primatenausstattung überfordern, wird sich zeigen müssen. *Australopithecus afarensis, Paranthropus robustus* oder *Homo erectus* überdauerten jeweils mindestens 1 Mio. Jahre. Uns gibt es als Art erst seit 300.000 Jahren, unsere Zivilisation ist ein paar Tausend Jahre jung – und ob wir uns nicht schon bald selbst auslöschen oder die Erde (zumindest für uns Menschen) unbewohnbar machen, wird die womöglich gar nicht ferne Zukunft zeigen.

Nach allem, was wir in diesem Buch zusammengetragen haben, sollte uns zumindest demütig klar geworden sein, dass wir Menschen und unsere Art *Homo sapiens* aus biowissenschaftlicher Sicht keinesfalls die „Krone der Schöpfung" oder gar das Ziel der bisherigen Evolution darstellen – wir sind einerseits nur eine Art unter vielen, andererseits die letzte überlebende Art der Gattung *Homo*. Eine erhöhte Position des Menschen, wie sie durch grafische Darstellungen der Evolution in Stammbäumen, Treppen oder aufsteigenden Linien oft suggeriert wird, ist inhaltlich nicht richtig – wir sind „nicht höher, sondern anders" (Groß 2024). Wir sind also auch nicht die Herrscher der Welt mit dem Freibrief, uns die Natur untertan zu machen, sondern Teil der gegenwärtigen Lebenswelt, die wir in unserem eigenen Interesse erhalten sollten – an eine andere Lebenswelt sind wir nämlich nicht angepasst, was nach den Regeln der Evolution nichts Gutes für unsere Zukunft in einer anderen Welt bedeute würde.

12 Rassismus und Menschenrassen

> „Sorgen wir also dafür, dass nie wieder mit scheinbar biologischen Begründungen Menschen diskriminiert werden und erinnern wir uns und andere daran, dass es der Rassismus ist, der Rassen geschaffen hat und die Zoologie/Anthropologie sich unrühmlich an vermeintlich biologischen Begründungen beteiligt hat. Der Nichtgebrauch des Begriffes Rasse sollte heute und zukünftig zur wissenschaftlichen Redlichkeit gehören (Fischer et al. 2019)"

Nach allem, was wir bisher an Fakten aufgeführt haben, sollte klar sein, dass es heute nur noch eine einheitliche Menschenart gibt, die innerhalb der letzten 100.000 Jahre nach und nach den gesamten Planeten besiedelte, wobei sich einzelne Populationen immer wieder vermischt haben. Natürlich gab und gibt es geografisch unterschiedliche Phänotypen, welche auf Unterschiede in der Ausgangspopulation, auf Anpassungen an unterschiedliche Temperaturen und Sonneneinstrahlung oder auf unterschiedliche Ernährungsgewohnheiten zurückzuführen sind – „Menschenrassen", die noch dazu „höher" oder „niedriger" einzusortieren seien, gibt es allerdings nicht! „Das Konzept der Rasse ist das Ergebnis von Rassismus und nicht dessen Voraussetzung", heißt es in der „Jenaer Erklärung", die im Jahr 2019 anlässlich der 112. Jahrestagung der Deutschen Zoologischen Gesellschaft in Jena veröffentlicht und von namhaften Fachpersonen verschiedenster Institutionen unterschrieben und unterstützt wurde:

> „Die Idee der Existenz von Menschenrassen war von Anfang an mit einer Bewertung dieser vermeintlichen Rassen verknüpft, ja die Vorstellung der unterschiedlichen Wertigkeit von Menschengruppen ging der vermeintlich wissenschaftlichen Beschäftigung voraus. Die vorrangig biologische Begründung von Menschengruppen als Rassen – etwa aufgrund der Hautfarbe, Augen- oder Schädelform – hat zur Verfolgung, Versklavung und Ermordung von Abermillionen von Menschen geführt. Auch heute noch wird der Begriff Rasse im Zusammenhang mit menschlichen Gruppen vielfach verwendet. Es gibt hierfür aber keine biologische Begründung und tatsächlich hat es diese auch nie gegeben. Das Konzept der Rasse ist das Ergebnis von Rassismus und nicht dessen Voraussetzung (Fischer et al. 2019)."

Der Begriff der „Rasse" sollte heute, bezogen auf die Biologie des Menschen, nicht mehr verwendet werden. Dafür gibt es mehrere triftige Gründe. Zuerst einmal ist der Begriff schlicht und ergreifend historisch vergiftet. Über Jahrhunderte wurde der Rassebegriff in Zeiten des Kolonialismus und Imperialismus angeführt, um Diskriminierung, Sklaverei, Mord und Genozid zu rechtfertigen – der Begriff der „Rasse" kann daher heute nicht mehr wissenschaftlich neutral verwendet werden.

Neben dieser Begründung gibt es noch einen zweiten, biologischen Grund aus der genetischen Forschung, wie der Biologiedidaktiker Ulrich Kattmann feststellte: „Menschenrassen gibt es nicht" (Kattmann 2024). Kattmann führt dazu Studien von Lewontin an, der genetisch bedingte Unterschiede innerhalb und zwischen verschiedenen Populationen des Menschen untersuchte, Studien, die inzwischen von anderen Forschungsgruppen bestätigt wurden: Danach kommen drei Viertel aller menschlichen Gene in allen Populationen in ein und derselben Version vor; etwa ein Viertel der Gene ist variabel, kommt also in verschiedenen Versionen vor. Die variablen Gene variieren am stärksten innerhalb von Populationen, die Unterschiede zwischen geografisch getrennten Populationen sind sehr viel geringer – die Unterscheidung von „Rassen" hat beim Menschen also keine genetische Basis (Kattmann 2024, S. 369)!

Auch eine zoologische Betrachtung führt zum identischen Ergebnis. Wenn wir den Begriff der „Rasse" nicht mehr verwenden wollen, könnten wir stattdessen zoologisch von „Unterarten" oder „Subspezies" des Menschen sprechen. Für die Definition einer Unterart gibt es aber gewisse Kriterien: Sie müsste sich genetisch deutlich abgrenzen lassen, was für menschliche Populationen nicht gilt – es gibt keine genetisch definierten Grenzen; eine Unterart müsste zudem ökologisch oder geografisch so isoliert sein, dass sie sich in absehbarer Zeit zu einer eigenen, neuen Art entwickeln kann – aufgrund der weltweiten Mobilität menschlicher Populationen, die sich seit der weltweiten Ausbreitung immer wieder begegneten, ist das für Menschen nirgendwo gegeben, nie waren Populationen über lange Zeit isoliert. Nicht zuletzt gibt es den Menschen noch gar nicht lange genug, als dass isolierte Populationen sich zu Unterarten hätten entwickeln können – schließlich entstand der moderne *Homo sapiens* erst vor rund 200.000 Jahren (Kattmann 2024).

„Mit der Widerlegung, dass eine biologische Einteilung genetisch begründet sei, sind die mit dieser Einteilung verbundenen sozialen Probleme wie rassistische Herabsetzung und Missachtung der Würde des Menschen leider keineswegs beseitigt. Rassisten sind auf wissenschaftliche Argumente für die Existenz von Menschenrassen nicht angewiesen, sie schaffen sich ihre Rassen selbst. ‚Arier' und ‚Juden', ‚Weiße' und ‚Schwarze' sind rassistische Einteilungen, es sind keine – wie auch immer definierten – ‚Rassen' der biologischen Anthropologie. Die biologische Einteilung der Menschheit in ‚Rassen' war allerdings von Anfang an mit sozialen, gesellschaftlichen und kulturellen Motiven sowie mit politischen Interessen herrschender Gruppen verbunden (Kattmann 2024, S. 374)."

Wenn man nur ein wenig nachdenkt, wird außerdem klar, dass es wenig sinnvoll ist, Menschen beispielsweise nach ihrer Hautfarbe zu klassifizieren, da es stark pigmentierte Menschen nicht nur in Afrika, sondern auf der ganzen Welt gibt. Auch die ursprüngliche Bevölkerung Europas hatte eine dunklere Haut – erst die Menschen, die im Zuge der „neolithischen Revolution" vor 8000 bis 5000 Jahren aus Anatolien nach Europa einwanderten, brachten neben dem Ackerbau ihre hellere Hautfarbe mit. Da die sesshaft gewordenen Menschen aus Anatolien ihren Fleischkonsum drastisch reduziert hatten und so, im Gegensatz zu den europäischen Sammlern und Jägern, wesentlich weniger Vitamin D über die Nahrung aufnahmen, geriet die Hautfarbe der frühen Ackerbauern unter Selektionsdruck: Nur eine hellere Haut lässt genügend Sonnenlicht durch, um ausreichend Vitamin D im Körper selbst zu produzieren (Krause und Trappe 2019, S. 85 ff.). Dies galt umso mehr, je weiter die neolithische Population im Laufe der Jahrhunderte nach Norden wanderte. Die helle Haut heutiger Mittel- und Nordeuropäer:innen ist also relativ neu.

Hilfreich für die Überwindung des Alltagsrassismus', vor dem tatsächlich durch unsere Sozialisation die wenigsten gefeit sind, kann ein vorgeschlagenes Gedankenexperiment für den Biologieunterricht sein:

> „Alle Menschen unserer Erde stellen sich in einer Reihe nebeneinander auf und erhalten die Aufgabe, sich nach der Farbe ihrer Haut zu ordnen. Zugegeben, das wird ein wenig dauern und auch nicht wirklich umsetzbar sein. Aber wir befinden uns in einem Gedankenexperiment und da ist alles möglich. Ganz links soll der Mensch mit der dunkelsten Hautfarbe und ganz rechts der mit der hellsten stehen. Nun erhalten die Lernenden die Aufgabe, eine klare Trennung zwischen dunkelhäutig und hellhäutig festzulegen. Schnell wird klar, dass das nicht möglich ist. Jede Trennung, die man vornimmt, wird willkürlich sein, da der Übergang fließend ist. Nur schwarz und weiß gibt es eben nicht (Porges und Hoßfeld 2023, S. 20)"

Warum wurden Menschen eigentlich ausgerechnet nach der Hautfarbe klassifiziert? Warum nicht nach der Nasenlänge? Der britische Sinologe Endymion Wilkinson führt die chinesischen Bezeichnungen „chang bizi 長鼻子, da bizi 大鼻子, gaobi 高鼻 (the long, big, or high noses)" für Araber:innen, Europäer:innen oder Amerikaner:innen an (nach Lehner 2014) – wie fühlen sich diese Bezeichnungen wohl für die Genannten an? Lächerlich? Diskriminierend? Stimmt, und sie sind durchaus auch so gemeint! Aber wäre die Nasenlänge tatsächlich ein abwegigeres Kriterium als die Hautfarbe? Schon diese Frage zeigt, wie lächerlich die Einteilung von Menschen nach einem einzigen äußerlichen Kriterium ist!

> „Schaut man in der Menschheitsgeschichte noch weiter zurück, stößt man darauf, dass auch die dunkle Haut zunächst eine Anpassung war. Denn unser Cousin, der Schimpanse, hat unter seinem schwarzen Fell eine helle Haut. Als der Mensch sein Fell abwarf, passte sich seine Hautfarbe offenbar an, um den nun unbedeckten Körper vor der Sonne zu schützen. Hautfarbe ist als Begründung irgendwelcher evolutionärer Hierarchien schon allein aus diesem Grund eine große Dummheit. Es sei denn, Hellhäutige wollen eine besondere genetische Verbindung zu den Schimpansen für sich reklamieren (Krause und Trappe 2019, S. 89)."

Epilog

13

> „Der wichtigste Punkt der Lehren Darwins ist, seltsam genug, übersehen worden. Der Mensch hat sich nicht nur entwickelt, er entwickelt sich noch immer. Das ist eine Hoffnungsquelle im Abgrund der Verzweiflung (Dobzhansky 1965)."

Die Frage nach unserer Herkunft, unserer Stellung in der Natur und dem „Besonderen" des Menschen lässt sich leider nicht mit einer einfachen und befriedigenden Erklärung beantworten. Wir Menschen haben gern einfache Antworten, am liebsten in Form von linearen Kausalzusammenhängen: Erst kam A, daraus folgte B – und so kam es zu C. Leider gibt es diese Antwort auf die Frage nach der Menschwerdung nicht.

Genau genommen ist schon die Frage nach dem „Prozess der Menschwerdung" falsch gestellt, einen solchen Prozess hat es schließlich nie gegeben. Jeder Prozess bedürfte schließlich eines Ziels, das wir für uns selbst gern annehmen und suchen. Aber fragen wir uns auch nach dem „Prozess der Pottwalwerdung" oder wie Petunien zu dem wurden, was sie heute sind? Hier akzeptieren wir die Zufälligkeiten des Lebens und der Evolution, doch bei uns selbst tun wir uns damit schwer. Eine etwas martialische, aber vergleichbare Frage wäre vielleicht die des Soldaten, der als einziger eine fürchterliche Schlacht überlebt hat und sich im Nachhinein fragt: Warum ausgerechnet ich? Mal hatte er zufällig gerade das Haus verlassen, bevor es von einer Bombe getroffen wurde, dann wurde er genau vorher zum Kaffeeholen geschickt, hier hatte er aus Versehen verschlafen und just dort war er Austreten. Aber gab es etwa einen Plan hinter all diesen Zufällen, gab es einen „Überlebensprozess"?

Vielleicht fragen sich in ein paar Millionen Jahren die Nachfahren heutiger Delfine, Krähen oder Tintenfische, warum ausgerechnet sie nach dem großen Klimakollaps oder der atomaren Verwüstung und dem Ende der Menschenzeit zur vorherrschenden Spezies der Erde aufgestiegen sind.

© Der/die Herausgeber bzw. der/die Autor(en), exklusiv lizenziert durch
Springer-Verlag GmbH, DE, ein Teil von Springer Nature 2025
B. Suhr, D. Suhr, *Die Evolution des Menschen*,
https://doi.org/10.1007/978-3-662-70772-2_13

„Wir können der Natur kein Ende setzen, sondern nur zu einer Bedrohung für uns selbst werden. Die Vorstellung, wir könnten alles Leben zerstören, einschließlich der Bakterien, die in den Wassertanks von Kernkraftwerken oder in siedendheißen Quellen gedeihen, ist lächerlich. Ich höre unsere nichtmenschlichen Verwandten schon kichern: ‚Wir sind ganz gut ohne euch zurechtgekommen, bevor wir euch kennengelernt haben, und wir werden auch jetzt ohne euch zurechtkommen', singen sie uns einträchtig vor. Die meisten von ihnen – Mikroorganismen, Wale, Insekten, Samenpflanzen und Vögel – singen noch. Die Bäume in den tropischen Regenwäldern summen vor sich hin und warten, bis wir unser arrogantes Geschäft des Abholzens beendet haben, damit sie wieder zur Tagesordnung des Wachsens übergehen können. Ihre Dissonanzen und Harmonien werden noch erklingen, wenn wir längst nicht mehr sind (Margulis 1999, S. 160 f.)."

Wir laufen tatsächlich Gefahr, die Beendigung unserer bekannten Lebenswelt oder wenigstens unserer menschlichen Zivilisation zumindest fahrlässig in Kauf zu nehmen. Nicht nur die Auswirkungen des „Anthropozäns" (die ja wohlgemerkt bedeuten, dass wir den Planeten bereits jetzt in geologischem Maßstab verändern, ja verwüsten) schweben wie ein Damoklesschwert über zunehmend mehr Arten und uns selbst. Auch die Gefahr eines weltweiten Atomkriegs ist nach wie vor nicht gebannt. Wie schlau ist es eigentlich, Primaten, die von Jahrmillionen alten Instinkten gesteuert werden, die Macht über derartige Waffen zu geben? Im Jahr 1911 stellte der neuseeländische Physiker Ernest Rutherford sein Modell des Atomkerns vor – nur 34 Jahre später zerstörten wir mithilfe dieser Erkenntnisse die Städte Hiroshima und Nagasaki und töteten dabei mehr als 200.000 Menschen (Cox und Cohen 2017, S. 144).

In der Nacht vom 25. auf den 26. September 1983 rettete vermutlich nur die mutige Entscheidung des sowjetischen Obersten Stanislaw Petrow die Welt vor einem nuklearen Inferno: Obwohl sein Frühwarnsystem mehrfach den Start von amerikanischen Raketen anzeigte, meldete er aus einem Bauchgefühl heraus einen Fehlalarm (Leffers 2017). Wie sich später herausstellte, hatte der Spionagesatellit tatsächlich Sonnenspiegelungen an der Wolkendecke als Raketenstarts interpretiert. Auf dem Höhepunkt des Kalten Krieges (auf der einen Seite Ronald Reagan und seine Bewertung der Sowjetunion als „Reich des Bösen", auf der anderen Seite der kränkelnd darniederliegende Sowjetführer Juri Andropow, der zutiefst von US-amerikanischen Erstschlagplänen überzeugt war) hätte jede andere Reaktion sicher das Ende unserer Zivilisation bedeutet.

Ist das der Grund für die Stille im Weltall? Geht die Entstehung von intelligentem Bewusstsein evolutionstheoretisch zwangsläufig immer mit der Entstehung von langfristig dummem Verhalten einher? Löschen sich technische Zivilisationen deshalb so schnell aus – und wir haben deshalb noch keine Spur davon gefunden? Ein gigantischer, weltumspannender Schleimpilz hätte sicher eine ganzheitlichere Einstellung zu seiner Globalzivilisation. Aber vielleicht ist die Entwicklung von Großhirnen, die Bewusstsein ermöglichen, für kleine, autonome Individuen wie uns schon theoretisch gar nicht möglich ohne die zwingend egoistische Nutzung der Vorteile, die solch ein größeres Gehirn mit sich bringt. Vielleicht geht es also tatsächlich gar nicht anders.

13 Epilog

Wird der Mensch sich verändern? Sind wir heute noch der biologischen Evolution unterworfen? Variation und Selektion, die ungerichteten Kräfte der Evolution, haben über Jahrmillionen den menschlichen Geist geschaffen. Dieser hat nun aber nach Meinung mancher Evolutionsbiologen die Selektion außer Kraft gesetzt – indem er „fast alle feindlichen Einwirkungen der Außenwelt" wie Raubtiere oder Infektionskrankheiten ausgeschaltet hat (Lorenz 1983, S. 208). Was ist von solchen Aussagen zu halten? Nun, der Mensch wird sich, wie alle Organismen, irgendwohin weiterentwickeln. Wo diese Entwicklungen zum Vorteil der Nachkommen sind, werden sie weitergegeben. Zu beklagen, dass sich die Menschheit in die falsche Richtung entwickele, würde bedeuten, dass es ein „richtiges" Ziel gäbe – wer sollte dieses denn wohl vorgegeben haben?

Zu hoffen ist, dass wir einsehen, dass die Mitbewohner unseres Planeten unsere Rücksichtnahme verdienen, dass sie genauso Teil des großen Wunders des Lebens und der Evolution sind wie wir. Dafür, für die Erhaltung der biologischen Vielfalt, nicht nur, aber auch zu unserem eigenen Besten, brauchen wir dringend „eine Neuorientierung des Menschen und seiner Einstellung gegenüber anderen Arten … – weg von Achtlosigkeit und maximaler Ausbeutung, hin zu Interesse, Liebe und Respekt" (Gould 2002, S. 46). Zwar werden wir es sicher nicht schaffen, alles Leben auf der Erde und damit die Evolution als Ganzes zu beenden, wie der Hamburger Evolutionsbiologe Matthias Glaubrecht schrieb – wenn er vom „Ende der Evolution" spricht, meint er das Ende jener Lebenswelt, die wir derzeit haben, „das Leben in der Form, wie wir es derzeit kennen" (Glaubrecht 2019b, S. 905 ff.). Wir sollten wirklich aufpassen, dass wir dieses wunderbare, zufällige Geschenk unserer Lebenswelt, das die Evolution uns Menschen gemacht hat, nicht achtlos wegwerfen. Ein wenig Demut, Liebe und Respekt täten wirklich gut.

Literatur

Almécija S, Moyà-Solà S, Alba DM (2010) Early origin for human-like precision grasping: a comparative study of pollical distal phalanges in fossil hominins. PLoS ONE 5(7):e11727

Andrewartha HG, Birch LC (1954) The distribution and abundance of animals. The University of Chicago Press, Chicago

Andrews P, Cronin JE (1982) The relationships of Sivapithecus and Ramapithecus and the evolution of the orang-utan. Nature 297:541–546

Arambourg C, Coppens Y (1968) Sur la découverte dans le Pléistocène inférieur de la valle de l'Omo (Éthiopie) d'une mandibule d'Australopithécien. C R Seances Acad Sci 265:589–590

Ardrey R (1976) The hunting hypothesis. Atheneum, New York

Ardrey R (1989) Adam kam aus Afrika. Auf der Suche nach unseren Vorfahren. Herbig, München

Argue D, Groves CP, Lee MSY, Jungers WL (2017) The affinities of Homo floresiensis based on phylogenetic analyses of cranial, dental, and postcranial characters. J Hum Evol 107:107–133

Asfaw B, White T, Lovejoy O, Latimer B, Simpson S, Suwa G (1999) Australopithecus garhi: a new species of early hominid from ethiopia. Science 284(5414):629–635

Aspöck H, Walochnik J (2007) Die Parasiten des Menschen aus der Sicht der Koevolution. Denisia 20:179–254

Auffermann B, Orschiedt J (2006) Die Neandertaler. Auf dem Weg zum modernen Menschen. Theiss, Stuttgart

Bachmann I (2008) Zur körperlichen und geistigen Entwicklung von Kindern und deren Entsprechung in der hominiden Stammesgeschichte. LIT, Münster

Bae CJ, Wu X (2024) Making sense of eastern Asian Late Quaternary hominin variability. Nat Commun 15:9479. https://doi.org/10.1038/s41467-024-53918-7. Zugriffen am 13.08.2025

Baguette M (2004) The classical metapopulation theory and the real, natural world: a critical appraisal. Basic and Applied Ecology 5(3):213–224

Basilia P, Miszkiewicz JJ, Louys J, Wibowo UP, van den Bergh GD (2023) Insights into dwarf stegodon (Stegodon florensis florensis) palaeobiology based on rib histology. Annales de Paléontologie 109(4):102654. https://doi.org/10.1016/j.annpal.2023.102654. Zugegriffen am 13.08.2025

Bayrhuber H, Kull U (Hrsg) (2005) Linder Biologie. Lehrbuch für die Oberstufe. Schroedel, Braunschweig, S 500

Begun DR (2002) The pliopithecoidea. In: Hartwig WC (Hrsg) The primate fossil record. Cambridge University Press, Cambridge, S 221–240

Begun DR (2015) The real planet of the apes: a new story of human origins. Princeton University Press, Princeton

Berger LR, McGraw WS (2007) Further evidence for eagle predation of, and feeding damage on, the Taung child. S Afr J Sci 103:496–498

Berger LR, de Ruiter DJ, Churchill SE, Schmid P, Carlson KJ, Dirks PHGM, Kibii JM (2010) Australopithecus sediba: a new species of homo-like australopith from South Africa. Science 328(5975):195–204

Berger LR, Hawks J, de Ruiter DJ et al (2015) Homo naledi, a new species of the genus Homo from the dinaledi chamber, South Africa. eLife 2015(4):e09560

Berger LR, Makhubela T, Molopyane K, et al (2024) Evidence for deliberate burial of the dead by Homo naledi. bioRxiv preprint. https://doi.org/10.1101/2023.06.01.543127. Zugegriffen am 13.08.2025

Biesalski HK (2015) Mikronährstoffe als Motor der Evolution. Springer Spektrum, Heidelberg

Blackmore S (2010) Die Macht der Meme *oder* die Evolution von Kultur und Geist. Mit einem Vorwort von Richard Dawkins. Spektrum Akademischer Verlag, Heidelberg

Blumenschine RJ, Cavallo JA (1992) Scavenging and human evolution. Sci Am 267:90–96

Boenigk J, Wodniok S (2014) Biodiversität und Erdgeschichte. Springer, Berlin

Böhme M, Braun R, Breier F (2019) Wie wir Menschen wurden. Eine kriminalistische Spurensuche nach den Ursprüngen der Menschheit. Heyne, München

Bolk L (1926) Das Problem der Menschwerdung. Fischer, Jena

Breuer T, Ndoundou-Hockemba M, Fishlock V (2005) First observation of tool use in wild gorillas. PLoS Biol 3(11):e380. https://doi.org/10.1371/journal.pbio.0030380. Zugegriffen am 13.08.2025

Brumm A, Oktaviana AA, Burhan B et al (2021) Oldest cave art found in Sulawesi. Sci Adv 7:eabd4648. https://doi.org/10.1126/sciadv.abd4648. Zugegriffen am 13.08.2025

Burkhardt RW (2001) Konrad Zacharias Lorenz. In: Jahn I, Schmitt M (Hrsg) Darwin und Co. Eine Geschichte der Biologie in Portraits, Bd II. Beck, München, S 422–441

Cameron DW (2001) The taxonomic status of the siwalik late miocoene hominid Indopithecus (= Gigantopithecus). Himal Geol 22(2):29–34

Camus A (1942) Le Mythe de Sisyphe. Librairie Gallimard, Paris. Deutsche Übersetzung: Der Mythos des Sisyphos, 27. Aufl. Rowohlt, Reinbek

Carlson KJ, Stout D, Jashashvili T, de Ruiter DJ, Tafforeau P, Carlson K, Berger LR (2011) The endocast of MH1, Australopithecus sediba. Science 333(6048):1402–1407

Chaimanee Y, Chavasseau O, Beard KC, Kyaw AA, Soe AN, Sein C, Lazzari V, Marivaux L, Marandat B, Swe M, Rugbumrung M, Lwin T, Valentin X, Thein ZMM, Jaeger JJ (2012) Late Middle Eocene primate from Myanmar and the initial anthropoid colonization of Africa. PNAS 109(26):10293–10297. https://doi.org/10.1073/pnas.1200644109. Zugegriffen am 13.08.2025

Chaline J (2000) Paläontologie der Wirbeltiere. Enke, Stuttgart

Chen L, Wolf AB, Fu W, Li L, Akey JM (2020) Identifying and interpreting apparent Neanderthal Ancestry in African individuals. Cell 180(4):677–687

Chomsky N (1981) Regeln und Repräsentationen, 2. Aufl. Suhrkamp, Frankfurt am Main

Chomsky N (2017) Sprache und Geist, 12. Aufl. Suhrkamp, Frankfurt am Main

Ciochon R (2009) The mystery ape of Pleistocene Asia. Nature 459:910–911

Clarke RJ, Tobias PV (1995) Sterkfontein member 2 foot bones of the oldest South African hominid. Science 269(5223):521–524

Conard NJ, Kind CJ (2019) Als der Mensch die Kunst erfand. Eiszeithöhlen der Schwäbischen Alb. wbg Theiss, Darmstadt

Conway Morris S (1998) The crucible of creation. The Burgess shale and the rise of animals. Oxford University Press, New York

Conway Morris S (2003) Die Konvergenz des Lebens. Sind Menschen ein unvermeidliches Ergebnis der Evolution? In: Fischer EP, Wiegandt K (Hrsg) Evolution. Geschichte und Zukunft des Lebens. Fischer, Frankfurt am Main

Conway Morris S (2008) Jenseits des Zufalls. Wir Menschen im einsamen Universum. Berlin University Press, Berlin

Coppens Y (1987) Die Wurzeln des Menschen. Das neue Bild unserer Herkunft. Ullstein, Berlin

Coppens Y (2002) Lucys Knie. Die prähistorische Schöne und die Geschichte der Paläontologie. Deutscher Taschenbuch Verlag, München

Cox B, Cohen A (2017) Mensch und Universum. Unser Platz in Raum und Zeit. Kosmos, Stuttgart

Cresswell R (1862) Aristotle's history of animals in ten books. Henry G. Bohn, London

Crutzen PJ (2002) Geology of mankind. Nature 415(23):202

Cuvier G (1825) Discours sur les révolutions de la surface du globe, et sur les changemens qu'elles ont produit dans le règne animal. G. Dufour et E. D'Ocagne, Paris

Dart RA, Craig D (1959) Adventures with the missing link. Hamish Hamilton, London

Darwin C (1871) The descent of man, and selection in relation to sex. John Murray, London, S 51

Darwin C (1876/2008) Die Entstehung der Arten. Reprint der Übersetzung "Über die Entstehung der Arten durch natürliche Zuchtwahl oder die Erhaltung der begünstigten Rassen im Kampfe um's Dasein"; übersetzt von H. G. Bronn nach der 6. englischen Auflage, durchgesehen und berichtigt von J. Viktor Carus, Leipzig. Nikol, Hamburg

Darwin C (1908/2009) Die Abstammung des Menschen. Reprint der Übersetzung von Heinrich Schmidt, Leipzig. Nikol, Hamburg

Dawkins R (1987) Der blinde Uhrmacher. Ein neues Plädoyer für den Darwinismus. Kindler, München

Dawkins R (2007) Das egoistische Gen, 2. Aufl. Springer Spektrum, Heidelberg

Dawkins R (2008) Geschichten vom Ursprung des Lebens. Eine Zeitreise auf Darwins Spuren. Ullstein, Berlin

DCP Darwin Correspondence Project. Letter No. 7471. http://www.darwinproject.ac.uk/DCP-LETT-7471. Zugegriffen am 25.01.2017

DeMenocal PB (2015) Menschenevolution durch Klimaschwankungen. In: Die Ursprünge der Menschheit. Im Labyrinth unserer Evolution. Spektrum Spezial Biologie, Medizin, Hirnforschung 4/15. Spektrum der Wissenschaft Verlagsgesellschaft, Heidelberg, S 6–13

Dennett DC (1994) Philosophie des menschlichen Bewusstseins. Hoffmann & Campe, Hamburg

Dennett DC (1997) Darwins gefährliches Erbe. Die Evolution und der Sinn des Lebens. Hoffmann & Campe, Hamburg

Dennett DC (2007) Süße Träume. Die Erforschung des Bewusstseins und der Schlaf der Philosophie. Suhrkamp, Frankfurt am.Main

Détroit F, Mijares AS, Corny J, Daver G, Zanolli C, Dizon E, Robles E, Grün R, Piper PJ (2019) A new species of Homo from the Late Pleistocene of the Philippines. Nature 568(7751):181–186. https://doi.org/10.1038/s41586-019-1067-9. Zugegriffen am 13.08.2025

Diamond J (2014) Der dritte Schimpanse. Evolution und Zukunft des Menschen, 7. Aufl. Fischer, Frankfurt am Main

Dirks PHGM, Roberts EM, Hilbert-Wolf H et al (2017) The age of Homo naledi and associated sediments in the rising star cave, South Africa. eLife 6:e24231

Dobzhansky T (1965) Dynamik der menschlichen Evolution. Gene und Umwelt. Fischer, Frankfurt am Main

Dobzhansky T (1973) Nothing in biology makes sense except in the light of Evolution. The Am Biol Teach 35(3):125–129

Dönges J (2015a) Homo naledi – eine neue Frühmenschenart? In: Die Ursprünge der Menschheit. Im Labyrinth unserer Evolution. Spektrum Spezial Biologie, Medizin, Hirnforschung 4/15. Spektrum der Wissenschaft Verlagsgesellschaft, Heidelberg, S 26–27

Dönges J (2015b) Uralte DNA schreibt Geschichte der Menschenevolution neu. In: Die Ursprünge der Menschheit. Im Labyrinth unserer Evolution. Spektrum Spezial Biologie, Medizin, Hirnforschung 4/15. Spektrum der Wissenschaft Verlagsgesellschaft, Heidelberg, S 48–49

Dunbar R (1998) Klatsch und Tratsch. Wie der Mensch zur Sprache fand. C. Bertelsmann, München

Eccles JC (1989) Die Evolution des Gehirns – die Erschaffung des Selbst. Piper, München

Eigen M (1975) Vorrede zur deutschen Ausgabe. In: Monod J (Hrsg) Zufall und Notwendigkeit. Philosophische Fragen der modernen Biologie. Deutscher Taschenbuch Verlag, München

Eigen M, Winkler R (1996) Das Spiel. Naturgesetze steuern den Zufall, 4. Aufl. Piper, München

Elicki O, Breitkreuz C (2016) Die Entwicklung des Systems Erde. Springer, Berlin

Elsfeld M (2017) Wissenschaft, Erkenntnis und ihre Grenzen. Spektrum der Wissenschaft 8(17):12–18

Engel E (2016) Goethe. In: Der Mann und das Werk. Reprint der Ausgabe von 1909. TP Verone, Nikosia

Erben HK (1986) Intelligenzen im Kosmos? Die Antwort der Evolutionsbiologie. Ullstein, Berlin

Ewe T (2017a) Es rauscht im Stammbusch. Bild der Wiss 54(12):10–15

Ewe T (2017b) Geschöpfe des Feuers. Bild der Wiss 54(12):18–24

Facchini F (2006) Die Ursprünge der Menschheit. Theiss, Stuttgart

Faestermann T, Korschinek G (2017) Supernova-Spuren vor der Haustür. Spektrum der Wissenschaft 2(17):50–57

Fischer EP (2013) Wie kommt die Welt in den Kopf? oder Die Macht der Sinne. Herbig, München

Fischer MS, Hoßfeld U, Krause J, Richter S (2019) Jenaer Erklärung – Das Konzept der Rasse ist das Ergebnis von Rassismus und nicht dessen Voraussetzung. Biologie in unserer Zeit 49(6):399–402

Fitch WT, de Boer B, Mathur N, Ghazanfar AA (2016) Monkey vocal tracts are speech-ready. Sci Adv 2(12):e1600723. https://doi.org/10.1126/sciadv.1600723. Zugegriffen am 13.08.2025

Fleagle JG, Simons EL (1982) The humerus of Aegyptopithecus zeuxis: a primitive anthropoid. AJPA. https://doi.org/10.1002/ajpa.1330590207. Zugegriffen am 13.08.2025

Foecke KK, Queffelec A, Pickering R, Harvati K (2024) No sedimentological evidence for deliberate burial by Homo naledi – a case study highlighting the need for best practices in geochemical studies within archaeology and paleoanthropology. Paleoanthropology, in Begutachtung. https://hal.science/hal-04679648/. Zugegriffen am 13.08.2025

Foley R (2000) Menschen vor Homo sapiens. Wie und warum unsere Art sich durchsetzte. Jan Thorbecke, Stuttgart

Frölich G (2016) Der Mensch stammt vom Affen ab! In: Frölich G (Hrsg) Der Affe stammt vom Menschen ab. Philosophische Etüden über unsere Vorurteile. Felix Meiner, Hamburg, S 26–38

Fuss J, Spassov N, Begun DR, Böhme M (2017) Potential hominin affinities of Graecopithecus from the late miocene of Europe. PLoS ONE 12(5):e0177127. https://doi.org/10.1371/journal.pone.0177127. Zugegriffen am 13.08.2025

Gamble C, Gowlett J, Dunbar R (2016) Evolution, Denken, Kultur. Das soziale Gehirn und die Entstehung des Menschlichen. Springer Spektrum, Heidelberg

Gehlen A (2009) Der Mensch. Seine Natur und seine Stellung in der Welt, 15. Aufl. AULA, Wiebelsheim

Geissmann T (2003) Vergleichende Primatologie. Springer, Berlin

Gierliński GD, Niedźwiedzki G, Lockley MG, Athanassiou A, Fassoulas C, Dubicka Z, Boczarowski A, Bennett MR, Ahlberg PE (2017) Possible hominin footprints from the late Miocene (c. 5.7 Ma) of Crete? Proc Geol Assoc 128(5–6):692–693

Glaubrecht M (1995) Der lange Atem der Schöpfung. Was Darwin gern gewusst hätte. Rasch & Röhring, Hamburg

Glaubrecht M (2013) Am Ende des Archipels. Alfred Russel Wallace. Galiani, Berlin

Glaubrecht M (2019a) Wie Tiere sich auseinanderleben: Die Entstehung der Arten. In: Klempt E (Hrsg) Explodierende Vielfalt. Wie Komplexität entsteht. Springer, Berlin/Heidelberg, S 135–145

Glaubrecht M (2019b) Das Ende der Evolution. Der Mensch und die Vernichtung der Arten. C. Bertelsmann, München

Gould SJ (1977) Ontogeny and phylogeny. Belknap Press of Harvard University Press, Cambridge

Gould SJ (1984) Darwin nach Darwin. Naturgeschichtliche Reflexionen. Ullstein, Frankfurt am Main

Gould SJ (1992) Die Entdeckung der Tiefenzeit. Zeitpfeil oder Zeitzyklus in der Geschichte unserer Erde. Deutscher Taschenbuch Verlag, München

Gould SJ (1994) Zufall Mensch. Das Wunder des Lebens als Spiel der Natur. Deutscher Taschenbuch Verlag, München

Gould SJ (2002) Illusion Fortschritt. Die vielfältigen Wege der Evolution, 2. Aufl. Fischer Taschenbuch, Frankfurt am Main

Groß J (2024) Humanevolution mit Stammbaumhypothesen vermitteln: Nicht "höher", sondern anders. In: Gemballa S, Kattmann U (Hrsg) Didaktik der Evolutionsbiologie. Zwischen Fachkonzepten und Alltagsvorstellungen vermitteln. Springer, Berlin, S 263–281

Grupe G, Christiansen K, Schröder I, Wittwer-Backofen U (2012) Anthropologie. Einführendes Lehrbuch, 2. Aufl. Springer, Berlin

Gunz P, Neubauer S, Golovanova L, Doronichev V, Maureille B, Hublin J-J (2012) A uniquely modern human pattern of endocranial development. Insights from a new cranial reconstruction of the neandertal newborn From Mezmaiskaya. J Hum Evol 62(2):300–313

Gutmann WF (1995) Die Evolution hydraulischer Konstruktionen. Organismische Wandlung statt altdarwinistischer Anpassung, 2. Aufl. Kramer, Frankfurt am Main

Haeckel E (1866/2017a) Generelle Morphologie der Organismen. Allgemeine Grundzüge der organischen Formenwissenschaft Bd 2: Allgemeine Entwickelungsgeschichte der Organismen (Nachdruck der Originalausgabe Berlin, 1866). Hansebooks, Norderstedt

Haeckel E (1868/2017b) Natürliche Schöpfungsgeschichte (Nachdruck der Originalausgabe Berlin, 1868). Hansebooks, Norderstedt

Haeckel E (1919/2009) Unsere Stammesgeschichte. Monistische Studien über Ursprung und Abstammung des Menschen von den Wirbeltieren, zunächst von den Herrentieren. In: Haeckel E (Hrsg) Die Welträtsel. Gemeinverständliche Studien über monistische Philosophie (Nachdruck der 11. Aufl., Leipzig 1919). Nikol, Hamburg, S 97–118

Hager LD (1997) Women in human evolution. Routledge, Abingdon

Harari YN (2015) Eine kurze Geschichte der Menschheit, 5. Aufl. Pantheon, München

Harari YN (2017) Homo Deus. Eine Geschichte von Morgen. Eine Geschichte von Morgen. Beck, München

Hardy A (1960) Was man more aquatic in the past? New Sci 16:642–645

Harmand S, Lewis JE, Feibel CS, Lepre CJ, Prat S, Lenoble A, Boës X, Quinn RL, Brenet M, Arroyo A, Taylor N, Clément S, Daver G, Brugal J-P, Leakey L, Mortlock RA, Wright JD, Lokorodi S, Kirwa C, Kent DV, Roche H (2015) 3.3-million-year-old stone tools from Lomekwi 3, West Turkana, Kenya. Nature 521:310–315

Harmon K (2015) Wildwuchs im Stammbaum des Menschen. In: Die Ursprünge der Menschheit. Im Labyrinth unserer Evolution. Spektrum Spezial Biologie, Medizin, Hirnforschung 4/15. Spektrum der Wissenschaft Verlagsgesellschaft, Heidelberg, S 14–21

Harris M (1989) Kulturanthropologie. Ein Lehrbuch. Campus, Frankfurt am Main

Hart D, Sussman RW (2005) Man the hunted: primates, predators, and human evolution. Basic Books, New York

Hatala K, Roach NT, Behrensmeyer AK, Falkingham PL, Gatesy SM et al (2024) Footprint evidence for locomotor diversity and shared habitats among early Pleistocene hominins. Science 386:1004–1010. https://doi.org/10.1126/science.ado5275. Zugegriffen am 13.08.2025

Hawkes K (2004) The grandmother effect. Nature 428:128–129

Heberer G (1972) Der Ursprung des Menschen. Unser gegenwärtiger Wissensstand. Fischer, Jena de Heinzelin J, Clark JD, White T, Hart W, Renne P, WoldeGabriel G, Beyene Y, Vrba E (1999) Environment and behavior of 2.5-million-year-old bouri hominids. Science 284(5414):625–629

Henke W, Rothe H (1994) Paläoanthropologie. Springer, Berlin

Henke W, Rothe H (1999) Stammesgeschichte des Menschen. Eine Einführung. Springer, Berlin

Henke W, Rothe H (2003) Menschwerdung. Fischer, Frankfurt am Main

Hiller G, Kölbl S (Hrsg) (2019) Welt-Kult-Ur-Sprung, 2. Aufl. Süddeutsche Verlagsgesellschaft, Ulm

Hofbauer G (2015) Die geologische Revolution. Wie die Entdeckung der Erdgeschichte unser Denken veränderte. WBG, Darmstadt

Hoyle F, Wickramasinghe C (1979) Die Lebenswolke. So empfing die Erde das Leben von den Sternen. Umschau, Frankfurt am Main

Hrdy SB (2010) Mütter und andere. Wie die Evolution uns zu sozialen Wesen gemacht hat. Berlin Verlag, Berlin

Hublin JJ (2020) Denisovaner – Alles begann mit einem Fingerknöchelchen. Spektrum.de. https://www.spektrum.de/magazin/der-denisova-mensch/1714800. Zugegriffen am 09.02.2025

Hublin JJ, Ben-Ncer A, Bailey SE, Freidline SE, Neubauer S, Skinner MM, Bergmann I, Le Cabec A, Benazzi S, Harvati K, Gunz P (2017) New fossils from Jebel Irhoud (Morocco) and the Pan-African origin of Homo sapiens. Nature 546:289–292

Huxley J (2010) Evolution – the modern synthesis. The definitive edition. MIT Press, Cambridge

Ingicco T, van den Bergh GD, Jago-on C, Bahain JJ, Chacón MG, Amano N, Forestier H, King C, Manalo K, Nomade S, Pereira A, Reyes MC, Sémah AM, Shao Q, Voinchet P, Falguères C, Albers PCH, Lising M, Lyras G, Yurnaldi D, Rochette P, Bautista A, de Vos J (2018) Earliest known hominin activity in the Philippines by 709 thousand years ago. Nature 557:233–237

Isaac G (1978) The food-sharing behavior of protohuman hominids. Sci Am 238:90–108

Jacob S, Gunz P (2015) Digitale Wiedergeburt des „geschickten Menschen". Rekonstruktion des berühmten *Homo habilis* wirft ein neues Licht auf die menschliche Evolution. Max-Planck-Gesellschaft (4. März 2015). https://www.mpg.de/9000994/homo-habilis-rekonstruktion. Zugegriffen am 12.01.2018

Ji Q, Wu W, Ji Y, Li Q, Ni X (2021) Late middle pleistocene Harbin cranium represents a new *Homo* species. Innovation 2(3):100132. https://www.cell.com/action/showPdf?pii=S2666-6758%2821%2900057-6. Zugegriffen 09.02.2025

Jones S (2003) Genetik plus Zeit. Was die Evolution über uns selbst sagen kann und was nicht. In: Fischer EP, Wiegandt K (Hrsg) Evolution. Geschichte und Zukunft des Lebens. Fischer, Frankfurt am Main

Kattmann U (2024) Menschenrassen gibt es nicht. In: Gemballa S, Kattmann U (Hrsg) Didaktik der Evolutionsbiologie. Zwischen Fachkonzepten und Alltagsvorstellungen vermitteln. Springer, Berlin, S 367–393

Kauffman S (1998) Der Öltropfen im Wasser. Chaos, Komplexität, Selbstorganisation in Natur und Gesellschaft. Piper, München

Kim PS, McQueen JS, Coxworth JE, Hawkes K (2014) Grandmothering drives the evolution of longevity in a probabilistic model. J Theor Biol 353:84–94

Kirschner S (2013) Teilen bringt Vorteil. MaxPlanckForschung 3(13):18–24

Kingston JD, Hill A, Marino BD (1994) Isotopic evidence for neogene hominid paleoenvironments in the Kenya rift valley. Science 264(5161):955–959

Kowallik KV (2019) Der Anfang des Lebens: Von der chemischen zur biologischen Evolution. In: Klempt E (Hrsg) Explodierende Vielfalt. Wie Komplexität entsteht. Springer, Berlin/Heidelberg, S 109–116

Krause J, Trappe T (2019) Die Reise unserer Gene. Eine Geschichte über uns und unsere Vorfahren. Propyläen, Berlin

Kull U (1977) Evolution. Metzler, Stuttgart

Kull U (1979) Evolution des Menschen. Biologische, soziale und kulturelle Evolution. Metzler, Stuttgart

Kutschera U (2009) Tatsache Evolution. Was Darwin nicht wissen konnte. Deutscher Taschenbuch Verlag, München

de Lamarck J-B (1809/2002) Zoologische Philosophie Teil 1–3 (1809). Ostwalds Klassiker der exakten Wissenschaften Band 277, Reprint der Bände 277, 278 und 279. Harri Deutsch, Frankfurt am Main

Lane N (2017) Der Funke des Lebens. Energie und Evolution. WBG, Darmstadt

Lange A (2012) Darwins Erbe im Umbau. Die Säulen der Erweiterten Synthese in der Evolutionstheorie. Königshausen und Neumann, Würzburg

Leakey LSB (1959) A new fossil skull from Olduvai. Nature 184:491–493

Leakey R (1981) Die Suche nach dem Menschen: Wie wir wurden, was wir sind. Umschau, Frankfurt am Main

Leakey R (1999) Die ersten Spuren. Über den Ursprung des Menschen. Goldmann, München

Leakey R, Lewin R (1998) Der Ursprung des Menschen. Auf der Suche nach den Spuren des Humanen. Fischer, Frankfurt am Main

Lee RB, DeVore I (Hrsg) (1968) Man the hunter. The first intensive survey of a single, crucial stage of human development – man's once universal hunting way of life. Aldine, Chicago

Leffers J (2017) Der Mann, der die Welt rettete. Spiegel Online vom 19.09.2017. http://www.spiegel.de/einestages/stanislaw-petrow-der-mann-der-die-welt-rettete-ist-tot-a-1168721.html. Zugegriffen am 06.01.2025

Lehner G (2014) Barbaren (III): Großnasen/Langnasen. de rebus sinicis. https://doi.org/10.58079/vaca. Zugegriffen am 03.03.2025

Lepre C, Roche H, Kent D et al (2011) An earlier origin for the Acheulian. Nature 477:82–85. https://doi.org/10.1038/nature10372. Zugegriffen am 13.08.2025

Levins R (1970) Extinction. In: Gesternhaber M (Hrsg) Some mathematical problems in biology. American Mathematical Society, Providence, Rhode Island, S 77–107

Lewis GE (1934) Preliminary notice of new man-like apes from India. Am J Sci 5(27):161–181

Lieberman P (2013) The unpredictable species. What makes humans unique. Princeton University Press, Princeton

Lieberman DE (2015a) Unser Körper. Geschichte, Gegenwart, Zukunft. Fischer, Frankfurt am Main

Lieberman P (2015b) „Kein Bewegungsablauf ist schwieriger als Sprechen". Interview mit Martin Amrein, Neue Zürcher Zeitung, 14. August, 2013a. Zugegriffen am 05.12.2017

Lieberman PH, Klatt DH, Wilson WH (1969) Vocal tract limitations on the vowel repertoires of rhesus monkey and other nonhuman primates. Science 164(3884):1185–1187

Lordkipanidze D (2015) Die ersten Europäer – die Fundstelle Dmanisi. In: Hessisches Landesmuseum Darmstadt (Hrsg) Homo – expanding worlds: Originale Urmenschen-Funde aus fünf Weltregionen. WBG, Darmstadt

Lordkipanidze D, Ponce de León MS, Margvelashvili A, Rak Y, Rightmire GP, Vekua A, Zollikofer CPE (2013) A complete skull from dmanisi, georgia, and the evolutionary biology of early homo. Science 342(6156):326–331

Lorenz K (1965) Ganzheit und Teil in der tierischen und menschlichen Gemeinschaft (1950). In: Lorenz K (Hrsg) Über tierisches und menschliches Verhalten. Aus dem Werdegang der Verhaltenslehre. Gesammelte Abhandlungen, Bd II. Piper, München

Lorenz K (1973) Die acht Todsünden der zivilisierten Menschheit. Piper, München

Lorenz K (1980) Die Rückseite des Spiegels. Versuch einer Naturgeschichte menschlichen Erkennens, 4. Aufl. Deutscher Taschenbuch Verlag, München

Lorenz K (1983) Der Abbau des Menschlichen. Piper, München

Lorenz K (1998) Das sogenannte Böse. Zur Naturgeschichte der Aggression, 25. Aufl. Deutscher Taschenbuch Verlag, München

Losos JB, Jackman TR, Larson A, de Queiroz K, Rodríguez-Schettino L (1998) Contingency and determinism in replicated adaptive radiations of island lizards. Science 279:2115–2118

Lovejoy C (1981) Owen: the origin of man. Science 211:341–350

Lovelock J (1993) Das Gaia-Prinzip. Die Biographie unseres Planeten. Insel, Frankfurt am Main

Mallet J (1995) A species definition for the modern synthesis. Trends Ecol Evol 10(7):294–299

Margulis L (1999) Die andere Evolution. Spektrum Akademischer Verlag, Heidelberg

Marivaux L, Negri FR, Antoine PO, Stutz NS, Condamine FL, Kerber L, Pujos F, Santos RV, Alvim AMV, Hsiou AS, Bissaro MC Jr, Adami-Rodrigues K, Ribeiro AM (2023) An eosimiid primate of South Asian affinities in the Paleogene of Western Amazonia and the origin of New World monkeys. PNAS 120(28):e2301338120. https://doi.org/10.1073/pnas.2301338120. Zugegriffen am 13.08.2025

Marshall M (2015) Unser rätselhafter neuer Verwandter. In: Die Ursprünge der Menschheit. Im Labyrinth unserer Evolution. Spektrum Spezial Biologie, Medizin, Hirnforschung 4/15. Spektrum der Wissenschaft Verlagsgesellschaft, Heidelberg, S 50–55

Martin J, Leece AB, Baker SE, Herries AIR, Strait DS (2024) A lineage perspective on hominin taxonomy and evolution. Evol Anthropol 33:e22018. https://doi.org/10.1002/evan.22018. Zugegriffen am 13.08.2025

Martín-Durán JM, Pang K, Børve A, Semmler Lê H, Furu A, Taylor Cannon J, Jondelius U, Hejnol A (2017) Convergent evolution of bilaterian nerve cords. Nature. https://doi.org/10.1038/nature25030. Zugegriffen am 15.12.2017

Maynard Smith J, Szathmáry E (1996) Evolution. Prozesse, Mechanismen, Modelle. Spektrum Akademischer Verlag, Heidelberg

Mayr E (1979) Evolution und die Vielfalt des Lebens. Springer, Berlin

Mayr E (1984) Die Entwicklung der biologischen Gedankenwelt. Vielfalt, Evolution und Vererbung. Springer, Berlin

Mayr E, Provine WB (Hrsg) (1980) The evolutionary synthesis: perspectives on the unification of biology. Harvard University Press, Cambridge

McGinn C (2004) Wie kommt der Geist in die Materie? Das Rätsel des Bewusstseins, 2. Aufl. Piper, München

McPherron SP, Alemseged Z, Marean CW, Wynn JG, Reed D, Geraads D, Bobe R, Béarat HA (2010) Evidence for stone-tool-assisted consumption of animal tissues before 3.39 million years ago at Dikika, Ethiopia. Nature 466:857–860

Mijares AS, Détroit F, Piper P, Grün R, Bellwood P, Aubert M, Champion G, Cuevas N, De Leon A, Dizon E (2010) New evidence for a 67,000-year-old human presence at Callao Cave, Luzon, Philippines. J Human Evol 59:123–132

Mohr H (1981) Biologische Erkenntnis. Ihre Entstehung und Bedeutung. Teubner, Stuttgart

Monod J (1975) Zufall und Notwendigkeit. Philosophische Fragen der modernen Biologie. Deutscher Taschenbuch Verlag, München

Morris D (1970) Der nackte Affe. Droemer Knaur, München

Morris D (1978) Verhalten im Wasser. War der Mensch in seiner Frühzeit ein Wassertier? In: Morris D (Hrsg) Der Mensch mit dem wir leben. Ein Handbuch unseres Verhaltens. Droemer Knaur, München, S 294–298

Müller GB, Newman SA (2003) Origination of organismal form – beyond the gene in development and evolutionary biology. MIT Press, Cambridge

Müller HM (1987) Evolution, Kognition und Sprache. Die Evolution des Menschen und die biologischen Grundlagen der Sprachfähigkeit. Parey, Berlin

Mussi M, Skinner MM, Melis RT, Panera J, Rubio-Jara S et al (2023) Early Homo erectus lived at high altitudes and produced both Oldowan and Acheulean tools. Science 382:713–718. https://doi.org/10.1126/science.add911. Zugegriffen am 13.08.2025

Napier J, Tuttle RH (1993) Hands. Princeton University Press, Princeton

Newman SA (2010) Dynamical patterning modules. In: Pigliucci M, Müller GB (Hrsg) Evolution – the extended synthesis. MIT Press, Cambridge

Niemitz C (2004) Das Geheimnis des aufrechten Gangs. Unsere Evolution verlief anders. Beck, München

Niemitz C (2007) Labil und langsam. Unsere fast unmögliche Evolutionsgeschichte zum aufrechten Gang. Naturwiss Rdsch 60:71–78

O'Higgins P, Elton S (2007) Walking on trees. Science 316:1292–1294

Oakley KP (1972) Man the toolmaker, 6. Aufl. British Museum (Natural History), London

Oktaviana AA, Joannes-Boyau R, Hakim B et al (2024) Narrative cave art in Indonesia by 51,200 years ago. Nature 631:814–818. https://doi.org/10.1038/s41586-024-07541-7. Zugegriffen am 13.08.2025

Pääbo S (2014) Die Neandertaler und wir. Meine Suche nach den Urzeit-Genen. Fischer, Frankfurt am Main

Peyer B (1950) Goethes Wirbeltheorie des Schädels. Vierteljahrsschrift der Naturforschenden Gesellschaft in Zürich 94, Beiheft Nr. 2/3

Pigliucci M, Müller GB (2010) Evolution – the extended synthesis. MIT Press, Cambridge

Pilgrim GE (1910) Notices of new Mammalian genera and species from the Tertieries of India-Calcutta. Rec Geol Surv India 40:63–71

Pilgrim GE (1915) New Siwalik primates and their bearing on the question of the evolution of man and the anthropoidea. Rec Geol Surv India 45(1):1–74

Pinker S (2011) Wie das Denken im Kopf entsteht. Fischer, Frankfurt am Main

Pirie NW (1938) The meaninglessness of the terms life and living. In: Needham J, Green DE (Hrsg) Perspectives in biochemistry. Cambridge University Press, Cambridge. (Zitiert nach Erben HK (1986) Intelligenzen im Kosmos? Die Antwort der Evolutionsbiologie. Ullstein, Berlin)

Popper KR, Eccles JC (1982) Das Ich und sein Gehirn. Piper, München

Porges K, Hoßfeld U (2023) Die „Jenaer Erklärung gegen Rassismus" und ihre Anwendung im Unterricht. Thüringer Ministerium für Bildung, Jugend und Sport, Erfurt. https://bildung.thueringen.de/fileadmin/ministerium/publikationen/Jenaer_Erklaerung_gegen_Rassismus_und_ihre_Anwendung_im_Unterricht.pdf. Zugegriffen am 05.03.2025

Portmann A (1956) Zoologie und das neue Bild des Menschen. Biologische Fragmente zu einer Lehre vom Menschen. Rowohlt, Hamburg

Prigogine I, Stengers I (1983) Dialog mit der Natur. Neue Wege naturwissenschaftlichen Denkens. Piper, München

Rahmann H (1980) Die Entstehung des Lebendigen. Vom Urknall zur Zelle, 2. Aufl. G. Fischer, Stuttgart

Raichlen DA, Gordon AD, Harcourt-Smith WEH, Foster AD, Haas JWR (2010) Laetoli footprints preserve earliest direct evidence of human-like bipedal biomechanics. PLoS ONE 5(3):e9769. https://doi.org/10.1371/journal.pone.0009769. Zugegriffen am 13.08.2025

Randler C (2007) Assortative mating of Carrion Corvus corone and Hooded Crows C. cornix in the hybrid zone in eastern Germany. Ardea 95(1):143–149

Rauch J (2017) Wer will, gewinnt! Welche Rolle Motivation im Leben spielt. Bild der Wissenschaft 54. Jahrgang, Oktober 2017, S 50–53

Rauchfuß H (2013) Chemische Evolution und der Ursprung des Lebens. Springer, Berlin

Reichholf JH (1997) Das Rätsel der Menschwerdung. Die Entstehung des Menschen im Wechselspiel der Natur, 3. Aufl. Deutscher Taschenbuch Verlag, München

Reichholf JH (2003a) Die kontingente Evolution. In: Fischer EP, Wiegandt K (Hrsg) Evolution. Geschichte und Zukunft des Lebens. Fischer, Frankfurt am Main, S 45–75

Reichholf JH (2003b) Das Rätsel der Menschwerdung. In: Fischer EP, Wiegandt K (Hrsg) Evolution. Geschichte und Zukunft des Lebens. Fischer, Frankfurt am Main, S 102–126

Richter D, Grün R, Joannes-Boyau R, Steele TE, Amani F, Rué M, Fernandes P, Raynal J-P, Geraads D, Ben-Ncer A, Hublin J-J, McPherron SP (2017) The age of the Homo sapiens fossils from Jebel Irhoud (Morocco) and the origins of the middle stone age. Nature 546:293–296

Riedl R (1976) Die Strategie der Genesis. Naturgeschichte der realen Welt. Piper, München

Riedl R (1982) Evolution und Erkenntnis. Antworten auf Fragen aus unserer Zeit. Piper, München

Riedl R (2000) Strukturen der Komplexität. Eine Morphologie des Erkennens und Erklärens. Springer, Berlin

Riedl R (2003) Riedls Kulturgeschichte der Evolutionstheorie. Die Helden, ihre Irrungen und Einsichten. Springer, Berlin

Riedl R (2005) Weltwunder Mensch oder Wie wir gemacht sind. Seifert, Wien

Rieppel O (2001) Étienne Geoffroy Saint-Hillaire. In: Jahn I, Schmitt M (Hrsg) Darwin und Co. Eine Geschichte der Biologie in Portraits, Bd I. Beck, München, S 157–175

Rink J (2005) Giant ape lived alongside humans. McMaster University EurekAlert! https://www.eurekalert.org/news-releases/765323. Zugegriffen am 13.08.2025

Roberts P (2021) Die Wurzeln des Menschen. Wie der Dschungel die Erde formte, das menschliche Leben hervorbrachte und unsere Zukunft bestimmt. dtv, München

Rose S (2000) Darwins gefährliche Erben. Biologie jenseits der egoistischen Gene. Beck, München

Rosenberg KR (1992) The evolution of modern human childbirth. Yearb Phys Anthropol 35:89–124

Roth G (2011) Wie einzigartig ist der Mensch? Die lange Evolution der Gehirne und des Geistes. Spektrum Akademischer Verlag, Heidelberg

Sandrock O, Schrenk F (2015) Expansion der Wissenschaft. In: Hessisches Landesmuseum Darmstadt (Hrsg) Homo – Expanding Worlds: Originale Urmenschen-Funde aus fünf Weltregionen. WBG, Darmstadt

Sawyer GJ, Deak V (2008) Der lange Weg zum Menschen. Lebensbilder aus 7 Millionen Jahren Evolution. Spektrum Akademischer Verlag, Heidelberg

Sayers K, Lovejoy CO (2014) Blood, bulbs, and bunodonts: on evolutionary ecology and the diets of Ardipithecus, Australopithecus, and early Homo. Q Rev Biol 89:319–357

Schreiber UC (2019) Das Geheimnis um die erste Zelle. Springer, Berlin/Heidelberg

Schrenk F (2008) Die Frühzeit des Menschen. Der Weg zum Homo sapiens, 5. Aufl. Beck, München

Schrenk F, Bromage TG (2002) Adams Eltern. Expeditionen in die Welt der Frühmenschen. Beck, München

Schrenk F, Müller S (2010) Die Neandertaler, 2. Aufl. Beck, München

Schrödinger E (1989) Was ist Leben? Die lebende Zelle mit den Augen des Physikers betrachtet, 3. Aufl. Piper, München

Schwägerl C (2024) Keine Epoche für die Menschheit. Spektrum.de. https://www.spektrum.de/news/geologen-lehnen-neues-erdzeitalter-anthropozaen-ueberraschend-ab/2210153. Zugegriffen am 26.08.2024

Schwalbe GA (1904) Die Vorgeschichte des Menschen. Vieweg, Braunschweig

Seitelberger F (1984) Neurobiologische Aspekte der Intelligenz. In: Lorenz K, Wuketits FM (Hrsg) Die Evolution des Denkens, 2. Aufl. Piper, München

Senut B, Pickford M, Gommery D, Mein P, Cheboi K, Coppens Y (2001) First hominid from the Miocene (Lukeino Formation, Kenya). C R Acad Sci 332(2):137–144

Shreeve J (1996) The Neandertal enigma. Solving the mystery of modern human origins. Viking, New York

Simons EL (1965) New fossil apes from Egypt and the initial differentiation of hominoidea. Nature 205:135–139

Simons EL (1987) The phyletic position of *Ramapithecus*. In: Ciochon RL, Fleagle JG (Hrsg) Primate Evolution and Human Origins. Routledge, New York, S 209–210

Simons EL, Chopra SRK (1969) *Gigantopithecus* (Pongidae, Hominoidea) a new species from north India. Postilla 138, Yale Peabody Museum of Natural History. https://elischolar.library.yale.edu/peabody_museum_natural_history_postilla/138/. Zugegriffen am 06.01.2025

Simpson GG (1972) Biologie und Mensch. Suhrkamp, Frankfurt am Main

Slimak L, Vimala T, Seguin-Orlando A, Metz L, Zanolli C et al (2024) Long genetic and social isolation in Neanderthals before their extinction. Cell Genomics 4: 100593. https://www.cell.com/cell-genomics/fulltext/S2666-979X(24)00177-0?origin=app. Zugegriffen am 09.02.2025

Spassov N, Geraads D, Hristova L, Markov GN, Merceron G, Tzankov TSK, Böhme M, Dimitrova A (2012) A hominid tooth from Bulgaria: the last pre-human hominid of continental Europe. J Hum Evol 62(1):138–145

Solomon S, Greenberg J, Pyszcynski T (2016) Der Wurm in unserem Herzen. Wie das Wissen um die Sterblichkeit unser Leben beeinflusst. DVA, München

Sossi PA, Burnham AD, Badro J, Lanzirotti A, Newville M, O'Neill HSC (2020) Redox state of Earth's magma ocean and its Venus-like early atmosphere. Sci Adv 6(48). https://doi.org/10.1126/sciadv.abd1387. Zugegriffen am 14.12.2024

Spoor F, Leakey MG, Gathogo PN, Brown FH, Antón SC, McDougall I, Kiarie C, Manthi FK, Leakey LN (2007) Implications of new early homo fossils from Ileret, east of Lake Turkana, Kenya. Nature 448:688–691

Storch V, Welsch U (2004) Systematische Zoologie, 6. Aufl. Elsevier, München

Storch V, Welsch U, Wink M (2013) Evolutionsbiologie. Springer, Berlin

Sutikna T, Tocheri MW, Morwood MJ, Saptomo EW, Jatmiko ARD, Wasisto S, Westaway KE, Aubert M, Li B, Zhao J-x, Storey M, Alloway BV, Morley MW, Meijer HJM, van den Bergh GD, Grün R, Dosseto A, Brumm A, Jungers WL, Roberts RG (2016) Revised stratigraphy and chronology for *Homo floresiensis* at Liang Bua in Indonesia. Nature 532:366–369

Tanner NM (1997) Der Anteil der Frau an der Entstehung des Menschen. Eine neue Theorie zur Evolution. Deutscher Taschenbuch Verlag, München

Tanner N, Zihlman A (1976) Women in evolution. Part I: Innovation and selection in human origins. Signs – J Women Cult Soc 1(3):585–608

Tattersall I (1997) Puzzle Menschwerdung. Auf der Spur der menschlichen Evolution. Spektrum Akademischer Verlag, Heidelberg

Tattersall I (2008) Wir waren nicht allein – *Homo sapiens* und seine Vorläufer. In: Sentker A, Wigger F (Hrsg) Triebkraft Evolution. Vielfalt, Wandel und Menschwerdung. Springer Spektrum & Zeitverlag, Hamburg/Heidelberg

Tattersall I (2015) Gewinner der Evolutionslotterie. In: Die Ursprünge der Menschheit. Im Labyrinth unserer Evolution. Spektrum Spezial Biologie, Medizin, Hirnforschung 4/15. Spektrum der Wissenschaft Verlagsgesellschaft, Heidelberg, S 64–69

Tattersall I, Schwartz JH (2001) Extinct humans. Westview Press, Boulder

Theißen G (2019) Mechanismen der Evolution: Von Darwin zur Evolutionären Entwicklungsbiologie. In: Klempt E (Hrsg) Explodierende Vielfalt. Wie Komplexität entsteht. Springer, Berlin/Heidelberg, S 127–134

Thenius E (1979) Die Evolution der Säugetiere. G. Fischer, Stuttgart, S 9 f

Thenius E (1980) Evolution des Lebens – und der Mensch. Die erdgeschichtliche Dokumentation. Ausgearbeitete Fassung des Vortrages vom 30. April 1980. https://www.zobodat.at/pdf/SVVNWK_120_0079-0139.pdf. Zugegriffen am 06.01.2025

Thorpe SKS, Holder RL, Crompton RH (2007) Origin of human bipedalism as an adaptation for locomotion on flexible branches. Science 316:1328–1331

Tobias PV (2011) Revisiting water and hominin evolution. In: Vaneechoutte M, Kuliukas A, Verhaegen M (Hrsg) Was man more aquatic in the past? Fifty years after Alister Hardy – waterside hypotheses of human evolution. Bentham, Sharjah, S 3–15

Tocheri MW (2019) Previously unknown human species found in Asia raises questions about early hominin dispersals from Africa. Nature 568(7751):176–178

Trappe T (2024) Eisige Zeiten: Kälte hat das Leben des Menschen in Europa jahrtausendelang geprägt. Max-Planck-Gesellschaft online. https://www.mpg.de/21318862/eisige-zeiten. Zugegriffen am 09.02.2025

Trinkaus E (1984) Neandertal pubic morphology and gestation length. Curr Anthropol 25:509–514

Trinkaus E, Shipman P (1993) Die Neandertaler – Spiegel der Menschheit. Bertelsmann, München

Van den Bergh GD, Kaifu Y, Kurniawan I, Kono RT, Brumm A, Setiyabudi E, Aziz F, Morwood MJ (2016) Homo floresiensis-like fossils from the early middle pleistocene of Flores. Nature 534:245–248

Van Kranendonk MJ, Djokic T, Deamer D (2017) Wie entstand das Leben? Spektrum der Wissenschaft 12(17):12–19

Veatch EG, Tocheri MW, Sutikna T, McGrath K, Saptomo EW, Jatmiko HKM (2019) Temporal shifts in the distribution of murine rodent body size classes at Liang Bua (Flores, Indonesia) reveal new insights into the paleoecology of *Homo floresiensis* and associated fauna. J Human Evol 130:45–60

Villa P (1983) Terra Amata and the Middle Pleistocene archaeological record of southern France. University of California Press, Berkeley

Villmoare B, Kimbel WH, Seyoum C, Campisano CJ, Dimaggio E, Rowan J, Braun DR, Arrowsmith JR, Reed KE (2015) Early Homo at 2.8 Ma from Ledi-Geraru, Afar, Ethiopia. Science 347(6228):1352–1355

Voland E, Chasiotis A, Schiefenhövel W (2004) Das Paradox der zweiten Lebenshälfte: Warum gibt es Großmütter? Biologie in unserer Zeit 34(6):366–371

Vollmer G (1994) Evolutionäre Erkenntnistheorie. Angeborene Erkenntnisstrukturen im Kontext von Biologie, Psychologie, Linguistik, Philosophie und Wissenschaftstheorie, 6. Aufl. Hirzel, Stuttgart

Von Koenigswald GHR (1935) Eine fossile Säugetierfauna mit Simia aus Südchina. N. V. Noord-Hollandsche Uitgevers Maatschappij, Amsterdam, S 871–879

de Waal F (2017)) Der Affe in uns. Warum wir sind, wie wir sind, 5. Aufl. dtv, München

Walker A, Shipman P (2011) Turkana-Junge. Auf der Suche nach dem ersten Menschen. Galila, Etsdorf am Kamp

Walker A, Leakey RE, Harris JM, Brown FH (1986) 2.5-Myr Australopithecus boisei from west of Lake Turkana, Kenya. Nature 322:517–522

Wanpo H, Ciochon R, Yumin G, Larick R, Qiren F, Schwarcz H, Yonge C, de Vos J, Rink W (1995) Early Homo and associated artefacts from Asia. Nature 378:275–278

Weaver TD, Hublin J-J (2009) Neandertal birth canal shape and the evolution of human childbirth. PNAS 106(20):8151–8156

Welker F, Ramos-Madrigal J, Kuhlwilm M, Liao W, Gutenbrunner P, de Manuel M, Samodova D, Mackie M, Allentoft ME, Bacon AM, Collins MJ, Cox J, Lalueza-Fox C, Olsen JV, Demeter F, Wang W, Marques-Bonet T, Cappellini E (2019) Enamel proteome shows that Gigantopithecus was an early diverging pongine. Nature 576:262–265

Weniger G-C (2000) Projekt Menschwerdung. Streifzüge durch die Entwicklungsgeschichte des Menschen. Heitkamp-Edition „Wir in unserer Welt". Heitkamp-Deihmann-Haniel GmbH, Herne (Taschenbuchausgabe auch bei Spektrum Akademischer Verlag, 2001)

Weniger G-C (2008) Werkzeug und Wissen – auf dem Weg zum kulturfähigen Menschen. In: Sentker A, Wigger F (Hrsg) Triebkraft Evolution. Vielfalt, Wandel und Menschwerdung. Springer Spektrum & Zeitverlag, Heidelberg/Hamburg

Williams GC (1957) Pleiotropy, natural selection, and the evolution of senescence. Evolution 11:398–411

Wilson EO (2015) Der Sinn des menschlichen Lebens. Beck, München

Wilson EO (2016) Die soziale Eroberung der Erde. Eine biologische Geschichte des Menschen, 2. Aufl. C. H. Beck, München

Wilson FR (2002) Die Hand – Geniestreich der Evolution. Ihr Einfluss auf Gehirn, Sprache und Kultur des Menschen. Rowohlt, Reinbek

Wynn T, Coolidge FL (2013) Denken wie ein Neandertaler. Philipp von Zabern/WBG, Darmstadt

Wood B (2011) Did early Homo migrate „out of" or „in to" Africa? PNAS 108(26):10375–10376

Wood B (2015) Unsere unübersichtliche Verwandtschaft. Spektrum der Wissenschaft 1(15):27–33

Wood B, Collard M (1999) The human genus. Science 284(5411):65–71

Wood B, Lonergan N (2008) The hominin fossil record: taxa, grades and clades. J Anat 212:354–376

Wrangham R (2009) Feuer fangen. Wie uns das Kochen zum Menschen machte – eine neue Theorie der menschlichen Evolution. DVA, München

Wuketits FM (2001) Naturkatastrophe Mensch. Evolution ohne Fortschritt. Deutscher Taschenbuch Verlag, München

Wuketits FM (2002) Die Selbstzerstörung der Natur. Evolution und die Abgründe des Lebens. Deutscher Taschenbuch Verlag, München

Zalasiewicz J, Waters C (2016) Media note: anthropocene working group (AWG). https://www2.le.ac.uk/offices/press/press-releases/2016/august/media-note-anthropocene-working-group-awg. Zugegriffen am 18.12.2017

Zalasiewicz J et al (2008) Are we now living in the Anthropocene? GSA Today 18(2). https://doi.org/10.1130/GSAT01802A.1 http://www.geosociety.org/gsatoday/archive/18/2/pdf/i1052-5173-18-2-4.pdf. Zugegriffen am 18.12.2017

Ziegler R (2015) Der Urmensch von Steinheim an der Murr. In: Hessisches Landesmuseum Darmstadt (Hrsg) Homo – Expanding Worlds: Originale Urmenschen-Funde aus fünf Weltregionen. WBG, Darmstadt

Zohar I, Alperson-Afil N, Goren-Inbar N et al (2022) Evidence for the cooking of fish 780,000 years ago at Gesher Benot Ya'aqov, Israel. Nat Ecol Evol 6:2016–2028

Zollikofer, CPE (2013) Einzigartiger Schädelfund widerlegt frühmenschliche Artenvielfalt. EurekAlert! vom 17. Oktober 2013. https://www.eurekalert.org/pub_releases_ml/2013-10/aaft-esw101713.php. Zugegriffen am 14.01.2018

GPSR Compliance

The European Union's (EU) General Product Safety Regulation (GPSR) is a set of rules that requires consumer products to be safe and our obligations to ensure this.

If you have any concerns about our products, you can contact us on

ProductSafety@springernature.com

In case Publisher is established outside the EU, the EU authorized representative is:

Springer Nature Customer Service Center GmbH
Europaplatz 3
69115 Heidelberg, Germany

www.ingramcontent.com/pod-product-compliance
Lightning Source LLC
LaVergne TN
LVHW080741250326
834688LV00006B/161